"十二五"职业教育国家规划教材

经全国职业教育教材审定委员会审定

全国食品药品职业教育教学指导委员会推荐教材

全国医药高等职业教育药学类规划教材

药 物 制 剂

第二版

主 编 胡 英 周广芬

中国医药科技出版社

内容提要

　　本书是全国医药高等职业教育药学类规划教材之一，是依照教育部教育发展规划纲要等相关文件要求，根据《药物制剂》教学大纲编写而成的。共分为五个模块集，十三个项。内容包括制剂工作的基础、液体类制剂生产技术、固体类制剂生产技术、半固体制剂生产技术、其他制剂生产技术、药物新剂型与新技术的介绍。

　　本书供药学及其相关专业高职层次教学使用，也可作为医药行业培训和自身学用书。

图书在版编目（CIP）数据

药物制剂/胡英，周广芬主编．—2 版．—北京：中国医药科技出版社，2013.2
全国医药高等职业教育药学类规划教材
ISBN 978 - 7 - 5067 - 5775 - 1

Ⅰ．①药…　Ⅱ．①胡…　②周…　Ⅲ．①药物 - 制剂 - 技术 - 高等职业教育 - 教材
Ⅳ．①TQ460.6

中国版本图书馆 CIP 数据核字（2012）第 291227 号

美术编辑　陈君杞
版式设计　郭小平

出版　中国医药科技出版社
地址　北京市海淀区文慧园北路甲 22 号
邮编　100082
电话　发行：010 - 62227427　邮购：010 - 62236938
网址　www.cmstp.com
规格　787 × 1092mm $\frac{1}{16}$
印张　18
字数　376 千字
初版　2008 年 6 月第 1 版
版次　2013 年 2 月第 2 版
印次　2015 年 7 月第 2 版第 4 次印刷
印刷　三河市双峰印刷装订有限公司
经销　全国各地新华书店
书号　ISBN 978 - 7 - 5067 - 5775 - 1
定价　36.00 元
本社图书如存在印装质量问题请与本社联系调换

全国医药高等职业教育药学类规划教材建设委员会

本书编委会

主　编　胡　英　周广芬
副主编　王云云　刘　葵　陆丹玉
编　委　(按姓氏笔画排序)

韦　超 (广西卫生职业技术学院)

王云云 (杨凌职业技术学校)

吕　毅 (湖南食品药品职业学院)

刘　葵 (重庆医药高等专科学校)

刘丽敏 (安徽中医药高等专科学校)

孙　妍 (黑龙江生物科技职业学院)

李　寨 (天津医学高等专科学校)

陆丹云 (苏州卫生职业技术学校)

周广芬 (山东药品食品职业学校)

周闻舞 (中国药科大学)

胡　英 (浙江医药高等专科学校)

夏晓静 (浙江医药高等专科学校)

董双涛 (山西药科职业学院)

出版说明

全国医药高等职业教育药学类规划教材自 2008 年出版以来，由于其行业特点鲜明、编排设计新颖独到、体现行业发展要求，深受广大教师和学生的欢迎。2012年 2 月，为了适应我国经济社会和职业教育发展的实际需要，在调查和总结上轮教材质量和使用情况的基础上，在全国食品药品职业教育教学指导委员会指导下，由全国医药高等职业教育药学类规划教材建设委员会统一组织规划，启动了第二轮规划教材的编写修订工作。全国医药高等职业教育药学类规划教材建设委员会由国家食品药品监督管理局组织全国数十所医药高职高专院校的院校长、教学分管领导和职业教育专家组建而成。

本套教材的主要编写依据是：①全国教育工作会议精神；②《国家中长期教育改革和发展规划纲要（2010－2020 年)》相关精神；③《医药卫生中长期人才发展规划（2011－2020 年)》相关精神；④《教育部关于"十二五"职业教育教材建设的若干意见》的指导精神；⑤医药行业技能型人才的需求情况。加强教材建设是提高职业教育人才培养质量的关键环节，也是加快推进职业教育教学改革创新的重要抓手。本套教材建设遵循以服务为宗旨，以就业为导向，遵循技能型人才成长规律，在具体编写过程中注意把握以下特色：

1. 把握医药行业发展趋势，汇集了医药行业发展的最新成果、技术要点、操作规范、管理经验和法律法规，进行科学的结构设计和内容安排，符合高职高专教育课程改革要求。

2. 模块式结构教学体系，注重基本理论和基本知识的系统性，注重实践教学内容与理论知识的编排和衔接，便于不同地区教师根据实际教学需求组装教学，为任课老师创新教学模式提供方便，为学生拓展知识和技能创造条件。

3. 突出职业能力培养，教学内容的岗位针对性强，参考职业技能鉴定标准编写，实用性强，具有可操作性，有利于学生考取职业资格证书。

4. 创新教材结构和内容，体现工学结合的特点，应用最新科技成果提升教材的先进性和实用性。

本套教材可作为高职高专院校药学类专业及其相关专业的教学用书，也可供医药行业从业人员继续教育和培训使用。教材建设是一项长期而艰巨的系统工程，它还需要接受教学实践的检验。为此，恳请各院校专家、一线教师和学生及时提出宝贵意见，以便我们进一步的修订。

全国医药高等职业教育药学类规划教材建设委员会
2013 年 1 月

前言

P reface

　　《药物制剂》课程对高职高专药学类专业的学生职业能力培养和职业素养形成起主要支撑作用，是药学类专业的核心课程。教材以实现专业教育目的的主要载体，《教育部关于推进中等和高等职业教育协调发展的指导意见》指出高等职业教育是高等教育的重要组成部分，要重点培养高端技能型人才。高职教材需体现高等职业教育的特色，是教师教学的基础工具和基本依据。因此，教材建设是高职教育教学工作的重要组成部分，是衡量高职高专院校深化教育教学改革，检验各高职院校人才培养工作的质量与力度的重要指标。

　　本教材的编写特点体现高职高专教学改革理念，体现"理论够用、突出实践"的原则，在内容的编排上淡化了学科性，克服理论偏多、偏深的弊端，注重理论在具体运用中的要点、方法和技术操作，通过实际范例的配合，逐层分析、总结，使学生在模仿中掌握策划要领、操作、技能要点，同时培养了学生的创新思维。在内容上突出实践操作，将教材内容与工作岗位对专业人才的知识要求、技能要求结合，将范例教学提升到重要的位置。以"模块式"组织编写，有助于"项目化教学"的开展，双师素质教师参与，体现了"校企合作、工学结合"人才培养模式，使该教材建设与专业人才培养目标对接，做到有的放矢。

　　在教材内容的编排上，不仅反映了职业岗位（群）对知识、能力结构要求且能反映最新的科技成果和社会动态。用先进的科学观点和行业规范组织教材，在教材的总体结构设计，突出重点和难点，精选基础、核心的内容，体现知识内容的先进性和基础性统一。兼顾理论知识和实践知识，既选编"必需、够用"的理论内容，又融入足够的实训内容，理论知识和实践知识的统一新编教材结构，分为五大模块：制剂工作的基础、液体类制剂生产技术、固体类制剂生产技术、半固体制剂及其他制剂生产技术、药物新剂型与新技术的介绍。每个模块又分解成若干项目，每一项目内容包括必备知识、拓展知识及具体实践项目组成，以各剂型典型实例生产操作技术为核心，以必备知识、拓展知识为依托整合教学内容教材编排有利于项目导向和任务驱动的教学方式的实施与开展，以强化学生职业能力及职业素养。

　　目前，我国的高职高专教学改革如火如荼，教材编写也正处于探索发展阶段，《药物制剂》是项目化改革过程中教材编写工作的尝试，因编写经验有限，书中难免存有偏差和不妥之处，敬请广大读者批评指正。

编　者

2012 年 10 月

目录 Contents

模块一 制剂工作的基础

项目一 制剂工作的基础知识 ……………………………………………… (2)
　任务一　药物制剂有关术语介绍 ………………………………………… (2)
　　一、基本术语 …………………………………………………………… (2)
　　二、药物制剂的发展 …………………………………………………… (4)
　任务二　药物制剂分类及成型必要性介绍 ……………………………… (5)
　　一、剂型的分类 ………………………………………………………… (5)
　　二、制成不同剂型的目的 ……………………………………………… (7)
　任务三　药典及药品标准介绍 …………………………………………… (8)
　　一、中华人民共和国药典 ……………………………………………… (8)
　　二、国外药典 …………………………………………………………… (9)
　　三、其他药品标准 ……………………………………………………… (9)
　任务四　药物制剂相关法规的介绍 ……………………………………… (10)
　　一、药品生产质量管理规范 …………………………………………… (10)
　　二、药品管理有关规定 ………………………………………………… (11)
　实训一　熟悉剂型 ………………………………………………………… (11)
　实训二　查阅和使用《中国药典》及制剂相关法定规范 ……………… (12)

项目二 药物制剂的稳定性 …………………………………………… (17)
　任务一　药物制剂稳定性基本知识介绍 ………………………………… (17)
　　一、研究药物制剂稳定性的意义 ……………………………………… (17)
　　二、药物制剂稳定性研究的范围 ……………………………………… (17)
　　三、药物稳定性的化学动力学基础 …………………………………… (18)
　　四、制剂中药物的化学降解途径 ……………………………………… (19)
　任务二　药物制剂稳定性影响因素及稳定化方法的介绍 ……………… (21)
　　一、处方因素对药物制剂稳定性的影响 ……………………………… (21)

二、外界因素对药物制剂稳定性的影响 ┄┄┄┄┄┄┄┄┄┄┄┄┄┄┄┄ (23)
三、提高药物制剂稳定性的方法 ┄┄┄┄┄┄┄┄┄┄┄┄┄┄┄┄┄ (25)
任务三　药物制剂稳定性试验方法 ┄┄┄┄┄┄┄┄┄┄┄┄┄┄┄┄ (27)
实训　维生素 C 注射液稳定性实验 ┄┄┄┄┄┄┄┄┄┄┄┄┄┄┄ (30)

项目三　药物制剂的有效性 ┄┄┄┄┄┄┄┄┄┄┄┄┄┄┄┄┄┄ (34)
任务一　药物制剂有效性基础知识介绍 ┄┄┄┄┄┄┄┄┄┄┄┄┄ (34)
一、概述 ┄┄┄┄┄┄┄┄┄┄┄┄┄┄┄┄┄┄┄┄┄┄┄┄┄┄ (34)
二、药物制剂的吸收 ┄┄┄┄┄┄┄┄┄┄┄┄┄┄┄┄┄┄┄┄┄ (35)
任务二　药物生物利用度的介绍 ┄┄┄┄┄┄┄┄┄┄┄┄┄┄┄┄ (41)
一、生物利用度的定义 ┄┄┄┄┄┄┄┄┄┄┄┄┄┄┄┄┄┄┄┄ (41)
二、生物利用度的意义 ┄┄┄┄┄┄┄┄┄┄┄┄┄┄┄┄┄┄┄┄ (41)
三、评价生物利用度的参数 ┄┄┄┄┄┄┄┄┄┄┄┄┄┄┄┄┄┄ (42)

模块二　液体类制剂生产技术

项目四　液体类制剂的生产技术 ┄┄┄┄┄┄┄┄┄┄┄┄┄┄┄┄ (48)
任务一　液体制剂简介 ┄┄┄┄┄┄┄┄┄┄┄┄┄┄┄┄┄┄┄┄ (48)
一、概述 ┄┄┄┄┄┄┄┄┄┄┄┄┄┄┄┄┄┄┄┄┄┄┄┄┄┄ (48)
二、分类 ┄┄┄┄┄┄┄┄┄┄┄┄┄┄┄┄┄┄┄┄┄┄┄┄┄┄ (49)
三、质量要求 ┄┄┄┄┄┄┄┄┄┄┄┄┄┄┄┄┄┄┄┄┄┄┄┄ (49)
四、处方组成 ┄┄┄┄┄┄┄┄┄┄┄┄┄┄┄┄┄┄┄┄┄┄┄┄ (50)
任务二　制药用水的生产 ┄┄┄┄┄┄┄┄┄┄┄┄┄┄┄┄┄┄┄ (54)
一、概述 ┄┄┄┄┄┄┄┄┄┄┄┄┄┄┄┄┄┄┄┄┄┄┄┄┄┄ (54)
二、纯化水的制备方法 ┄┄┄┄┄┄┄┄┄┄┄┄┄┄┄┄┄┄┄┄ (54)
任务三　溶液型液体制剂介绍 ┄┄┄┄┄┄┄┄┄┄┄┄┄┄┄┄┄ (56)
一、溶液剂 ┄┄┄┄┄┄┄┄┄┄┄┄┄┄┄┄┄┄┄┄┄┄┄┄┄ (56)
二、糖浆剂 ┄┄┄┄┄┄┄┄┄┄┄┄┄┄┄┄┄┄┄┄┄┄┄┄┄ (57)
三、芳香水剂 ┄┄┄┄┄┄┄┄┄┄┄┄┄┄┄┄┄┄┄┄┄┄┄┄ (59)
任务四　胶体型液体制剂的介绍 ┄┄┄┄┄┄┄┄┄┄┄┄┄┄┄┄ (61)
一、高分子溶液 ┄┄┄┄┄┄┄┄┄┄┄┄┄┄┄┄┄┄┄┄┄┄┄ (61)
二、溶胶剂 ┄┄┄┄┄┄┄┄┄┄┄┄┄┄┄┄┄┄┄┄┄┄┄┄┄ (62)
任务五　粗分散型液体制剂的介绍 ┄┄┄┄┄┄┄┄┄┄┄┄┄┄┄ (64)
一、混悬剂 ┄┄┄┄┄┄┄┄┄┄┄┄┄┄┄┄┄┄┄┄┄┄┄┄┄ (64)
二、乳剂 ┄┄┄┄┄┄┄┄┄┄┄┄┄┄┄┄┄┄┄┄┄┄┄┄┄┄ (69)
实训一　溶液型液体药剂的制备 ┄┄┄┄┄┄┄┄┄┄┄┄┄┄┄┄ (75)
实训二　混悬型液体药剂的制备 ┄┄┄┄┄┄┄┄┄┄┄┄┄┄┄┄ (76)
实训三　乳剂的制备 ┄┄┄┄┄┄┄┄┄┄┄┄┄┄┄┄┄┄┄┄┄ (78)

项目五　无菌制剂生产技术 ……………………………………………………………… (82)
　　任务一　注射剂简介 …………………………………………………………………… (82)
　　　一、概述 …………………………………………………………………………… (83)
　　　二、分类 …………………………………………………………………………… (83)
　　　三、质量要求 ……………………………………………………………………… (84)
　　　四、热原 …………………………………………………………………………… (85)
　　　五、处方组成 ……………………………………………………………………… (86)
　　　六、注射用水生产 ………………………………………………………………… (88)
　　任务二　小容量注射剂的生产技术 …………………………………………………… (89)
　　　一、概述 …………………………………………………………………………… (89)
　　　二、小容量注射剂的容器和处理办法 …………………………………………… (90)
　　　三、小容量注射剂的生产工艺 …………………………………………………… (91)
　　　四、小容量注射剂的质量评价 …………………………………………………… (94)
　　　五、小容量注射剂的处方实例 …………………………………………………… (95)
　　任务三　灭菌与无菌技术 ……………………………………………………………… (96)
　　　一、概述 …………………………………………………………………………… (96)
　　　二、F 和 F_0 值 …………………………………………………………………… (97)
　　　三、物理灭菌法 …………………………………………………………………… (98)
　　　四、化学灭菌法 …………………………………………………………………… (101)
　　　五、无菌操作法 …………………………………………………………………… (101)
　　　六、无菌检查法 …………………………………………………………………… (102)
　　任务四　空气净化技术 ………………………………………………………………… (102)
　　　一、洁净室的净化标准 …………………………………………………………… (102)
　　　二、空气净化系统 ………………………………………………………………… (104)
　　　三、空气净化技术特点 …………………………………………………………… (105)
　　任务五　大容量注射剂生产技术 ……………………………………………………… (106)
　　　一、概述 …………………………………………………………………………… (106)
　　　二、输液的容器和包装材料 ……………………………………………………… (107)
　　　三、输液的生产工艺 ……………………………………………………………… (107)
　　　四、输液的质量评价 ……………………………………………………………… (108)
　　　五、输液的处方实例 ……………………………………………………………… (108)
　　任务六　注射用无菌粉末生产技术 …………………………………………………… (109)
　　　一、概述 …………………………………………………………………………… (109)
　　　二、注射用无菌粉末的容器和包装材料 ………………………………………… (109)
　　　三、注射用冻干制品的生产工艺 ………………………………………………… (109)
　　　四、注射用无菌分装产品的生产工艺 …………………………………………… (111)
　　　五、注射用无菌粉末的质量评价 ………………………………………………… (112)
　　　六、注射用无菌粉末实例 ………………………………………………………… (112)

任务七　眼用制剂的生产技术 …………………………………………… (113)

一、概述 ………………………………………………………………… (113)

二、滴眼剂的处方组成 ………………………………………………… (114)

三、滴眼剂的生产技术 ………………………………………………… (114)

四、滴眼剂的质量检查 ………………………………………………… (115)

五、滴眼剂举例 ………………………………………………………… (115)

实训　维生素 C 注射液的生产 ………………………………………… (115)

模块三　固体制剂生产技术

项目六　散剂、颗粒剂生产技术 ………………………………………… (122)

任务一　固体制剂简介 …………………………………………………… (122)

一、固体制剂的溶出 …………………………………………………… (122)

二、粉体学 ……………………………………………………………… (123)

任务二　散剂生产技术 …………………………………………………… (125)

一、概述 ………………………………………………………………… (125)

二、粉碎 ………………………………………………………………… (126)

三、过筛 ………………………………………………………………… (129)

四、混合 ………………………………………………………………… (131)

五、散剂生产工艺 ……………………………………………………… (133)

六、散剂质量检查与包装贮存 ………………………………………… (134)

任务三　颗粒剂生产技术 ………………………………………………… (135)

一、概述 ………………………………………………………………… (135)

二、颗粒剂处方组成 …………………………………………………… (136)

三、颗粒剂生产技术 …………………………………………………… (136)

四、捏合 ………………………………………………………………… (136)

五、制粒 ………………………………………………………………… (136)

六、干燥 ………………………………………………………………… (139)

七、颗粒剂质量检查与包装贮存 ……………………………………… (140)

实训　维生素 C 颗粒剂的制备 ………………………………………… (140)

项目七　胶囊剂生产技术 ………………………………………………… (144)

任务一　胶囊剂基础知识介绍 …………………………………………… (144)

一、胶囊剂的定义和特点 ……………………………………………… (144)

二、胶囊剂的分类 ……………………………………………………… (145)

任务二　硬胶囊的生产技术 ……………………………………………… (145)

一、空胶囊的组成和制备 ……………………………………………… (145)

二、囊心物的制备 ……………………………………………………… (146)

　　三、胶囊的填充 ·· (146)
　　四、胶囊的封口与打光 ··· (148)
　任务三　软胶囊的生产技术 ··· (149)
　任务四　肠溶胶囊的生产 ··· (151)
　　一、囊壳的肠溶处理 ·· (152)
　　二、囊心物的肠溶处理 ·· (152)
　任务五　胶囊剂的质量检查与包装贮存 ···························· (152)
　　一、胶囊剂的质量检查 ·· (152)
　　二、胶囊剂的包装与贮存 ·· (153)
　实训一　吲哚美辛胶囊的制备 ······································ (153)
　实训二　维生素 AD 胶丸的制备 ···································· (154)

项目八　片剂生产技术 ·· (157)
　任务一　片剂生产基础知识介绍 ···································· (157)
　　一、概述 ·· (157)
　　二、片剂的分类 ·· (158)
　　三、片剂的质量要求 ·· (158)
　　四、处方组成 ·· (159)
　任务二　片剂生产技术 ··· (163)
　　一、湿法制粒压片 ·· (163)
　　二、直接压片 ·· (165)
　　三、空白颗粒压片 ·· (166)
　　四、压片机 ·· (166)
　　五、压片过程中可能出现的问题及解决办法 ······················ (167)
　任务三　片剂的包衣技术 ··· (168)
　　一、概述 ·· (168)
　　二、包衣方法与设备 ·· (168)
　　三、包衣的材料及工艺 ·· (171)
　任务四　片剂质量检查 ··· (174)
　　一、片剂的质量检查 ·· (174)
　　二、片剂的包装与贮存 ·· (175)
　实训一　阿司匹林片剂的制备 ······································ (176)
　实训二　阿司匹林肠溶片的制备 ···································· (177)

项目九　滴丸与微丸生产技术 ······································ (181)
　任务一　滴丸生产技术 ··· (181)
　　一、概述 ·· (181)
　　二、滴丸的基质和冷却液 ·· (182)
　　三、滴丸的制备 ·· (183)

　　四、滴丸的质量检查 ……………………………………………………（185）

　任务二　微丸生产技术 ……………………………………………………（186）

　　一、概述 ……………………………………………………………………（186）

　　二、微丸的制备与举例 ……………………………………………………（187）

　　三、微丸的质量检查 ………………………………………………………（188）

　实训　滴丸的制备 …………………………………………………………（189）

模块四　半固体及其他制剂生产技术

项目十　软膏剂生产技术 ……………………………………………………（194）

　任务一　软膏剂生产技术 ……………………………………………………（194）

　　一、概述 ……………………………………………………………………（194）

　　二、软膏剂的基质 …………………………………………………………（195）

　　三、软膏剂的制备及质量评价 ……………………………………………（197）

　任务二　凝胶剂生产技术 ……………………………………………………（201）

　　一、概述 ……………………………………………………………………（201）

　　二、凝胶剂基质 ……………………………………………………………（202）

　　三、凝胶剂的制备及质量评价 ……………………………………………（202）

　任务三　眼膏剂生产技术 ……………………………………………………（203）

　　一、概述 ……………………………………………………………………（203）

　　二、眼膏剂基质 ……………………………………………………………（203）

　　三、眼膏剂的制备及质量评价 ……………………………………………（204）

　实训　水杨酸软膏的制备 …………………………………………………（205）

项目十一　其他制剂生产技术 ………………………………………………（211）

　任务一　栓剂生产技术 ………………………………………………………（211）

　　一、栓剂的含义与分类 ……………………………………………………（211）

　　二、栓剂的处方组成 ………………………………………………………（213）

　　三、栓剂的制备与处方举例 ………………………………………………（215）

　　四、栓剂的质量评价 ………………………………………………………（217）

　任务二　膜剂制备技术 ………………………………………………………（219）

　　一、膜剂概述 ………………………………………………………………（219）

　　二、成膜材料 ………………………………………………………………（219）

　　三、膜剂的制备方法与工艺 ………………………………………………（220）

　　四、膜剂的质量评价 ………………………………………………………（222）

　任务三　气雾剂生产技术 ……………………………………………………（223）

　　一、气雾剂概述 ……………………………………………………………（223）

　　二、气雾剂的组成 …………………………………………………………（224）

三、气雾剂的制备及质量评价 ·· (226)
实训一　栓剂的制备 ··· (230)
实训二　壬苯基聚乙二醇醚膜剂的制备 ································ (231)

模块五　药物新剂型与新技术

项目十二　药物制剂新剂型 ··· (238)
　任务一　缓释制剂与控释制剂 ··· (238)
　　一、概述 ·· (238)
　　二、缓、控释制剂的制备工艺 ·· (240)
　任务二　经皮给药系统的介绍 ··· (246)
　　一、概述 ·· (246)
　　二、经皮吸收制剂的分类、组成和常用材料 ····························· (247)
　　三、经皮给药制剂的制备工艺流程 ···································· (249)
　　四、经皮吸收制剂的质量评价 ·· (250)
　任务三　靶向给药系统的介绍 ··· (250)
　　一、概述 ·· (250)
　　二、靶向制剂的设计和常用载体 ······································ (251)

项目十三　药物新技术 ··· (255)
　任务一　固体分散体技术的介绍 ······································· (255)
　　一、概述 ·· (255)
　　二、常用固体分散体技术 ·· (258)
　　三、固体分散体在药物制剂上的应用 ·································· (259)
　任务二　包合技术的介绍 ··· (259)
　　一、概述 ·· (259)
　　二、包合物的制备技术 ·· (260)
　　三、包合物在药物制剂上的应用 ······································ (261)
　任务三　微型包囊技术的介绍 ··· (261)
　　一、概述 ·· (261)
　　二、微型包囊技术 ·· (263)
　　三、微囊在药物制剂上的应用 ·· (266)

模块一

制剂工作的基础

项目一 ｜ 制剂工作的基础知识

◎ **知识目标**

1. 掌握药物制剂工艺与制备、药剂学、剂型、制剂等术语。
2. 熟悉剂型的分类、成型的必要性。
3. 熟悉药物制剂的标准及相关法规。

◎ **技能目标**

1. 知道药物可制成的剂型及意义。
2. 知道药品标准的种类。
3. 知道制剂生产过程的管理和质量控制。
4. 会查阅药典。

药物制剂实用技术是以药剂学、工程学等相关理论和技术为基础，在《药品生产质量管理规范》（GMP）等法规的指导下，研究药物制剂的处方设计、基本理论、制备工艺、质量控制和合理应用的综合性应用技术学科，是高职高专药学类专业的主要专业核心课程之一。本项目主要是介绍了药物制剂实用技术、药剂学等相关的常用术语，制剂的分类和发展，药品生产的质量标准等内容。通过本内容的学习应理解药物成型的必要性及分类，熟悉药剂学常用术语，明确制剂生产过程应以《中国药典》和药品标准为依据，遵循 GMP、GLP、GCP 等，从而掌握药品生产过程的管理和质量控制。

任务一 药物制剂有关术语介绍

一、基本术语

药物是用以预防、治疗和诊断人的疾病所用的物质的总称，包括天然药物、化学合成药物和生物技术药物。药品（drugs）是指用以预防、治疗、诊断人的疾病，有目的地调节人的生理功能并规定有适应证、用法、用量的物质，包括中药材、中药饮片、中成药、化学原料药及其制剂、抗生素、生化药品、放射性药品、血清疫苗、血液制品和诊断药品等。药物与药品是两个完全不等同的概念，药物的内涵比药品的大，并非所有能防治疾病的物质均为药品。按照药品管理法律、法规中有关药品分类，可分为：现代药和传统药；处方药和非处方药；新药、首次在中国销售的药品、医疗机构制剂；国家基本药物、基本医疗保险药品目录、特殊管理的药品。

药物剂型（drug dosage form）由于药物不能直接以原料药形式直接应用于临床，必须制备成具有一定形状和性质、适合防治的应用形式，以充分发挥药效、减少毒副作用、便于运输、使用与保存目的。这种适合于疾病的诊断、治疗或预防的需要而制备的不同给药形式，简称剂型，如散剂、颗粒剂、片剂、胶囊剂、注射剂、溶液剂、乳剂、混悬剂、软膏剂、栓剂、气雾剂等。根据药物的使用目的和药物的性质不同，可制备适宜的剂型；不同剂型的给药方式不同，其药物在体内的行为也不同，于是产生不同的疗效和毒副作用。药物制剂（pharmaceutical preparations）是指根据药典、药品标准、处方手册所收载的应用比较普遍并较稳定的处方，将原料药物按照某种剂型制成一定规格并具有一定质量标准的具体品种，简称制剂，如头孢拉定片、维生素 C 注射剂、鱼肝油胶丸等。制剂的基本质量要求是安全、有效、稳定、使用方便。研究制剂生产工艺技术及相关理论的科学称为制剂学，按医师处方专门为某一患者调制的，并明确指明用法和用量的药剂称为方剂，研究方剂调制技术、理论和应用的科学称为调剂学。药剂学包括制剂学和调剂学两部分，它是研究药物制剂的处方设计、基本理论、制备工艺与合理应用的综合性技术科学。可见，药剂学既具有工艺学的性质，又密切联系临床实践。在药学领域内具有重要地位，在药物制剂生产和临床应用过程中起至关重要作用。

药物制剂实用技术是以药剂学、工程学等相关理论和技术为基础，在《药品生产质量管理规范》（GMP）等法规的指导下，研究药物制剂生产和制备技术的综合性应用技术学科。它是以药用剂型和药物制剂为研究对象，以用药者获得理想的药品为研究目的。其宗旨是制备安全、有效、稳定、使用方便的药物制剂。

辅料是药物制剂中除主药以外的一切附加成分的总称，是制剂生产和处方调配时所添加的赋形剂和附加剂，是制剂生产中必不可少的组成部分。物料是制剂生产过程中所用的原料、辅料和包装材料等物品的总称。

药物批准文号生产新药或者已有国家标准的药品，须经国务院食品药品监督管理部门批准，并在批准文件上规定该药品的专有编号，此编号称为药品批准文号。是药品生产合法性的标志，药品生产企业在取得药品批准文号后，方可生产该药品。药品批准文号格式：国药准字 +1 位字母 +8 位数字，试生产药品批准文号格式：国药试字 +1 位字母 +8 位数字。其中化学药品使用字母"H"，中药使用字母"Z"，保健药品使用字母"B"，生物制品使用字母"S"，体外化学诊断试剂使用字母"T"，药用辅料使用字母"F"，进口分包装药品使用字母"J"。

药品的通用名称是根据国际通用药品名称、中国国家药典委员会《新药审批办法》的规定的原则命名。药品的通用名称，即同一处方或同一品种的药品使用相同的名称，有利于国家对药品的监督管理，有利于医生选用药品，有利于保护消费者合法权益，也有利于制药企业之间展开公平竞争。药品商品名又称商标名，是指经国家食品药品监督管理部门批准的特定企业使用的该药品专用的商品名称，即不同厂家生产的同一种药物制剂可以起不同的名称，具有专有性质，不可仿用。商品名经注册后即为注册药品。国际非专有名（INN）是世界卫生组织（WHO）制定的药物（原料药）的国际通用名，采用国家非专有名，使世界药物名称得到统一，便于交流和协作。

知识拓展

国家基本药物

WHO 对国家基本药物的定义是：是那些能满足大部分人口卫生保健需要的药物。在任何时候都应当能够以充分的数量和合适的剂型提供应用。WHO 提出了基本药物示范目录，现行示范目录为第 9 次修订目录，包括药物 27 类 345 个品种。我国于 1982 年首次公布国家基本药物目录，以后每两年公布一次。国家基本药物是从已有国家药品标准药品和进口药品中遴选。遴选的原则为：临床必需、安全有效、价格合理、使用方便、中西药并重。

批和批号　在规定限度内具有同一性质和质量，并在同一连续生产周期内生产出来的一定数量的药品为一批。所谓规定限度是指一次投料，同一生产工艺过程，同一生产容器中制得的产品。批号是用于识别"批"的一组数字或字母加数字，用于追溯和审查该批药品的生产历史。每批药品均应编制生产批号。

知识拓展

处方药与非处方药

《中华人民共和国药品管理法》规定了国家对药品实行处方药与非处方药的分类管理制度，这也是国际上通用的药品管理模式。

1. 处方药　必须凭执业医师或执业助理医师的处方才可调配、购买，并在医生指导下使用的药品。处方药可以在国务院卫生行政部门和药品监督管理部门共同指定的医学、药学专业刊物上介绍，但不得在大众传播媒介发布广告宣传。

2. 非处方药　不需凭执业医师或执业助理医师的处方，消费者可以自行判断购买和使用的药品。经专家遴选，由国家食品药品监督管理局批准并公布。在非处方药的包装上，必须印有国家指定的非处方药专有标识。非处方药在国外又称之为"可在柜台上买到的药物"（简称 OTC）。目前，OTC 已成为全球通用的非处方药的简称。

处方药和非处方药不是药品本质的属性，而是管理上的界定。无论是处方药，还是非处方药都是经过国家食品药品监督管理部门批准，其安全性和有效性是有保障的。其中非处方药主要是用于治疗各种消费者容易自我诊断、自我治疗的常见轻微疾病。

二、药物制剂的发展

我国中医药的发展历史悠久，于商代（公元前 1766 年）已使用汤剂，是应用最早的中药剂型之一。夏商周时期的医书《五十二病方》、《甲乙经》、《山海经》中已有汤剂、丸剂、散剂、膏剂及药酒等剂型的记载；东汉张仲景的《伤寒论》和《金匮要略》中记载有栓剂、洗剂、软膏剂、糖浆剂等 10 余种剂型，为我国制剂学发展奠定了良好的基础。唐代的《新修本草》是我国第一部，也是世界上最早的国家药典。明代著名药学家李时珍（公元 1518～1593 年）编著了《本草纲目》，其中收载药物 1892 种，剂型 61 种，附方 11096 则。

与中国古代药剂学进程相呼应的欧洲古代药剂学在 18 世纪的工业革命时期得到迅速发展。希腊人希波克拉底创立了医药学；希腊医药学家格林（Galen）制备了各种植物药的浸出制剂［格林制剂（Galenicals）］，如酊剂、浸膏剂等。

19 世纪西方科学和工业技术蓬勃发展，制剂加工从医生诊所小作坊进入工业化大生产。片剂、胶囊剂、注射剂等机械加工制剂的相继问世，标志着药剂学的发展到了一个新的阶段。物理学、化学、生物学等自然学科的巨大进步又为药剂学这一学科的出现奠定了理论基础。1847 年，德国药师莫尔（Mohr）总结了以往和当时的药剂成果，出版了世界上第一本药剂学教科书《药剂工艺学》。这标志着药剂学已形成了一门独立的学科。随着物理、化学、生物学等自然科学取得巨大进步，新辅料、新工艺和新设备的不断出现，为新剂型的制备、制剂质量的提高奠定了十分重要的物质基础。

1983 年 Tomlinson 将现代药物制剂的发展过程划分为四个时代。第一代药物制剂包括片剂、注射剂、胶囊剂、气雾剂等，即所谓的普通制剂，这一时期主要是从体外试验控制制剂的质量；第二代药物制剂为口服缓释制剂或长效制剂，开始注重疗效与体内药物浓度的关系，即定量给药问题，这类制剂不需要频繁给药，能在较长时间内维持体内药物有效浓度；第三代药物制剂为控释制剂，包括透皮给药系统、脉冲式给药系统等，更强调定时给药的问题；第四代药物制剂为靶向给药系统，目的是使药浓集于靶器官、靶组织或靶细胞中，强调药物定位给药，可以提高疗效并降低毒副作用。

任务二 药物制剂分类及成型必要性介绍

由于药物的种类繁多，其性质与用途也不同，药物在临床使用前必须制成各类适宜的剂型以适应于临床应用上的各种需要。

《中华人民共和国药典》2010 年版一部（中药）附录收载了 26 种剂型，二部（化学药）附录收载了 21 种剂型，三部（生物制品）附录收载了 13 种剂型。这些剂型基本包括了目前国际市场流通与临床所使用的常见品种，但是还没有包括一些发展中的剂型，如脂质体、微球等。既然药物剂型的种类繁多，为了便于研究、学习和应用，有必要对剂型进行分类。

一、剂型的分类

（一）按形态分类

可将剂型分为固体剂型（如散剂、丸剂、颗粒剂、胶囊剂、片剂等），半固体剂型（如软膏剂、糊剂等），液体剂型（如溶液剂、芳香水剂、注射剂等）和气体剂型（如气雾剂、吸入剂等）。一般形态相同的剂型，在制备特点上有相似之处。如液体制剂制备时多需溶解、分散等操作；半固体制剂多需熔化和研匀，固体制剂多需粉碎、混合和成型等。但剂型的形态不同，药物作用的速度也不同，对于同样的给药方式，如口服给药，液体制剂最快，固体制剂较慢。

这种分类方式纯粹是按物理外观，具有直观、明确的特点，且对药物制剂的设计、生产、保存和应用都有一定的指导意义。不足之处是没有考虑制剂的内在特点和给药途径。

（二）按分散系统分类

一种或几种物质（分散相）分散于另一种物质（分散介质）所形成的系统称为分散系统。将剂型可视分散系统，可根据分散介质存在状态不同以及分散相在分散介质存在的状态特征不同，可作如下分类：

1. 分子型　是指药物以分子或离子状态均匀地分散在分散介质中形成的剂型。通常药物分子的直径小于1nm，而分散介质在常温下以液体最常见，这种剂型又称为溶液型。分子型的分散介质也包括常温下为气体（如芳香吸入剂）或半固体（如油性药物的凡士林软膏等）的剂型。所有分子型的剂型都是均相系统，属于热力学稳定体系。

2. 胶体溶液型　是指固体或高分子药物分散在分散介质中所形成的不均匀（溶胶）或均匀的（高分子溶液）分散系统的液体制剂。分散相的直径在1～100nm之间。如溶胶剂、胶浆剂，其中，高分子胶体溶液（胶浆剂）属于均相的热力学稳定系统，而溶胶则是非均相的热力学不稳定体系。

3. 乳剂型　是指液体分散相以小液滴形式分散在另一种互不相溶液体分散介质中组成非均相的液体制剂。分散相的直径通常在$0.1～50\mu m$之间，如乳剂、静脉乳剂、部分滴剂、微乳等。

4. 混悬液型　是指难溶性固体药物分散在液体分散介质中组成非均相分散系统的液体制剂。分散相的直径通常在$0.1～50\mu m$之间，如洗剂、混悬剂等。

5. 气体分散型　是指液体或固体药物分散在气体分散介质中形成的分散系统的制剂，如气雾剂、喷雾剂等。

6. 固体分散型　是指固体药物以聚集体状态与辅料混合呈固态的制剂，如散剂、丸剂、胶囊剂、片剂等。这类制剂在药物制剂中占有很大的比例。

7. 微粒型　药物通常以不同大小微粒呈液体或固体状态分散，主要特点是粒径一般为微米级（如微囊、微球、脂质体、乳剂等）或纳米级（如纳米囊、纳米粒、纳米脂质体、亚微乳等），这类剂型能改变药物在体内的吸收、分布等方面特征，是近年来大力研发的药物靶向剂型。

按分散系统对剂型进行分类，基本上可以反映出剂型的均匀性、稳定性以及制法的要求，但不能反映给药途径对剂型的要求，可能会出现一种剂型由于辅料和制法不同而属于不同的分散系统，如注射剂可以是溶液型、也可以是乳状液型、混悬型或微粒型等。

（三）按给药途径分类

这种分类方法是将同一给药途径的剂型分为一类，紧密结合临床，能反映给药途径对剂型制备的要求。

1. 经胃肠道给药剂型　此类剂型是指给药后经胃肠道吸收后发挥疗效。如溶液剂、糖浆剂、颗粒剂、胶囊剂、散剂、丸剂、片剂等。口服给药虽简单，但有些药物易受胃酸破坏或肝脏代谢，引起生物利用度的问题，有些药物对胃肠道有刺激性。

2. 非经胃肠道给药剂型　此类剂型是指除胃肠道给药途径以外的其他所有剂型，包括：

（1）注射剂　包括静脉注射、肌内注射、皮下注射、皮内注射及穴位注射等。

（2）局部组织　根据不同的用药部位，可以细分为以下几种：

①皮肤给药　如外用溶液剂、洗剂、软膏剂、贴剂、凝胶剂等。

②口腔给药　如漱口剂、含片、舌下片剂、膜剂等。

③鼻腔给药　如滴鼻剂、喷雾剂、粉雾剂等。

④肺部给药　如气雾剂、吸入剂、粉雾剂等。

⑤眼部给药　如滴眼剂、眼膏剂、眼用凝胶、植入剂等。

⑥直肠给药　如灌肠剂、栓剂等。

此分类方法与临床使用结合比较密切，并能反映给药途径与应用方法对剂型制备的特殊要求。但此分类会产生同一种剂型由于用药途径的不同而出现多次重复。如喷雾剂既可以通过口腔给药，也可以是鼻腔、皮肤或肺部给药。又如生理盐水，它既是注射剂，也可以是滴眼剂、滴鼻剂、灌肠剂等。因此，无法体现具体剂型的内在特点。

（四）按作用时间进行分类

有速释（快效）、普通和缓控释制剂等。这种分类方法能直接反映用药后起效的快慢和作用持续时间的长短，因而有利于临床的正确使用。这种方法无法区分剂型之间的固有属性。如注射剂和片剂都可以设计成速释和缓释产品，但两种剂型制备工艺截然不同。

总之，药物剂型种类繁多，剂型的分类方法也不局限于一种。但是，剂型的任何一种分类方法都有其局限性、相对性和相容性。因此，人们习惯于采用综合分类方法，即将不同的两种或更多分类方法相结合，目前更多的是以临床用药途径与剂型形态相结合的原则，既能够与临床用药密切配合，又可体现出剂型的特点。

二、制成不同剂型的目的

任何一种药物都不可能直接应用于临床，必须将其制成适合于临床需要的最佳的给药形式，即药物剂型，一种药物可制成多种剂型，可用于多种给药途径，而一种药物可制成何种剂型主要由药物的性质、临床应用的需要、运输、保存等方面的要求决定。

剂型作为药物的给药形式，对药效的发挥起到至关重要的作用。将药物制成不同类型的剂型可达到以下几方面的目的：

1. 可改变药物的作用性质　如硫酸镁口服剂型用作泻下药，但5%注射液静脉滴注，能抑制大脑中枢神经，具有镇静、镇痉作用；又如依沙吖啶（利凡诺）1%注射液用于中期引产，但0.1%~0.2%溶液局部涂敷有杀菌作用。

2. 可调节药物的作用速度　例如，注射剂、吸入气雾剂等，发挥药效很快，常用于急救；丸剂、缓控释制剂、植入剂等属长效制剂。医生可按疾病治疗的需要选用不同作用速度的剂型。

3. 可降低（或消除）药物的毒副作用　如氨茶碱治疗哮喘病效果很好，但有引起心跳加快的毒副作用，若改成栓剂则可消除这种毒副作用；缓释与控释制剂能保持血药浓度平稳，从而在一定程度上降低药物的毒副作用。

4. 可产生靶向作用 如脂质体是具有微粒结构的剂型，在体内能被网状内皮系统的巨噬细胞所吞噬，使药物在肝、脾等器官浓集性分布，即在肝、脾等器官发挥疗效的药物剂型。

5. 可提高药物的稳定性 同种主药制成固体制剂的稳定性高于液体制剂，对于主药易发生降解的，可以考虑制成固体制剂。

6. 影响疗效 固体剂型如片剂、颗粒剂、丸剂的制备工艺不同会对药效产生显著的影响，药物晶型、药物粒子大小的不同，也可直接影响药物的释放，从而影响药物的治疗效果。

任务三 药典及药品标准介绍

药典是一个国家记载药品规格和标准的法典。大多数由国家组织药典委员会编印并有政府颁布发行，具有法律的约束力。药典中收载的是疗效确切、副作用小、质量较稳定的常用药物及其制剂，规定其质量标准、制备要求、鉴别、杂质检查与含量测定等，作为药品生产、检验、供应与使用的依据。一个国家的药典在一定程度上可以反映这个国家药品生产、医疗和科学技术水平。药典在保证人民用药安全有效、促进药品研究和生产有重大作用。

随着医药科学的发展，新的药物和试验方法不断出现，为使药典的内容能及时反映医药学方面的新成就，药典出版后，一般每隔几年须修订一次。各国药典的再版修订时间多在 5 年以上。我国药典自 1985 年后，每隔 5 年修订一次。有时为了使新的药物和制剂能及时的得到补充和修改，往往在下一版新药典出版前，还出现一些增补版。

一、中华人民共和国药典

新中国成立后的第一版中国药典于 1953 年 8 月出版，定名为《中华人民共和国药典》，简称《中国药典》，依据《中华人民共和国药品管理法》组织制定和颁布实施。现行版是 2010 年版，在此之前颁布了 1953 年、1963 年、1977 年、1985 年、1990 年、1995 年、2000 年、2005 年共 8 个版本。《中国药典》一经颁布实施，其同品种的上版标准或其原国家标准即同时停止使用。

从 2005 年版药典开始，将生物制品从二部中单独列出，为第三部，这也是为了适应生物技术药物在今后医疗中作用日益扩大所做的修订，同时也说明生物技术药物在医疗领域中的地位显现。

《中国药典》由一部、二部、三部及其增补组成，内容分别由凡例、正文、附录和索引组成。凡例是使用本药典的总说明，包括药典中各种计量单位、符号、术语等的含义及其在使用时的有关规定。正文是药典的主要内容，阐述本药典收载的所有药物和制剂。附录是阐述本药典所采用的检验方法、制剂通则、药材炮制通则、对照品与对照药材、试剂、试药、试纸等。索引中包括中文、汉语拼音、拉丁文和拉丁学名索引，以便查阅。

2010 年版《中国药典》收载品种 4567 种，基本覆盖基本药物目录，这版药典主要特点是药品安全性得到进一步保障；药品有效性与可控性大幅度提升；技术现代化与标准国际化明显加强。特别是 2010 年版中的辅料部分，新增"药用辅料"通则、扩大辅料收载品种、提高了辅料标准要求。

二、国外药典

据不完全统计，世界上已有近 40 个国家编制了国家药典，另外还有 3 种区域性药典和世界卫生组织（WHO）组织编制的《国际药典》等，这些药典无疑对世界医药科技交流和国际医药贸易具有极大的促进作用。

例如，美国药典《The United States Pharmacopoeia》简称 USP，由美国政府所属的美国药典委员会（The United States Pharmacopoeia Convention）编辑出版。USP 于 1820 年出第一版，1950 年以后每 5 年出一次修订版。国家处方集（The National Formulary，简称 NF）1883 年第一版，1980 年 15 版起并入 USP，但仍分两部分，前面为 USP，后面为 NF。2005 年以后，每年出版一次，2009 年版为 USP32 – NF27，2012 年版为 USP35 – NF30。英国药典《British Pharmacopoeia》简称 BP，最新版 BP 2012，共 6 卷，出版时间 2011 年 8 月，2012 年 1 月生效。欧洲药典《European Pharmacopoeia》简称 EP，欧洲药典委员会于 1964 年成立，1977 年出版第一版《欧洲药典》。《欧洲药典》为欧洲药品质量检测的惟一指导文献。所有药品和药用底物的生产厂家在欧洲范围内推销和使用的过程中，必须遵循《欧洲药典》的质量标准。最新版 EP7，2010 年 7 月出版，2011 年 1 月生效，至 2011 年 7 月已出版增补版 8 版。日本药典称为日本药局方《Pharmacopoeia of Japan》简称 JP，由日本药局方编集委员会编纂，由厚生省颁布执行，每五年修订一次。分两部出版，第一部收载原料药及其基础制剂，第二部主要收载生药，家庭药制剂和制剂原料，日本药局方，现行版为第 16 版，2011 年发布。国际药典《Pharmacopoeia International》简称 Ph. Int. ，是世界卫生组织（WHO）为了统一世界各国药品的质量标准和质量控制的方法而编纂的，自 1951 年出版了第一版本《国际药典》，最新版为 2006 年第四版，2008 年对其进行第一次增补，2011 年又对其进行了第二次增补，但《国际药典》对各国无法律约束力，仅作为各国编纂药典时的参考标准。

三、其他药品标准

国家药典是法定药典，它不可能包罗所有已生产与使用的全部药品品种。前面已述药典收载的药物一般要求，而对于不符合所订要求的其他药品，一般都作为药典外标准加以编订，作为国家药典的补充。

药品标准是国家对药品的质量、规格和检验方法所作的技术规定，是保证药品质量，进行药品生产、经营、使用、管理及监督检验的法定依据。我国的国家药品标准是《中华人民共和国药品标准》，简称《国家药品标准》，由国家食品药品监督管理局（SFDA）对临床常用、疗效确切、生产地区较多的原地方标准品种进行质量标准的修订、统一、整理、编纂并颁布实施的，主要包括以下几个方面的药物：

（1）食品药品监督管理局审批的国内创新的重大品种，国内未生产的新药，包括放射性药品、麻醉性药品、中药人工合成品、避孕药品等。

（2）药典收载过而现行版未列入的疗效肯定、国内几省仍在生产、使用并需修订标准的药品。

（3）疗效肯定、但质量标准仍需进一步改进的新药。

其他国家除药典外，尚有国家处方集的出版。如美国的处方集（National Formulary，NF），英国的处方集（British National Formulary）和英国准药典（British Pharmacopoeia Codex，简称BPC），日本的《日本药局方外医药品成分规格》、《日本抗生物质医药品基准》、《放射性医用品基准》等书。

除了药典以外的标准，还有药典出版注释物，这类出版物的主旨是对药典的内容进行注释或引申性补充。如我国2010年出版的《中华人民共和国药典临床用药须知》。

知识拓展

处 方

处方系指医疗和药品生产部门用于药剂调制的一种重要书面文件，有以下几种：

1. 法定处方　国家药品标准收载的处方。它具有法律的约束力，在制备或医师开写法定制剂时均需遵照其规定。

2. 医师处方　医师对患者进行诊断后对特定患者的特定疾病而开写给药局的有关药品、给药量、给药方式、给药天数以及制备等的书面凭证。具有法律、技术和经济的意义。

3. 协定处方　医院药剂科与临床医师根据医院日常医疗用药的需要，共同协商制订的处方。适用于大量配制和储备，便于控制药品的品种和质量，提高工作效率，减少患者取药等候时间。每个医院的协定处方仅限于在本单位使用。

任务四　药物制剂相关法规的介绍

一、药品生产质量管理规范

药品生产质量管理规范（good manufacturing practice；简称GMP），是药品在生产全过程中，用科学、合理、规范化的条件和方法来保证生产出优良制剂的一整套系统的、科学的管理规范，是药品生产和质量全面管理监控的通用准则。GMP三大目标要素是将人为的差错控制在最低的限度，防止对药品的污染，保证高质量产品的质量管理体系。GMP总的要求是：所有医药工业生产的药品，在投产前，对其生产过程必须有明确规定，所有必要设备必须经过校验；所有人员必须经过适当培训；厂房建筑及装备应合乎规定；使用合格原料；采用经过批准的生产方法；还必须具有合乎条件的仓储及运输设施；对整个生产过程和质量监督检查过程应具备完善的管理操作系统，并严格付诸执行。

实践证明，GMP是防止药品在生产过程中发生差错、混杂、污染，确保药品质量的必要、有效的手段。国际上早已将是否实施 GMP 作为药品质量有无保障的先决条件，它作为指导药品生产质量管理的法规，在国际上已有近 50 年历史，在我国推行也有将近 30 年的历史。我国在 1998 年国家药品监督管理局成立后，建立了国家食品药品监督管理局药品认证管理中心，监督管理局为了加强对药品生产企业的监督管理，采取监督检查的手段，即规范 GMP 认证工作，由国家食品药品监督管理局药品认证管理中心承办，经资料审查与现场检查审核，报国家食品药品监督管理局审批，对认证合格的企业（车间）颁发《药品 GMP 证书》，并予以公告，有效期 5 年（新开办的企业为 1 年，期满复查合格后为 5 年，期满前 3 个月内，按药品 GMP 认证工作程序重新检查、换证）。现行版的 GMP 是 2010 年修订，于 2011 年 3 月 1 日开始执行。

到目前为止，已有 100 多个国家和地区制定了 GMP，随着 GMP 的不断发展和完善，GMP 对药品生产过程中的质量保证作用得到了国际的公认。

二、药品管理有关规定

除了 GMP 以外，其他的药品管理有关规定还有 GLP，GCP 和 GSP。

GLP（good laboratory practice）的简称，即良好实验规范，又称药物非临床试验管理规范，GLP 是就实验室实验研究从计划、实验、监督、记录到实验报告等一系列管理而制定的法规性文件，涉及到实验室工作的可影响到结果和实验结果解释的所有方面。是指在新药研制的实验中，进行动物药理试验（包括体内和体外试验）的准则，如急性、亚急性、慢性毒性试验、生殖试验、致癌、致畸、致突变以及其他毒性试验等都有十分具体的规定，是保证药品研制过程安全准确有效的法规。

GCP（good clinical practice）的中文全称是药物临床试验管理规范，是临床试验全过程的标准规定。制定 GCP 目的在于保证临床试验过程的规范，结果科学可靠，保护受试者的权益并保障其安全。

GSP（good supply practice）意即良好供应规范，是控制医药商品流通环节所有可能发生质量事故的因素，从而防止质量事故发生的一整套管理程序。

由此可以看出，国家制定一系列法规，其根本目的是保证药品质量：在实验室阶段实行 GLP，在新药临床阶段实行 GCP，在药品生产过程中实施 GMP，在医药商品使用过程中实施 GSP。

实训 一 熟悉剂型

【实训目的】

（1）熟悉药物的不同剂型。

（2）对剂型有一定感官认识。

（3）明确同一种药物的不同剂型在临床上的应用。

【实训场地】

剂型展示室

【实训内容】

（1）根据剂型的不同分类方式各选择代表性的剂型。

（2）选择在临床上的应用同种药物不同剂型。

（3）收集剂型种类。

【实训评价】

测试题目	测试答案
按给药途径分类有哪些制剂？	√口服给药的制剂：
	√注射给药的制剂：
	√局部给药的制剂：
按分散体系分类有哪些制剂符合要求？	√分子型的制剂：
	√胶体型的制剂：
	√乳剂型的制剂：
	√混悬型的制剂：
	√气体分散型的制剂：
	√固体分散型的制剂：
	√微粒型的制剂：
按形态分类的有哪些制剂符合要求？	√固体型的制剂：
	√半固体型的制剂：
	√液体型的制剂：
	√气体制剂：
按作用时间分类的有哪些符合要求的制剂？	√速效制剂：
	√普通制剂：
	√缓控释制剂：

实训 二 查阅和使用《中国药典》及制剂相关法定规范

【实训目的】

（1）熟悉《中国药典》的整体编排结构和基本内容框架。

（2）学会查阅《中国药典》。

【实训场所】

教室、图书馆

【实训材料】

（1）电子版《中国药典》

（2）纸质版《中国药典》

（3）网络

【实训内容】

根据给定的查阅项目，查阅药典，并填写以下实践测试表。

【实训评价】

顺序	查阅项目	药典页数	查阅结果
1	甘油栓贮存法	___部___页	
2	甘油的相对密度	___部___页	
3	注射用水质量检查项目	___部___页	
4	滴眼剂质量检查项目	___部___页	
5	葡萄糖注射液规格	___部___页	
6	微生物限度检查法	___部___页	
7	阿莫西林片溶出度检查方法	___部___页	
8	阿司匹林肠溶胶囊释放度检查	___部___页	
9	热原检查法	___部___页	
10	密闭、密封、冷处、阴凉处的含义	___部___页	
11	注射用重组人干扰素 γ 的制造	___部___页	
12	安息香的性状	___部___页	
13	片剂重量差异检查方法	___部___页	
14	板蓝根颗粒的制备方法	___部___页	
15	三七的功能与主治	___部___页	
16	细粉	___部___页	

目标检测

一、单选题

1. 安神补脑口服液属于（　　）
   A. 原料药　　　　　B. 方剂　　　　　C. 制剂　　　　　D. 剂型
2. 关于剂型的表述错误的是（　　）
   A. 剂型是药物供临床应用的形式　　　B. 同一种剂型可以存在不同的制剂
   C. 同一药物也可制成多种剂型　　　　D. 剂型系指某一药物的具体品种
3. 药剂学概念正确的表述是（　　）
   A. 研究药物制剂的处方理论、制备工艺和合理应用的综合性技术科学
   B. 研究药物制剂的基本理论、处方设计、制备工艺和合理应用的综合性技术科学
   C. 研究药物制剂的处方设计、基本理论和应用的技术科学
   D. 研究药物制剂的处方设计、基本理论和应用的科学
4. 关于剂型的分类，叙述错误的是（　　）
   A. 溶胶剂为液体剂型　　　　　　　　B. 栓剂为半固体剂型
   C. 软膏剂为半固体剂型　　　　　　　D. 气雾剂为气体分散型
5. 我国同时也是世界上最早出现的一部全国性药典是（　　）

A. 本草纲目　　　　　B. 新修本草　　　　C. 神农本草经　　　　D. 黄帝内经

6. 建国后第一版中国药典的出版时间是（　　　）

A. 1950 年　　　　　　B. 1953 年　　　　　C. 1960 年　　　　　D. 1963 年

7. USP 是指（　　　）

A. 美国药典　　　　　B. 日本药典　　　　C. 英国药典　　　　D. 中国药典

8.《中国药典》是由（　　　）

A. 国家颁布的药品集

B. 国家食品药品监督管理局制定的药品标准

C. 国家药典委员会制定的药物手册

D. 国家组织编撰的药品规格标准的法典

9. 中国药典最新版本为（　　　）

A. 2000 年版　　　　　B. 2003 年版　　　　C. 2005 年版　　　　D. 2010 年版

10. 有关《中国药典》叙述错误的是（　　　）

A. 药典是一个国家记载药品规格、标准的法典

B. 药典由国家组织的药典委员会编写，并由政府颁布实施

C. 药典的增补本不具有法律约束力

D. 每部均由凡例、正文、附录和索引组成

11. 世界卫生组织（WHO）为了统一世界各国药品的质量标准和质量控制的方法
而编纂的是（　　　）

A. 英国药典 BP　　　　　　　　　B. 美国药典 USP

C.《国际药典》Ph. Int　　　　　　D. 日本药局方 JP

12. 各国的药典经常需要修订，中国药典是每几年修订出版一次（　　　）

A. 2 年　　　　　　　　B. 4 年　　　　　　C. 5 年　　　　　　D. 6 年

13. 中国药典制剂通则包括在（　　　）

A. 凡例　　　　　　　　B. 正文　　　　　　C. 附录　　　　　　D. 前言

14. 关于处方的叙述不正确的是（　　　）

A. 处方是医疗和生产部门用于药剂调配的一种书面文件

B. 处方可以分为法定处方、医师处方和协定处方

C. 协定处方是医师与药剂师协商专为某以病人制订的处方

D. 法定处方是药典、部颁标准收载的处方

15. GMP 是（　　　）

A. 药品生产质量管理规范　　　　　B. 药品安全试验规范

C. 保证药品质量的科学方法　　　　D. 药品经营企业的改造依据

二、多选题

1. 药物制剂的质量主要包括（　　　）

A. 可靠性　　　　　　B. 安全性　　　　　C. 稳定性　　　　　D. 有效性

2. 关于制剂的正确表述是（　　　）

A. 制剂是指根据药典或药政管理部门批准的标准、为适应治疗或预防需要而制

备的不同给药形式

B. 同一种制剂可以有不同的药物组成

C. 药物制剂是药剂学所研究的对象

D. 罗红霉素片、扑热息痛片、青霉素粉针剂等均是药物制剂

3. 表述了药物剂型重要性的是（　　　）

A. 剂型可改变药物的作用性质

B. 剂型能改变药物的作用速度

C. 改变剂型可降低（或消除）药物的毒副作用

D. 剂型可影响疗效

4. 药物剂型的分类有（　　　）

A. 按给药途径分类　　　　　　　B. 按分散系统分类

C. 按形态分类　　　　　　　　　D. 按制法分类

5. 药物制成剂型应用的目的是（　　　）

A. 为了满足临床的需要　　　　　B. 为了适应药物性质的需要

C. 为了便于应用、贮存、运输　　D. 为了方便

6. 关于药典的错误表述为

A. 药典是药品生产、检验、供应与使用的依据

B. 药典作为一部法典，是由司法部门编撰的

C. 药典由政府颁布施行，具有法律约束力

D. 药典中收载国内允许生产的药品质量检查标准

7. 属于中国药典在制剂通则中规定的内容为（　　　）

A. 栓剂和阴道用片的熔变时限标准和检查方法

B. 普通片的崩解度检查方法

C. 片剂溶出度试验方法

D. 控释制剂和缓释制剂的释放度试验方法

8. 我国已出版的药典有（　　　）

A. 1955 年　　　　B. 1977 年　　　　C. 1995 年　　　　D. 2010 年

9. 药典收载的药物及其制剂必须（　　　）

A. 疗效确切　　　B. 祖传秘方　　　C. 质量稳定　　　D. 副作用小

10. 处方可分为（　　　）

A. 法定处方　　　B. 医师处方　　　C. 私有处方　　　D. 协定处方

11. 关于非处方药叙述正确的是（　　　）

A. 是必须凭执业医师或执业助理医师处方才可调配、购买并在医生指导下使用的药品

B. 是由专家遴选的、不需执业医师或执业助理医师处方并经过长期临床实践被认为患者可以自行判断、购买和使用并能保证安全的药品

C. 目前，OTC 已成为全球通用的非处方药的俗称

D. 非处方药主要是用于治疗各种消费者容易自我诊断、自我治疗的常见轻微疾病，因此对其安全性可以忽视

12. 关于处方药与非处方药的错误表述为（　　　）

    A. "国家对药品实行处方药与非处方药的分类管理制度"于 2000 年 12 月 1 日实施

    B. 处方药与非处方药由医药销售商自行界定

    C. "OTC"是指处方药，是在柜台上可以买到的药品

    D. 非处方药需凭执业医师处方进行配制，并在医生指导下使用

三、问答题（综合题）

1. 何谓剂型？剂型如何分类？药物制成不同剂型有何重要意义？

2. 按分散系统可将剂型分成哪几类？举例说明。

3. 何谓药品的通用名称、批准文号、生产批号？

4. 简述 GMP 的性质、适用范畴及其实施的重要意义？

5. 药品生产管理文件包括哪些？各具有何种性质或作用？

项目二 | 药物制剂的稳定性

◎知识目标
1. 掌握影响药物制剂稳定性的因素、提高药物稳定的方法。
2. 理解药物制剂稳定性的概念，药物制剂稳定性考察实验方法和考察项目。
3. 了解药物制剂稳定性研究的范围。

◎技能目标
1. 能够通过药物稳定性的影响因素对药物的稳定性进行分析。
2. 能对药物进行稳定化养护，贮藏。
3. 会考察药物的稳定性。

　　药物制剂稳定性是制剂的基本要求，稳定性考察的作用是确定药品的有效期、提高制剂的稳定性以使药物更加安全、有效。本项目主要介绍制剂中药物降解的途径和影响药物降解的因素，可有效地防止和提高制剂中药物的稳定性，通过稳定性试验了解制剂的稳定性情况及预测或确定药物的有效期。

任务一　药物制剂稳定性基本知识介绍

一、研究药物制剂稳定性的意义

　　药物制剂的基本要求应该是安全、有效、稳定。药物制剂的稳定性（drug stability）系指药物从生产到使用保持稳定以及疗效和体内安全性的能力。药物制剂的稳定性非常重要，如果药物制剂不稳定，则会分解变质，导致药效下降，甚至会产生对人体有害的物质，产生毒副作用，甚至可能危及生命。

　　药物制剂稳定性研究的目的是为了科学地进行剂型设计，提高制剂质量，保证用药的安全与有效。药物制剂稳定性研究的重点是考察药物制剂在制备和储存期间可能发生的物理化学变化和影响因素以及增加药物制剂稳定性的各种措施、预测药物制剂有效期的方法等。我国的《药品注册管理办法》明确规定，在新药研究和申报过程中必须呈报稳定性研究的相关资料。因此，重视和研究药物制剂的稳定性，对于指导合理地进行剂型设计，提高制剂质量，保证药物制剂安全、有效、稳定具有重要意义。

二、药物制剂稳定性研究的范围

　　药物制剂的稳定性主要包括化学、物理和生物学三个方面。化学稳定性是指由于温度、湿度、光线、pH 等的影响，药物制剂产生水解、氧化等化学降解反应，使药物含量（或效价）、色泽等产生变化，从而影响药物内在质量，甚至产生毒副作用。物理稳定性是指由于温度、湿度等的影响，导致药物制剂的物理性能发生改变，如混悬剂中药物颗粒结块、结晶生长，乳剂的分层、破裂，胶体制剂的老化，片剂崩解度、溶出速度的改变等，主要是制剂的物理性能发生变化。生物学稳定性是指药物制剂由于微生物污染而产生的药品质量变质、腐败。

三、药物稳定性的化学动力学基础

化学动力学（chemical kinetics）是研究化学反应在一定条件下的速度规律、反应条件（浓度、压力、温度等）对反应速率与方向的影响以及化学反应的机理等。通过化学动力学可预测药物的有效期和了解影响反应的因素，从而可采取有效措施，防止或减缓药物的降解，对制备安全、有效、稳定的药物制剂具有不可低估的作用。

研究药物的降解速度，首先要解决的问题是浓度对反应速度的影响。研究药物的降解速度 $\dfrac{\mathrm{d}C}{\mathrm{d}t}$ 与浓度的关系可用下式（2-1）表示。

$$\frac{\mathrm{d}C}{\mathrm{d}t} = kC^n \qquad (2-1)$$

式中，k：反应速度常数；C：反应物的浓度；n：反应级数，$n=0$ 为零级反应；$n=1$ 为一级反应；$n=2$ 为二级反应，依此类推。反应级数是用来阐明反应物浓度对反应速度影响的大小。在药物制剂的各类降解反应中，尽管有些药物的降解反应机制十分复杂，但多数药物及其制剂可按零级、一级、伪一级反应处理。

1. 零级反应　零级反应速度与反应物浓度无关，而受其他因素的影响，如反应物的溶解度，或某些光化反应中光的照度等。零级反应的速率方程可表示为式（2-2）：

$$-\frac{\mathrm{d}C}{\mathrm{d}t} = k_o \qquad (2-2)$$

积分得：

$$C = C_0 - k_0 t \qquad (2-3)$$

式中，C_0：$t=0$ 时反应物的浓度（mol/L）；C：t 时反应物的浓度（mol/L）；k_0：零级速率常数，$mol \cdot L^{-1} \cdot S^{-1}$。$C$ 与 t 呈线性关系，直线的斜率为 $-k_0$，截距为 C_0。

2. 一级反应　一级反应速率与反应物浓度的一次方成正比，其速率方程可表示为：

$$-\frac{\mathrm{d}C}{\mathrm{d}t} = kC \qquad (2-4)$$

积分后得浓度与时间关系：

$$\lg C = -\frac{kt}{2.303} + \lg C_0 \qquad (2-5)$$

式中，k：一级速率常数，S^{-1}，min^{-1} 或 h^{-1}，d^{-1} 等。以浓度对数 $\lg C$ 对时间 t 作图呈直线，直线的斜率为 $-k/2.303$，截距为 $\lg C_0$。

通常将反应物消耗一半所需的时间称为半衰期（half life），记作 $t_{1/2}$，恒温时，一级反应的 $t_{1/2}$ 与反应物浓度无关。

$$t_{1/2} = \frac{0.693}{k} \qquad (2-6)$$

对于药物降解，常用将降解 10% 所需的时间，称十分之一衰期，记作 $t_{0.9}$，恒温时，$t_{0.9}$ 也与反应物浓度无关。

$$t_{0.9} = \frac{0.1054}{k} \qquad (2-7)$$

反应速率与两种反应物浓度的乘积成正比的反应，称为二级反应。若其中一种反应物的浓度大大超过另一种反应物，或保持其中一种反应物浓度恒定不变的情况下，则此反应表现出一级反应的特征，故称为伪一级反应。例如酯的水解，在酸或碱的催化下，可按伪一级反应处理。

四、制剂中药物的化学降解途径

药物降解的途径主要是水解和氧化，其他如异构化、聚合、脱羧等反应，在某些药物中也有发生。有时一种药物还可能同时产生两种或两种以上的降解反应。

1. 水解　水解是药物降解的主要途径，属于这类降解的药物主要有酯类（包括内酯）、酰胺类（包括内酰胺）等。

（1）酯类药物的水解　含有酯键药物的水溶液，在 H^+ 或 OH^- 或广义酸碱的催化下水解加速。在碱性溶液中，由于酯分子中氧的负电性比碳大，故酰基被极化，亲核性试剂 OH^- 易于进攻酰基上的碳原子，而使酰氧键断裂，生成醇和酸，酸与 OH^- 反应，使反应进行完全。在酸碱催化下，酯类药物的水解常可用一级或伪一级反应处理。盐酸普鲁卡因的水解可作为这类药物的代表，水解生成对氨基苯甲酸与二乙胺基乙醇，此分解产物无明显的麻醉作用。其降解反应可表示为：

$$H_2N- \!\!\!\!\bigcirc\!\!\!\! -COOCH_2CH_2N(C_2H_5)_2 \cdot HCl + H_2O \longrightarrow$$

$$H_2N- \!\!\!\!\bigcirc\!\!\!\! -COOH_2 + HOCH_2CH_2N(C_2H_5)_2 + HCl$$

属于这类药物还有盐酸丁卡因、盐酸可卡因、普鲁本辛、硫酸阿托品、氢溴酸后马托品等。酯类水解，往往使溶液的 pH 下降，有些酯类药物灭菌后 pH 下降，即提示有水解可能。

（2）酰胺药物的水解　酰胺及内酰胺类药物水解生成酸与胺。属于这类的药物有氯霉素、青霉素类、头孢菌素类、巴比妥类等。此外如利多卡因、对乙酰氨基酚（扑热息痛）等也属于此类药物。

氯霉素：氯霉素比青霉素类抗生素稳定，但其水溶液仍很易分解，在 pH 7 以下，主要是酰胺水解，生成氨基物与二氯乙酸。在 pH 2~7 范围内，pH 对水解速度影响不大。在 pH 6 时氯霉素最稳定，pH 小于 2 或大于 8 时水解加速。氯霉素水溶液对光敏感，在 pH 5.4 暴露于日光下，变成黄色沉淀。氯霉素溶液可用 100℃、30 分钟灭菌，水解约 3%~4%，115℃ 热压灭菌 30 分钟，水解达 15%，故后者不宜采用。

青霉素和头孢菌素类：这类药物的分子中存在着不稳定的 β - 内酰胺环，在 H^+ 或 OH^- 影响下，很易裂环失效。

氨苄西林在中性和酸性溶液中的水解产物为 α - 氨苄青霉酰胺酸。氨苄青霉素在水溶液中最稳定的 pH 为 5.8，pH 6.6 时，$t_{1/2}$ 为 39 天。本品只宜制成固体剂型（注射用无菌粉末）。注射用氨苄青霉素钠在临用前可用 0.9% 氯化钠注射液溶解后输液，但 10% 葡萄糖注射液对本品有一定的影响，最好不要配合使用，若两者配合使用，也不宜超过 1 小时。乳酸钠注射液对本品水解具有显著的催化作用，故二者不能配伍使用。

头孢菌素类药物应用日益广泛，由于分子中同样含有 β - 内酰胺环，易于水解。如头孢唑啉钠在酸性或碱性条件下都易水解失效，水溶液 pH 4~7 较稳定，在 pH 4.6 的缓冲溶液中 $t_{0.9}$ 约为 90 小时。本品在生理盐水和 5% 葡萄糖注射液中，室温放置 5 天仍然符合要求，pH 略有上升，但仍在稳定 pH 范围内。庆大霉素、维生素 C 注射液对本品稳定性无显著影响，故头孢唑啉钠可与这些药物配合使用。

巴比妥类：巴比妥类药物在碱性溶液中容易水解。有些酰胺类药物，如利多卡因，邻近酰胺基有较大的基团，由于空间效应，故不易水解。

（3）其他药物的水解　阿糖胞苷在酸性溶液中，脱氨水解为阿糖脲苷。在碱性溶液中，嘧啶环破裂，水解速度加速。本品在 pH 6.9 时最稳定，水溶液经稳定性预测 $t_{0.9}$ 约为 11 个月左右，常制成注射粉针剂使用。另外，如维生素 B、安定、碘苷等药物的降解，也主要是水解作用。

2. 氧化　氧化也是药物变质的主要途径之一。药物氧化分解常是自动氧化，即在大气中氧的影响下进行缓慢的氧化。药物的氧化过程与化学结构有关，如酚类、烯醇类、芳胺类、吡唑酮类、噻嗪类药物较易氧化。药物氧化后，不仅效价损失，而且可能产生颜色或沉淀。有些药物即使被氧化极少量，亦会色泽变深或产生不良气味，严重影响药品的质量，甚至成为废品。

（1）酚类药物　这类药物分子中具有酚羟基，如肾上腺素、左旋多巴、吗啡、去水吗啡、水杨酸钠等。

（2）烯醇类　维生素 C 是这类药物的代表，分子中含有烯醇基，极易氧化，氧化过程较为复杂。在有氧条件下，先氧化成去氢抗坏血酸，然后经水解为 2，3 - 二酮古罗糖酸，再进一步氧化为草酸与 L - 丁糖酸。在无氧条件下，发生脱水作用和水解作用生成呋喃甲醛和二氧化碳。

（3）其他类药物　芳胺类如磺胺嘧啶钠，吡唑酮类如氨基比林、安乃近，噻嗪类如盐酸氯丙嗪、盐酸异丙嗪等，这些药物都易氧化，其中有些药物氧化过程极为复杂，常生成有色物质。含有碳碳双键的药物，如维生素 A 或 D 的氧化是典型的游离基链式反应。易氧化药物要特别注意光、氧、金属离子对他们的影响，以保证产品质量。

3. 光解　光解是指药物在光的作用下发生的降解反应。硝苯吡啶类、喹诺酮类等对光均不稳定。

4. 其他反应

（1）异构化　异构化分为光学异构（optical isomerization）和几何异构（geometric isomerization）二种。光学异构化可分为外消旋化作用（racemization）和差向异构作用（epimerization）；几何异构化包括反式异构体与顺式异构体。如四环素、麦角新碱、毛果芸香碱等因发生异构化反应而致生理活性下降或失去活性。维生素 A 的活性形式是全反式（all - trans），在多种维生素制剂中，维生素 A 除了氧化外，还可异构化。

（2）聚合　聚合是两个或多个分子结合在一起形成复杂分子的过程。氨苄青霉素水溶液在贮存过程中能发生聚合反应，所生成的聚合物可诱发氨苄青霉素过敏反应。

（3）脱羧　对氨基水杨酸钠在光、热、水存在的条件下很易脱羧，生成间氨基酚，后者还可进一步氧化变色。盐酸普鲁卡因注射液变黄，是因为普鲁卡因水解产物对氨基苯甲酸发生脱羧反应而得的苯胺经氧化生成了有色物质。

任务二　药物制剂稳定性影响因素及稳定化方法的介绍

影响药物制剂稳定性的因素很多，包括处方因素和外界因素。

一、处方因素对药物制剂稳定性的影响

处方的组成对制剂稳定性影响很大，因此制备制剂首先就要进行处方设计。pH值、广义的酸碱催化、溶剂、离子强度、表面活性剂等因素，均可影响易水解药物的稳定性。半固体、固体制剂的某些赋形剂或附加剂，有时对主药的稳定性也有影响，都应加以考虑。

1. pH值的影响　许多药物的降解常受H^+或OH^-催化，降解速度很大程度上受pH值的影响。pH值较低时主要是H^+催化，pH值较高时主要是OH^-催化。

许多酯类、酰胺类药物常受H^+或OH^-催化水解，这种催化作用也叫专属酸碱催化（specific acid – base catalysis）或特殊酸碱催化，该类药物的水解速度主要由pH值决定。

药物的氧化反应也受溶液的pH值影响，通常pH值较低时溶液较稳定，pH值增大有利于氧化反应进行。如维生素B_1于120℃热压灭菌30分钟，在pH 3.5时几乎无变化，在pH 5.3时分解20%，在pH 6.3时分解50%。

通过实践或查阅文献资料可得到药物最稳定的pH值，然后在此基础上进行pH值调节。调节pH值时应同时考虑稳定性、溶解度和药效三个方面的因素。pH值调节剂一般是盐酸和氢氧化钠，也常用与药物本身相同的酸或碱，如硫酸卡那霉素用硫酸、氨茶碱用乙二胺等。如需维持药物溶液的pH值，则可用磷酸、醋酸、枸橼酸及其盐类组成的缓冲系统来调节。一些药物的最稳定pH值见表2－1。

表2－1　一些药物的最稳定pH值

药物	最稳定pH值	药物	最稳定pH值
盐酸丁卡因	3.8	苯氧乙基青霉素	6
盐酸可卡因	3.5~4.0	毛果芸香碱	5.12
溴本辛	3.38	甲氧西林	6.5~7.0
溴化内胺太林	3.3	克林霉素	4.0
三磷酸腺苷	9.0	地西泮	5.0
羟苯甲酯	4.0	氢氯噻嗪	2.5
羟苯乙酯	4.0~5.0	维生素B_1	2.0
羟苯丙酯	4.0~5.0	吗啡	4.0
阿司匹林	2.5	维生素C	6.0~6.5
头孢噻吩钠	3.0~8.0	对乙酰氨基酚	5.0~7.0

2. 广义酸碱催化的影响 按 Bronsted – Lowry 酸碱理论，给出质子的物质叫广义的酸，接受质子的物质叫广义的碱。有些药物也可被广义的酸碱催化水解，这种催化作用叫广义的酸碱催化（general acid – base catalysis）或一般酸碱催化。

许多药物处方中，往往需要加入缓冲剂。常用的缓冲剂如醋酸盐、磷酸盐、枸橼酸盐、硼酸盐均为广义的酸碱。HPO_4^{2-} 对青霉素 G 钾盐、苯氧乙基青霉素也有催化作用。

为观察缓冲液对药物的催化作用，可用增加缓冲剂的浓度，但保持盐与酸的比例不变（pH 值恒定）的方法，配制一系列的缓冲溶液，然后观察药物在这一系列缓冲溶液中的分解情况，如果分解速度随缓冲剂浓度的增加而增加，则可确定该缓冲剂对药物有广义的酸碱催化作用。为了减少这种催化作用的影响，在实际生产处方中，缓冲剂应用尽可能低的浓度或选用没有催化作用的缓冲系统。

3. 溶剂的影响 根据溶剂和药物的性质，溶剂可能由于溶剂化、解离、改变反应活化能等而对药物制剂的稳定性产生显著的影响。对于水解的药物，有时采用非水溶剂，如乙醇、丙二醇、甘油等以提高其稳定性。含有非水溶剂的注射液，如苯巴比妥注射液就避免了苯巴比妥水溶液受 OH^- 催化水解。溶剂对药物稳定性的影响比较复杂，对具体药物应通过实验来选择溶剂。

4. 离子强度的影响 制剂处方中往往加入电解质调节等渗，或加入盐（如一些抗氧剂）防止氧化，加入缓冲剂调节 pH 值。因而存在离子强度对降解速度的影响，这种影响可用下式说明：

$$\lg k = \log k_0 + 1.02 Z_A Z_B \sqrt{\mu} \qquad (2-8)$$

式中，k：是降解速率常数；k_0：为溶液无限稀（$\mu=0$）时的速率常数；μ：离子强度；$Z_A Z_B$：溶液中解离的药物所带的电荷。

以 $\lg k$ 对 $\sqrt{\mu}$ 作图可得一直线，其斜率为 $1.02 Z_A Z_B$，外推到 $\mu=0$ 可求得 k_0。由式（2-8）可知，相同离子间的反应，对于带负电荷的药物离子而言，如是受 OH^- 催化，则由于盐的加入会增大离子强度，从而使分解反应的速度加快；如是受 H^+ 催化，则分解反应的速度随着离子强度的增大而减慢。对于中性分子的药物而言，分解速度与离子强度无关。

5. 表面活性剂的影响 表面活性剂可增加某些易水解药物制剂的稳定性，这是因为表面活性剂在溶液中形成胶束可减少增溶质受到的攻击。如苯佐卡因易受碱催化水解，但若在溶液中加入十二烷基硫酸钠，则其稳定性显著增加。这是因为表面活性剂在溶液中形成胶束，苯佐卡因增溶在胶束周围形成一层所谓"屏障"，阻碍 OH^- 进入胶束，而减少其对酯键的攻击，因而增加苯佐卡因的稳定性。但要注意，表面活性剂有时反而使某些药物分解速度加快，如聚山梨酯 80 使维生素 D 稳定性下降。故对具体的药物制剂应通过实验来选用表面活性剂。

6. 处方中基质或赋型剂的影响 一些半固体制剂，如软膏剂、霜剂中药物的稳定性与制剂处方的基质有关。如聚乙二醇用作氢化可的松的基质则可促进该药物的分解。栓剂基质聚乙二醇也可使乙酰水杨酸分解，产生水杨酸和乙酰聚乙二醇。维生素 U 片采用糖粉和淀粉为赋形剂，则产品变色，若应用磷酸氢钙，再辅以其他措施，产品质量则有所提高。一些片剂的润滑剂对乙酰水杨酸的稳定性有一定影响。硬脂酸钙、硬脂酸镁可能与乙酰水杨酸反应形成相应的乙酰水杨酸钙及乙酰水杨酸镁，提高了系统的 pH 值，使乙酰水杨酸溶解度增加，分解速度加快。因此生产乙酰水杨酸片时不应使用硬脂酸镁这类润滑剂，而须用影响较小的滑石粉或硬脂酸。

二、外界因素对药物制剂稳定性的影响

外界因素包括温度、光线、空气（氧）、金属离子、湿度和水分、包装材料等。这些因素对于制订产品的生产工艺条件和包装设计都是十分重要的。其中温度对各种降解途径（如水解、氧化等）均有较大影响，而光线、空气（氧）、金属离子对易氧化药物影响较大，湿度、水分主要影响固体药物的稳定性，包装材料是各种产品都必须考虑的问题。

1. 温度的影响 一般来说，温度升高，反应速度加快。根据 Vant Hoff 规则：温度每升高 10℃，反应速度约增加 2 ~ 4 倍。温度对于反应速度常数的影响，可通过 Arrhenius 指数定律来定量描述：

$$k = Ae^{-E/RT} \tag{2-9}$$

式中，k：速度常数；A：频率因子；E：活化能；R：气体常数；T：绝对温度。这就是著名的 Arrhenius 指数定律，它定量地描述了温度与反应速度之间的关系，是预测药物稳定性的主要理论依据。由式可知，反应速度与温度成正比，而与药物的活化能成反比。即温度越高，反应速度越快。活化能的大小，表示在降解过程中，药物降解所需热能的大小。活化能越大，药物受温度影响而发生降解的倾向越小。

药物制剂在制备过程中，往往需要加热溶解、灭菌等操作，此时应考虑温度对药物稳定性的影响，制订合理的工艺条件。有些产品在保证完全灭菌的前提下，可降低灭菌温度，缩短灭菌时间。那些对热特别敏感的药物，如某些抗生素、生物制品，要根据药物性质，设计合适的剂型（如固体剂型），生产中采取特殊的工艺，如冷冻干燥，无菌操作等，同时产品要低温贮存，以保证产品质量。

2. 光线的影响 有些药物分子受辐射（光线）作用使分子活化而产生分解，此种反应叫光化降解（photodegradation），其降解速度与药物的化学结构有关，而与系统的温度无关。这种易被光降解的物质叫光敏感物质。如硝普钠、氯丙嗪、异丙嗪、核黄素、氢化可的松、强的松、叶酸、维生素 A、维生素 B、辅酶 Q_{10}、硝苯吡啶等。药物结构与光敏感性可能有一定的关系，如酚类和分子中有双键的药物，一般对光敏感。

光敏感的药物制剂，在制备及贮存过程中应避光，并合理设计处方工艺，如运用在处方中加入抗氧剂、在包衣材料中加入遮光剂、在包装上宜采用棕色玻璃瓶包装或容器内衬垫黑纸等避光技术，以提高药物制剂的稳定性。

3. 空气的影响 空气中的氧是引起药物制剂氧化降解的主要因素。空气中的氧进入制剂的主要途径有：氧在水中有一定的溶解度，在平衡时，0℃ 为 10.19ml/L，25℃ 为 5.75ml/L，50℃ 为 3.85ml/L，100℃ 水中几乎没有氧；在药物容器空间的空气中也存在着一定量的氧。只要有少量的氧存在，药物制剂就可产生氧化反应。

对于易氧化的药物，除去氧气是防止氧化的根本措施。生产上一般在溶液中和容器空间通入惰性气体如二氧化碳或氮气，置换其中的空气。固体药物制剂可采用真空包装。为防止易氧化药物自动氧化，可在制剂中加入抗氧剂（antioxidants）。一些抗氧

剂本身为强还原剂，它首先被氧化而保护主药免遭氧化，在此过程中抗氧剂逐渐被消耗（如亚硫酸盐类）。另一些抗氧剂是链反应的阻化剂，能与游离基结合，中断链反应的进行，在此过程中其本身不被消耗。还有一些药物能显著增强抗氧剂的效果，通常称为协同剂（synergists），如枸橼酸、酒石酸、磷酸等。

抗氧剂可分为水溶性抗氧剂与油溶性抗氧剂两大类，其中油溶性抗氧剂具有阻化剂的作用。焦亚硫酸钠和亚硫酸氢钠常用于弱酸性药液，亚硫酸钠常用于偏碱性药液，硫代硫酸钠在偏酸性药液中可析出硫的细粒，故只能用于碱性药液中，如磺胺类注射液。

油溶性抗氧剂如叔丁基对羟基茴香醚（BHA）、二丁甲苯酚（BHT）等，用于油溶性维生素类（如维生素 A、D）制剂有较好效果。另外维生素 E、卵磷脂为油脂的天然抗氧剂。常用抗氧剂及浓度见表 2 - 2。

表 2 - 2　常用抗氧剂及浓度

抗氧剂	常用浓度（%）	抗氧剂	常用浓度（%）
亚硫酸钠	0.1 ~ 0.2	蛋氨酸	0.05 ~ 0.1
亚硫酸氢钠	0.1 ~ 0.2	硫代乙酸	0.05
焦亚硫酸钠	0.1 ~ 0.2	硫代甘油	0.05
甲醛合亚硫酸氢钠	0.1	叔丁基对羟基茴香醚 * （BHA）	0.005 ~ 0.02
硫代硫酸钠	0.1	二丁甲苯酚 * （BHT）	0.005 ~ 0.02
硫脲	0.05 ~ 0.1	培酸丙酯 * （PG）	0.05 ~ 0.1
维生素 C	0.2	生育酚 *	0.05 ~ 0.5
半胱氨酸	0.00015 ~ 0.05		

注：有 * 的为油溶性抗氧剂，其他的均为水溶性抗氧剂。

4. 金属离子的影响　制剂中微量金属离子主要来自原辅料、溶剂、容器以及操作过程中使用的工具等。微量的铜、铁、钴、镍、锌、铅等离子都有促进氧化的作用，它们主要是缩短氧化作用的诱导期，增加游离基生成的速度，对自动氧化反应产生显著的催化作用。如 0.0002mol/L 的铜能使维生素 C 的氧化速度增大 1 万倍。

为了避免金属离子对药物稳定性的影响，应选用纯度较高的原辅料；操作过程中不要使用金属器具；加入螯合剂，如依地酸盐或枸橼酸、酒石酸、磷酸、二巯乙基甘氨酸等附加剂，有时螯合剂与亚硫酸盐类抗氧剂联合应用，效果更佳。依地酸二钠常用量为 0.005% ~ 0.05%。

5. 湿度和水分的影响　湿度和水分是影响固体药物制剂稳定性的重要因素。水是化学反应的媒介，固体药物吸附了水分以后，在表面形成一层液膜，分解反应就在液膜中进行。无论是水解反应，还是氧化反应，微量的水即能加速乙酰水杨酸、青霉素 G 钠盐、氨苄青霉素钠、对氨基水杨酸钠、硫酸亚铁等的分解。

药物是否容易吸湿，取决于其临界相对湿度（CRH）的大小。如实验测定氨苄青霉素的临界相对湿度只有 47%，将其在相对湿度（RH）75% 时放置 24h，则可吸收水分约 20% 而致粉末溶化。因此应特别注意这些原料药物的水分含量，一般应控制在 1% 左右。

6. 包装材料的影响　药物贮藏于室温环境中，主要受热、光、水汽及空气（氧）的影响。包装设计的目的就是排除这些因素的干扰，同时也要考虑包装材料与药物制剂的相互作用。如不考虑这些因素，则即使最稳定的处方也难以得到优质的产品。包装容器材料通常使用的有玻璃、塑料、橡胶及一些金属。

玻璃的理化性能稳定，不易与药物相互作用，气体不能透过，为目前应用最多的一类容器。玻璃的缺点是能释放碱性物质或脱落不溶性玻璃碎片等，这是注射剂应特别重视的问题。棕色玻璃能阻挡波长小于470nm的光线透过，故光敏感的药物可用棕色玻璃瓶包装。

塑料是聚氯乙烯、聚苯乙烯、聚乙烯、聚丙烯、聚酯、聚碳酸酯等一类高分子聚合物的总称。具有质轻、价廉、易成型的优点。为便于成形或防止老化等原因，常常在塑料中加入增塑剂、防老化剂等附加剂。有些附加剂具有毒性，药用包装塑料应选用无毒塑料制品。塑料容器也存在三个问题：①透气性，制剂中的气体可以与大气中的气体进行交换，以致使盛于聚乙烯瓶中的四环素混悬剂变色变味、乳剂脱水氧化至破裂变质，还可使硝酸甘油挥发逸失；②透湿性，如聚氯乙烯膜当膜的厚度为0.03mm时，在40℃、RH90%下透湿速度为100g/（m²·d）；③吸附性，塑料中的物质可以迁移进入溶液，而溶液的物质（如防腐剂）也可被塑料吸附，如尼龙就能吸附多种抑菌剂。这些都会影响药物制剂的稳定性。

橡胶是制备塞子、垫圈、滴头等的主要材料。缺点是能吸附主药和抑菌剂，其成型时加入的附加剂，如硫化剂、填充剂、防老剂等能被药物溶液浸出而致污染，这对大输液尤其应该重视。

金属主要用作软膏剂、眼膏剂等剂型的包装，具有牢固、密封性好等优点，但易被氧化剂、酸性物质腐蚀。

选择包装材料时，应通过"装样试验"进行选择。

三、提高药物制剂稳定性的方法

药物制剂的基本要求药是安全、有效、稳定。而药物制剂在制备和存储期间如果发生质量变化的问题，或者物制剂在制备和存储期间的稳定性较差，就难以保证患者用药后的安全性和有效性，因此提高药物制剂的稳定性就显得尤为重要。

1. 调节pH　很多药物的降解、水解反应都可认为是在H^+或OH^-催化的作用下发生的，在较低的pH值范围内，以H^+催化为主，在较高pH范围时以OH^-催化为主，在中间的pH范围，水解反应能与pH无关或由H^+或OH^-共同催化。为了肯定pH对具体药物水解的影响，可以测定几个pH对药物的水解情况，用反应速度常数K的对数对pH作图，从曲线的最低点（转折点）可求出该药物最稳定时的pH值。实验可在较高的温度（恒温）下进行，以便在较短的时间内取得结果。这样得到转折点的温度会有些不同，但通常差别不大。

有些溶液的稳定性只是在一定的pH值范围内稳定。在配制药物溶液，特别是配制注射液时，就要慎重考虑pH值的调节问题，以延缓药物水解、氧化，增加药物的稳定性。一般是通过查找资料或通过实验弄清药物最稳定的pH值，以pH_m表示，再用适当的试剂和方法将溶液调节到pH_m。

调节 pH 值常用盐酸和氢氧化钠；也有为了不增加药液中其他离子，而用药物本身所含相同的酸或碱来调节，如硫酸卡那霉素用硫酸来调节 pH 值；也有为了保持药液中 pH 值的相对恒定，采用各种缓冲液，如磷酸盐缓冲液、枸橼酸盐缓冲液等，但要注意缓冲溶液对药物的催化作用，应通过实验选择合适的缓冲溶液浓度，以减少催化作用。一般缓冲盐的浓度越大，催化速度也越快，故应使缓冲液保持在尽可能低的浓度。

2. 选用适当的溶剂 用介电常数较低的溶剂如乙醇、甘油、丙二醇、聚乙烯二醇、$N, N -$甲基乙酰等部分或全部代替水作为溶剂，可使药物的水解速度降低。对于个别药物却是例外，如环乙酸（cyclamic acid）在水溶液中水解慢，在乙醇中却明显变快。氯霉素在 50% 二醇溶液的水解速度也稍有增加。因此对具体药物应通过实验才能得出符合的结论。

3. 制成难溶性盐或酯 一般而言，溶液中溶解的那部分药物才发生水霉解反应。将容易水解的药物制成难溶性的酯类衍生物，其稳定性将显著增加。例如青霉素 G 钾盐、在水中溶解而破坏，制成普鲁卡因青霉素 G（水中溶解度为 1∶250）就比较稳定，其混悬液避光并于 20℃ 下贮藏，可保持效价至少 18 个月。三乙酰竹桃霉素（Friacetylolean domycinum）、红霉素硬脂酸酯等难溶性药物，不仅化学稳定性优于母体药物，而且无味、耐胃酸，口服后比母体药物更好。

4. 形成络合物 加入一种化合物，使其与药物形成水中可溶并且对药物有保护作用的络合物。其对药物有保护作用可能源于有空间障碍和极性效应。

5. 加入表面活性剂 在酯或酰类药物的溶液中加入适当表面活性剂，有时可以增加某些药物的稳定性，例如苯佐卡因含 5% 月桂醇硫酸钠（阴离子型表面活性剂）的溶液，可使苯佐卡因的半衰期延长，这可能是月桂醇硫酸钠与苯佐卡因形成胶团，苯佐卡因藏在胶团内部，减少了 OH^- 对苯佐卡因分子中酯键的攻击。

6. 改变药物的分子结构 在酯类药物（R－COOR）和酰类药物（R－COOR）的 $\alpha - C$ 原于上引入其他基团、侧链、增加 R－碳链长度，增加空间效应和极性效应，可以有效地降低这些药物水解速度。

7. 制成固体制剂 凡在水溶液中证明是不稳定的药物，一般可制成固体制剂。供口服的做成片剂、胶囊剂、颗粒剂等。供注射的则做成注射用无菌粉末，可使稳定性大大提高。

8. 控制温度 温度升高，水解反应速度随之增加。因此应控制药物的生产温度和贮藏温度。

9. 将药物制成微囊或包合物 某些药物制成微囊可增加药物的稳定性。如维生素 A 制成微囊稳定性有很大提高，也有将维生素 C、硫酸亚铁制成微囊，防止氧化，有些药物还可制成环糊精包合物。

10. 改变生产工艺 一些对湿热不稳定的药物，采用湿法压片的片剂可改变生产工艺，采用粉末直接压片或包衣工艺，直接压片或干法制粒。包衣是解决片剂稳定性的常规方法之一，如氯丙嗪、异丙嗪、对氨基水杨酸钠等，均做成包衣片。个别对光、热、水很敏感的药物，如酒石麦角胺采用联合式压制包衣机制成包衣片，收到良好效果。

11. 改变处方　氧的存在加速氧化反应的进行。可在处方中加抗氧剂（注意溶液的 pH 与抗氧剂的选择及相互溶解性能）、金属络合剂，生产中通惰性气体（CO_2、N_2）。

12. 提高药物和辅料的纯度　微量金属离子的存在对自氧化反应有显著的催化作用。因此提高原、辅料的纯度、操作中避免使用金属器具；加入金属络合剂，如依地酸盐或枸橼酸、酒石酸等，可有效地降低微量金属离子的浓度。

13. 提高包装材料的质量　对于对光敏感的药物，可在生产、贮存时尽量避光，包装材料可选用遮光性好、密封性好的材料包装。

任务三　药物制剂稳定性试验方法

药物制剂稳定性试验方法是参考主要为《中国药典》2010 年版所载药物稳定性试验指导原则中的相关内容及方法。

药物稳定性试验的目的是考察原料药或药物制剂在温度、湿度、光线的影响下随时间变化的规律，为药品的生产、包装、贮存、运输条件提供科学依据，同时通过试验建立药品的有效期。

药物稳定性试验的基本要求包括以下几个方面：①稳定性试验包括影响因素试验、加速试验与长期试验。影响因素试验适用一批原料药或一批制剂进行。加速试验与长期试验要求用三批供试品进行。②原料药供试品应是一定规模生产的，供试品量相当于制剂稳定性试验所要求的批量，原料合成工艺路线、方法、步骤应与大生产一致；药物制剂的供试品应是放大试验的产品，其处方与生产工艺应与大生产一致，如片剂、胶囊剂，每批放大试验的规模，片剂至少 1 万片，胶囊剂至少应为 1 万粒。大体积包装的制剂如静脉输液等，每批放大规模的数量至少应为各项试验所需总量的 10 倍，特殊品种、特殊剂型所需数量，根据情况另定。③供试品的质量标准应与临床前研究及临床试验和规模生产所使用的供试品质量标准一致。④加速试验与长期试验所用供试品的包装应与上市产品一致。⑤研究药物稳定性，要采用专属性强、准确、精密、灵敏的药物分析方法与有关物质的检查方法，并对方法进行验证，以保证药物稳定性结果的可靠性。在稳定性试验中，应重视降解产物的检查。⑥由于放大试验比规模生产的数量要小，故申报者应承诺在获得批准后，从放大试验转入规模生产时，对最初通过生产验证的 3 批规模生产的产品仍需进行加速试验与长期稳定性试验。

药物制剂稳定性研究，首先应查阅原料药稳定性有关资料，特别了解温度、湿度、光线对原料药稳定性的影响，并在处方筛选与工艺设计过程中，根据主药与辅料性质，参考原料药的试验方法，进行影响因素试验、加速试验与长期试验。

（一）影响因素试验

影响因素试验（强化试验）是在比加速试验更激烈的条件下进行。在筛选药物制剂的处方与工艺的设计过程中，首先应查阅原料药稳定性的有关资料，了解温度、湿度、光线对原料药稳定性的影响，根据药物的性质针对性地进行必要的影响因素试验。

原料药要求进行此项试验，其目的是探讨药物的固有稳定性、了解影响其稳定性的因素及可能的降解途径与分解产物，为制剂生产工艺、包装、贮存条件提供科学依据。同时也可为新药申报临床研究与申报生产提供必要的资料。

药物制剂进行此项试验的目的是考察制剂处方的合理性与生产工艺及包装条件。供试品用一批进行，将供试品如片剂、胶囊剂、注射剂（注射用无菌粉末如为西林瓶装，不能打开瓶盖，以保持严封的完整性），除去外包装，置适宜的开口容器中，进行高温试验、高湿度试验与强光照射试验。

1. 高温试验　供试品开口置适宜和洁净容器，60℃条件下放置 10 天，于第 5 天和第 10 天取样，按稳定性重点考察项目进行检测。若供试品含量低于规定限度则在 40℃条件下同法进行试验。若 60℃无明显变化，不再进行 40℃试验。

2. 高湿度试验　供试品开口置恒湿密闭容器中，在 25℃分别于相对湿度 90%±5% 条件下放置 10 天，于第 5 天和第 10 天取样，按稳定性重点考察项目要求检测，同时准确称量试验前后供试品的重量，以考察供试品的吸湿潮解性能。若吸湿增重 5% 以下，其他考察项目符合要求，则不再进行此项试验。恒湿条件可在密闭容器如干燥器下部放置饱和盐溶液，根据不同相对湿度的要求，可以选择 $NaCl$ 饱和溶液（相对湿度 75%±1%、15.5~60℃），KNO_3 饱和溶液（相对湿度 92.5%，25℃）。

3. 强光照射试验　供试品开口放置在光橱或其他适宜的光照仪器内，于照度为 4500lx±500lx 的条件下放置 10 天，于第 5 天和第 10 天取样，按稳定性重点考察项目进行检测，特别要注意供试品的外观变化。

（二）加速试验

加速试验（accelerated testing）是在加速的条件下进行。其目的是通过加速药物制剂的化学或物理变化，探讨药物制剂的稳定性，为处方设计、工艺改进、质量研究、包装改进、运输、贮存提供必要的资料。供试品要求三批，按市售包装，在温度 40℃±2℃、相对湿度 75%±5% 的条件下放置 6 个月，所用设备应能控制温度 ±2℃、相对湿度 ±5%，并能对真实温度与湿度进行监测。在试验期间第 1 个月、2 个月、3 个月、6 个月末分别取样一次，按稳定性重点考察项目检测。在上述条件下，如 6 个月内供试品经检测不符合制订的质量标准，则应在中间条件即在温度 30℃±2℃，相对湿度 65%±5% 的情况下进行加速试验，时间仍为 6 个月。溶液剂、混悬剂、乳剂、注射液等含有水性介质的制剂可不要求相对湿度。试验所用设备建议采用隔水式电热恒温培养箱（20~60℃）。箱内放置具有一定相对湿度饱和盐溶液的干燥器，设备应能控制所需温度，且设备内各部分温度应均匀，并适合长期使用。也可采用恒温恒湿箱或其他适宜设备。

对温度特别敏感的药物制剂，预计只能在冰箱（4~8℃）内保存使用，此类药物制剂的加速试验，可在温度 25℃±2℃、相对湿度 60%±10% 的条件下进行，时间为 6 个月。

乳剂、混悬剂、软膏剂、眼膏剂、栓剂、气雾剂，泡腾片及泡腾颗粒宜直接采用温度 30℃±2℃、相对湿度 65±5% 的条件进行试验，其他要求与上述相同。

对于包装在半透性容器的药物制剂，如塑料袋装溶液，塑料瓶装滴眼剂、滴鼻剂等，则应在温度 40℃±2℃，相对湿度 25%±5% 的条件，（可用 $CH_3COOK \cdot 1.5H_2O$ 饱和溶液）进行试验。

（三）长期试验

长期试验（long – term testing）是在接近药品的实际贮存条件下进行，其目的是为制定药品的有效期提供依据。供试品三批，市售包装，在温度 25℃ ±2℃，相对湿度 60% ±10% 的条件下放置 12 个月，或在温度 30℃ ±2℃，相对湿度 65% ±5% 的条件下放置 12 个月。每 3 个月取样一次，分别于 0 个月、3 个月、6 个月、9 个月、12 个月取样，按稳定性重点考察项目进行检测。12 个月以后，仍需继续考察，分别于 18 个月、24 个月、36 个月取样进行检测。将结果与 0 个月比较，以确定药品的有效期。由于实验数据的分散性，一般应按 95% 可信限进行统计分析，得出合理的有效期。如统计分析结果差别较小，则取其平均值为有效期，若差别较大则取其最短的为有效期。如果数据表明，测定结果变化很小，说明药物是很稳定的，则不作统计分析。

对温度特别敏感的药品，长期试验可在温度 6℃ ±2℃ 的条件下放置 12 个月，按上述时间要求进行检测，12 个月以后，仍需按规定继续考察，制定在低温贮条件下的有效期。

（四）经典恒温法

在实际研究工作中，可考虑采用经典恒温法，特别对水溶液的药物制剂，预测结果有一定的参考价值。除经典恒温法外，还有线性变温法，Q_{10} 法，活化能估算法等，在研究工作中，有时可以应用。

经典恒温法的理论依据是 Arrhenius 的指数定律 $K = Ae^{-E/RT}$，其对数形式为：

$$\lg K = -\frac{E}{2.303RT} + \lg A \qquad\qquad (2-10)$$

以 $\lg K$ 对 $1/T$ 作图得一直线，此图称 Arrhenius 图，直线斜率为 $-E/(2.303R)$，由此可计算出活化能 E。若将直线外推至室温，就可求出室温时的速度常数（$K_{25℃}$）。由 $K_{25℃}$ 可求出分解 10% 所需的时间（即 $T_{0.9}$）或室温贮藏若干时间以后残余的药物的浓度。

实验设计时，除了首先确定含量测定方法外，还要进行预试，以便对该药的稳定性有一个基本的了解，然后设计实验温度与取样时间。计划好后，将样品放入各种不同温度的恒温水浴中，定时取样测定其浓度（或含量），求出各温度下不同时间药物的浓度变化。以药物浓度或浓度的其他函数对时间作图，以判断反应级数。若以 $\lg c$ 对 t 作图得一直线，则为一级反应。再由直线斜率求出各温度的速度常数，然后按前述方法求出活化能和 $T_{0.9}$。一般情况下出现下列之一就认为药物制剂发生 "显著变化"：

（1）含量测定中发生 5% 的变化（特殊情况应加以说明）；或者不能达到生物学或者免疫学的效价指标。

（2）任何一个降解产物超出标准规定。

（3）性状、物理性质以及特殊制剂的功能性试验（如颜色、相分离、再混悬能力、结块、硬度、给药剂量等）超出标准规定。

（4）pH 值超出标准规定。

（5）制剂溶出度或释放度超出标准规定。

实训　维生素 C 注射液稳定性实验

【实训目的】

(1) 掌握使用恒温加速试验进行维生素 C 注射液有效期预测的方法。

(2) 了解使用化学动力学方法进行注射剂稳定性预测的原理。

【实训场地】

实验室

【实训药品与器材】

药品　维生素 C 注射液 (2ml:0.25g)、0.1mol/L 碘液、丙酮、稀醋酸、淀粉指示剂等。

器材　恒温水浴箱、碘量瓶、移液管、滴定管等。

【实训内容】

试验方法

1. 放样　将同一批号的维生素 C 注射液样品 (2ml:0.25g) 分别置 4 个不同温度 (如 70℃、80℃、90℃和 100℃) 的恒温水浴中，间隔一定时间 (如 70℃为间隔 24 小时，80℃为 12 小时，90℃为 6 小时，100℃为 3 小时) 取样，每个温度的间隔取样次数均为 5 次。样品取出后，立即冷却或置冰箱保存，供含量测定。

2. 维生素 C 含量测定方法　精密量取样品液 1ml，置 150ml 锥形瓶中，加蒸馏水 15ml 与丙酮 2ml，摇匀，放置 5 分钟，加稀醋酸 4ml 与淀粉指示液 1ml，用碘液 (0.1mol/L) 滴定，至溶液显蓝色并持续 30 秒不褪。每 1ml 碘液 (0.1mol/L) 相当于 8.806mg 的维生素 C ($C_6H_8O_6$)，分别测定各样品中的维生素 C 的含量，同时测定未经加热试验的原样品中维生素 C 含量，记录消耗碘液的毫升数。

【实训结果】

1. 数据整理　在表 1 中记录每次所测维生素 C 的含量 V (即碘液消耗的毫升数)，设零时间碘液消耗的毫升数 V_0 (初始浓度) 为 100% 相对浓度，其他时间碘液消耗的毫升数 V 与其比较，得各相对浓度 C_r (100%)。

$$C_r (\%) = V/V_0 \times 100\%$$

2. 计算反应速率常数 K　作 $\lg C_r - t$ 图。根据一级反应公式，用 $\lg C_r$ 对 t 进行线性回归得直线方程，从直线的斜率可求出各实验温度下的反应速率常数 K，并记入表 2 中。

3. 预测室温时的有效期　将各实验温度的绝对温度值及速率常数 K 值记入表 2 中，以 $\lg K$ 为纵坐标，$(1/T) \times 10^3$ 为横坐标作图。

表 1　维生素 C 注射液稳定性试验原始数据

温度 (℃)	取样时间 (h)	V (ml)	C_r (%)	$\lg C_r$
	0			
	24			
70	48			
	72			
	96			

续表

温度（℃）	取样时间（h）	V（ml）	C_r（%）	lgC_r
80	0			
	12			
	24			
	36			
	48			
90	0			
	6			
	12			
	18			
	24			
100	0			
	3			
	6			
	9			
	12			

表2　各试验温度下的反应速率常数

T（绝对温度）	$(1/T) \times 10^3$	K（h^-）	lgK
343			
353			
363			
373			

4. 公式计算　根据 Arrhenius 公式 $K = Ae^{-E/RT}$ 或 $lgK = -ERT/2.303 + lgA$，用 lgK 对 $(1/T) \times 10^3$ 求回归直线方程，由斜率求反应活化能 E，由截距求频率因子 A。

把室温（25℃）的绝对温度的倒数值代入上述回归方程中，求得反应速率常数 $K_{25℃}$。再按公式 $t_{1/2} = 0.693/K_{25℃}$ 和 $t_{0.9} = 0.1054/K_{25℃}$，计算维生素 C 注射液在室温（25℃）时的降解半衰期和有效期。

目标检测

一、单选题

1. 酯类药物易产生（　　）

　　A. 水解反应　　　　B. 异构反应　　　　C. 氧化反应　　　　D. 聚合反应

2. 易氧化的药物具有（　　）

　　A. 双键　　　　　　B. 酰胺键　　　　　C. 酯键　　　　　　D. 苷键

3. 在一级反应中，以 lgC 对 t 作图，反应速度常数为（　　）

  A. lgC 值   B. t 值   C. 温度   D. 直线斜率 ×2. 303

4. 为提高易氧化药物注射液的稳定性，无效的措施是（ ）

  A. 调渗透压 B. 使用茶色容器 C. 加抗氧剂 D. 灌封时通 CO_2

5. 关于留样观察法的叙述，错误的是（ ）

  A. 符合实际情况   B. 一般在室温下进行

  C. 预测药物有效期   D. 在通常包装贮藏条件下观察

6. 维生素 C 容易发生（ ）

  A. 氧化反应 B. 聚合反应 C. 水解反应 D. 消旋化反应

7. 药物的有效期是指药物含量降低（ ）

  A. 10% 所需时间 B. 50% 所需时间 C. 63. 5% 所需时间 D. 5% 所需时间

8. 关于药品稳定性的正确叙述是（ ）

  A. 固体制剂的赋型剂不影响药物稳定性

  B. 药物的降解速度与离子强度无关

  C. 盐酸普鲁卡因溶液的稳定性受湿度影响，与 pH 值无关

  D. 零级反应的反应速度与反应物浓度无关

9. 关于药物稳定性叙述错误的是（ ）

  A. 大多数药物的降解反应可用零级、一级反应进行处理

  B. 温度升高时，绝大多数化学反应速率增大

  C. 药物降解反应是一级反应，药物有效期与反应物浓度有关

  D. 大多数反应温度对反应速率的影响比浓度更为显著

二、多选题

1. 药物制剂稳定性研究的范围包括（ ）

  A. 化学稳定性 B. 物理稳定性 C. 生物稳定性 D. 热稳定性

2. 可反应药物制剂稳定性好坏的有（ ）

  A. 半衰期 B. 有效期 C. 反应速度常数 D. 消除速度常数

3. 药物制剂的降解途径有（ ）

  A. 水解 B. 氧化 C. 异构化 D. 聚合

4. 影响药物制剂稳定性的外界因素有（ ）

  A. 温度 B. 氧气 C. 离子强度 D. 光线

5. 影响药物制剂稳定性的处方因素有（ ）

  A. pH B. 溶媒 C. 温度 D. 水分

6. 为增加易水解药物的稳定性，可采取的措施有（ ）

  A. 加等渗调节剂 B. 制成固体剂型 C. 调节适宜 pH D. 降低温度

7. 为提高易氧化药物注射剂的稳定性，可采取的措施有（ ）

  A. 使用茶色容器   B. 加金属离子络合剂

  C. 加抗氧剂   D. 灌封时通 CO_2 或 N_2

8. 药物制剂稳定性试验方法有（ ）

  A. 留样观察法 B. 加速试验法 C. 鲎试验法 D. 浆法

9. 关于药物制剂稳定性的叙述，错误的是 （　　）

    A. 药物在固体状态时，一般比在溶液中为稳定

    B. 易变质的固体药物随粒度的减少而趋向于不稳定

    C. 固体药物与水溶液不同，不会因温度变化而发生稳定性的变化

    D. 制剂的吸湿、液化等均系物理变化，与其化学稳定性无关

10. 对于药物稳定性叙述错误的是 （　　）

    A. 一些容易水解的药物，加入表面活性剂都能使稳定性增加

    B. 在制剂处方中，加入电解质或加入盐所带入的离子，可使药物的水解反应减少

    C. 须通过试验正确选用表面活性剂，使药物稳定

    D. 滑石粉可使乙酰水杨酸分解速度加快

三、问答题（综合题）

1. 药物制剂稳定性研究的意义、范围怎样？

2. 药物降解途径有哪些？举例说明。

3. 影响药物制剂稳定性的因素有哪些？如何增加药物制剂的稳定性？对易氧化和易水解的药物分别可采取哪些稳定化措施？

4. 稳定性试验方法有哪些？恒温加速试验法的原理及操作过程怎样？

项目三 | 药物制剂的有效性

◎知识目标

1. 掌握吸收的概念。
2. 掌握药物吸收及剂型因素的影响，熟悉药物的非胃肠道吸收。
3. 掌握生物利用度的概念和有关内容。

◎技能目标

1. 能够运用所学知识指导药物的合理使用。
2. 了解药物的有效性与哪些因素有关，能采取一些的措施来增加药物制剂的有效性。

药物制剂有效性是制剂的基本要求之一，通过本项目内容的学习，使学生掌握影响药物制剂有效性的因素、药物制剂体内吸收的途径、生物利用度的概念和意义，并具备一定的实际能力，如能采取措施来增加药物制剂的有效性。本项目的重点难点是吸收的概念和吸收的机理，剂型对吸收的影响等。

任务一 药物制剂有效性基础知识介绍

一、概述

临床上发现，不同厂家生产的同一制剂，甚至同一厂家不同批号的药品都有可能产生不同的疗效。于是，人们对药品的质量与疗效有了新的认识，改变了唯有药物结构决定药物效应的传统观念。人们越来越清醒地认识到药物在一定剂型中所产生的效应不仅与药物本身的化学结构有关，而且还受到剂型因素与生物因素的影响，有时甚至有很大的影响。每一种药物被赋予一定的剂型，由特定的途径给药，特定的方式和剂量被吸收、分布、代谢和排泄，到达作用部位后又以特定的方式在靶点作用，达到治疗疾病的目的。20世纪60年代以来，研究药物在体内过程等内容的生物药剂学得到了迅速发展，人们越来越重视药物进入体内的有效性问题。影响药物有效性的因素有剂型因素和生物因素：

1. 剂型因素

①药物的某些化学性质，如同一药物的不同盐、酯、络合物或前体药物，即药物的化学形式及药物的稳定性等；②药物的某些物理性质，如粒子大小、晶型、溶解度、

溶出速率等。③制剂处方中所用的辅料的性质与用量。④药物的剂型及使用方法。⑤处方中药物的配伍及相互作用。⑥制剂的工艺过程、操作条件及贮存条件等。

2. 生物因素

（1）种族差异　指不同的生物种类，如小鼠、狗、猴等不同的实验动物和人的差异，及同一种生物在不同地理区域和生活条件下形成的差异，如不同人种的差异。

（2）性别差异　指动物的雌雄和人的性别差异。

（3）年龄差异　新生儿、婴儿、青壮年和老年人的生理功能可能有差异，因此药物在不同年龄个体中的处置与对药物的反应可能不同。

（4）生理和病理条件的差异　生理因素如妊娠及各种疾病引起的病理因素能引起药物体内过程的差异。

（5）遗传因素　人体内参与药物代谢的各种酶的活性可能存在着很大个体差异，这些差异可能是遗传因素引起。

二、药物制剂的吸收

吸收（absorption）是指药物从给药部位进入体液循环的过程。除了血管内给药无吸收过程外，非血管内给药（如胃肠道给药，肌内注射，腹腔注射，透皮给药和其他黏膜给药等）都存在着吸收过程。药物只有吸收入体循环，在血中达到一定的血药浓度，才会出现生理效应，且作用强弱和持续时间都与血药浓度直接相关。所以，吸收是发挥体内药效的重要前提。

（一）胃肠道吸收

药物的胃肠道吸收可以在胃、小肠、大肠、直肠等部位进行，但以小肠吸收最为重要，小肠的特殊生理结构更适于药物的吸收。

1. 药物的吸收方式

（1）被动扩散（passive diffusion）或叫被动转运　是指药物由高浓度一侧通过生物膜扩散到低浓度一侧的转运过程。大多数药物分子能以被动扩散为主要方式透过生物膜，转运到血中完成吸收过程（如图 3 - 1），被动扩散的速率是符合 Fick's 第一定律。

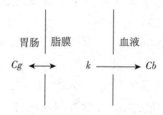

图 3 - 1　药物透过胃肠生物膜的转运过程

被动扩散的特点：顺浓度梯度转运，即从高浓度区域向低浓度区域转运，不需要载体的帮助，膜对通过的物质无特殊选择性，不受共存的类似物的影响，即无饱和现象和竞争抑制现象，一般也无部位特异性，扩散过程与细胞代谢无关，故不消耗能量，不受细胞代谢抑制剂的影响，也不会因温度影响代谢水平而发生改变。

被动扩散转运的两条途径：①溶解扩散，由于生物膜为磷脂双分子层，非解离型的脂溶性药物可以溶于液态磷脂膜中，因此更容易穿过生物膜，对于弱酸或弱碱性药物，这个过程与 pH 值存在依赖性，但是脂溶性太大时，由于受不流动水层的影响，转运亦可减少；②膜孔转运，生物膜上有许多含水的微孔，孔径约为 0.4 ~ 1nm，孔壁带有负电荷，水溶性的小分子物质（最好不带负电荷）及水可由此微孔扩散通过。

（2）主动转运（active transport）亦称载体媒介转运　是指借助于载体的帮助，药物分子由低浓度区域向高浓度区域逆向转运的过程。这种吸收方式需要消耗能量，需要载体帮助。一些生命必需的物质如氨基酸、单糖、Na^+、K^+、I^-、水溶性维生素及有机酸、碱等弱电解质的离子型均可以主动转运方式通过生物膜而被吸收。

对于主动转运吸收，当药物浓度低时符合一级速度过程，当药物浓度很高时则为零级过程。产生这种现象的主要原因是主动转运过程中需要载体参加，载体的量是相对固定的，当药物浓度低时，载体的量相对为大量，故转运速度随药物浓度增加而增大。但当吸收部位药物浓度增加到某一临界值时，载体的量相对为少量，转运系统变为饱和，故药物浓度无论怎么增加，吸收速度也不增加而保持恒速，即达到了主动转运吸收的最大速度（图 3 - 2），主动转运吸收的速度可用米氏（Michaelis - Menten）动力学方程来描述。

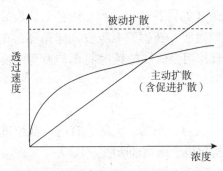

图 3 - 2　主动转运和被动扩散药物转运速率与浓度的关系

主动转动的特点：逆浓度梯度转运；与细胞内代谢有关，故需消耗能量，可被代谢抑制阻断，温度下降使代谢受抑可使转运减慢；需载体参与，对转运物质有结构特异性需求，结构类似物可产生竞争抑制，有饱和现象；也有部位专属性，即某些药物只在肠道某一部位吸收，如维生素 B_2。

（3）促进扩散（faciltated diffusion）　有些药物的转运需要载体，但不能逆浓度梯度进行，而是由高浓度向低浓度区扩散，称为促进扩散。因其转运需要载体参与，所以具有载体转运的特性，对于转运的药物有专属性要求，可被结构类似物竞争性抑制，也有饱和现象，转运速度亦可用米氏动力学方程来描述。但促进扩散不依赖于细胞代谢产生的能量，而且是顺浓度梯度转运，通常载体转运的速度大大超过被动扩散。现已知在小肠上皮细胞侧底膜，以及红细胞、骨骼肌、脂肪细胞和血脑屏障的面向血液一侧的红细胞膜中，单糖类和氨基酸的转运为促进扩散，D - 葡萄糖、D - 木糖和某些季铵类的转运亦属此类。

（4）胞饮作用（Pinocytosis）　由于细胞膜具有一定的流动性，因此细胞可以主动变形而将某些物质摄入细胞内或从细胞内释放到细胞外，这个过程称膜动转运，其中向内摄取为入胞作用，向外释放为出胞作用，二者统称胞饮作用。摄取固体颗粒时称为吞噬，某些高分子物质如蛋白质、多肽类、脂溶性维生素和重金属等可按胞饮方式吸收。胞饮作用对蛋白质和多肽的吸收非常重要，并且有一定的部位特异性（如蛋白质在小肠下段的吸收最为明显），但对一般药物的吸收不是十分重要。

知识拓展

胃肠道上皮细胞膜的结构

口服药物通过胃肠道上皮细胞膜进入体循环，因此上皮细胞膜的结构和性质决定了药物吸收的难易。上皮细胞膜主要由磷脂、蛋白质、脂蛋白及少量多糖等组成。生物膜的结构模式是 Deniells 于 1935 年提出的，认为生物膜是含蛋白质的类脂双分子层构成的，即类脂是由甘油基团连接具有磷酸结构的亲水部分与脂肪酸结构的疏水部分所组成的磷脂，其中包括脑磷脂、卵磷脂、神经磷脂等。两个类脂部分的疏水性尾部相接，中间形成膜的疏水区，两个亲水性头部形成膜的内外两面，这种排列形式称为类脂双分子层。1972 年 N. Singer 提出了生物膜的流动镶嵌模式，它表明流动的液体类脂双分子层是膜的基本骨架，镶嵌着具有各种生理功能（如酶、泵或受体等）的漂浮着的蛋白质，蛋白质分子可以沿着膜内外的方向运动或转动。

2. 影响药物胃肠道吸收的因素

（1）胃肠道 pH 影响　胃肠道不同部位有着不同的 pH，不同 pH 决定弱酸性和弱碱性药物的解离状态，而消化道上皮细胞是一种类脂膜，故分子型药物易于吸收。如空腹时胃液的 pH 通常为 $0.9 \sim 1.5$，餐后可略增高，呈现酸性，有利于弱酸性药物的吸收，弱碱性药物吸收较少。消化道 pH 的变化能影响被动扩散药物的吸收，但对主动转运过程影响较小。

（2）胃排空速率的影响　胃内容物经幽门向小肠排出称胃排空，单位时间胃内容物的排出量称胃空速率。多数药物以小肠吸收为主，胃空速率可反映药物到达小肠的速度，因此对药物的起效快慢、药效强弱和持续时间均有明显影响。胃空速率增加，药物到达小肠部位越快，药物吸收速度越快。胃空速率慢，药物在胃中停留时间延长，主要在胃中吸收的弱酸性药物吸收量增加。

影响胃空速率因素主要有食物的组成与理化性质、胃内容物的黏度与渗透压、药物因素（有些药物能降低排空速率）、身体所处的姿势等。

（3）食物的影响　食物的存在使胃内容物黏度增大，减慢了药物向胃肠壁扩散速度，从而影响药物的吸收；同时食物的存在能减慢胃空速率，推迟药物在小肠的吸收；食物可消耗胃肠道内的水分，导致胃肠液减少，进而影响固体制剂的崩解和药物溶出，影响药物吸收速度。当食物中含有较多的脂肪时，能促进胆汁的分泌，胆汁中的胆酸盐属表面活性剂，可增加难溶性药物的吸收。同时食物存在可减少一些刺激性药物对胃的刺激作用。

（4）血液循环的影响　消化道周围的血液与药物的吸收有复杂的关系。当血流速率下降时，吸收部位转运药物的能力下降，降低细胞膜两侧浓度梯度，使药物吸收减慢。当药物的膜透过速率比血流速率低时，吸收为膜限速过程。相反，当血流速率比膜透过速率低时，吸收为血流限速过程。血流速率对难吸收药物影响较小，对易吸收药物影响较大。

（5）胃肠分泌物的影响　在胃肠道的表面存在着大量黏蛋白，这些物质可增加药物吸附和保护胃黏膜表面不受胃酸或蛋白水解酶的破坏。有些药物可与这些黏蛋白结合，会导致此类药物吸收不完全（如链霉素）或不能吸收（如庆大霉素）。在黏蛋白外面，还有不流动水层，它对脂溶性强的药物是一个重要的通透屏障。人体分泌的胆汁中含有的胆酸盐（增溶剂）可促进难溶性药物的吸收，但与有些药物会生成不溶物而影响吸收。

（6）药物理化性质的影响

①药物脂溶性和解离度的影响　胃肠道上皮细胞膜的结构为类脂双分子层，这种生物膜只允许脂溶性非离子型药物透过而被吸收。

药物脂溶性大小可用油水分配系数（$k_{o/w}$）表示，即药物在有机溶剂（如氯仿、正辛醇和苯等）和水中达到溶解平衡时的浓度之比。一般油水分配系数大的药物吸收较好，但药物的油水分配系数过大，有时吸收反而不好，因为这些药物渗入磷脂层后可与磷脂层强烈结合，可能不易向体循环转运。

临床上多数治疗药物为有机弱酸或弱碱，其离子型难以透过生物膜。故药物的胃肠道吸收好坏不仅取决于药物在胃肠液中的总浓度，而且与非解离型部分浓度大小有关，而非离子型部分的浓度多少与药物的 pK_a 和吸收部位的 pH 有关。

②溶出速度的影响　片剂、胶囊剂等固体剂型口服后，药物在体内吸收过程是先崩解，其次是药物溶解于胃肠液中，最后溶解的药物透过生物膜被吸收。因此，任何影响制剂崩解和药物溶解的因素均能影响药物的吸收。一般来说，易溶性药物溶解速度快，对吸收影响较少，难溶性药物或溶解缓慢的药物，溶解速度可限制药物的吸收。影响药物溶出速度的因素主要包括药物的粒径大小、药物的溶解度、晶形等，增加难溶性药物溶出速度可采取减小粒径，制成可溶性盐以增加酸性或碱性药物的溶解度，也可选择多晶型药物中的亚稳定型、无定形或选择无水物等来增加药物的溶解度或降低介质的黏度或升高温度，利于药物的溶出。

③粒度　难溶或溶解缓慢药物的粒径是影响吸收的重要因素。粉粒愈细，表面积愈大，溶解速度愈快。为了减小粒径增加药物表面积，可采用微粉化、固体分散等方法改善。

④多晶型　化学结构相同的药物，因结晶条件不同而得到晶格排列不同的晶型，这种现象称为多晶型现象。晶型不同化学性质虽相同，但物理性质如密度、硬度、熔点、溶解度、溶出速率等可能不同，包括生物活性和稳定性也有所不同。

多晶型中的稳定型，其熔点高，溶解度小，化学稳定性好；而亚稳定型、非晶型（无定形）的熔点较低，溶解度大，溶出速率也较快。因此亚稳定型、非晶型（无定形）的生物利用度高，而稳定型药物的生物利用度较低，甚至无效。

晶型在一定条件下可以互相转化，能引起晶型转变的外界条件有干热、熔融、粉碎、不同结晶条件以及混悬在水中等，如果掌握了转型条件，就能将某些原无效的晶型转为有效晶型。

（7）药物稳定性的影响　很多药物在胃肠道中不稳定，一方面由于胃肠道 pH 值的影响，可促进某些药物的分解。另一方面是由于药物不能耐受胃肠道中的各种酶，出现酶解作用使药物失活。实际中可利用包衣技术、与酶抑制剂合用或制成药物衍生物或前体药物来防止某些胃中不稳定药物的降解和失效。

（8）剂型因素的影响　剂型与药物吸收的关系可以分为药物从剂型中释放及药物通过生物膜吸收两个过程，因此剂型因素的差异可使制剂具有不同的释放特性，从而可能影响药物在体内的吸收和药效，体现在药物的起效时间、作用强度和持续时间等方面。常见口服剂型的吸收顺序是：溶液剂 > 混悬剂 > 散剂 > 胶囊剂 > 片剂 > 包衣片剂。

①液体制剂　溶液剂、混悬剂和乳剂等液体制剂属速效制剂，而水溶液或乳剂要比混悬剂吸收更快。药物以水溶液剂口服在胃肠道中吸收最快，这是因为药物以分子或离子状态分散。

②固体制剂　固体制剂包括片剂、胶囊剂、散剂、颗粒剂、丸剂、栓剂等。片剂处方中加入的附加剂较多、工艺复杂，影响吸收的因素也较多。

胶囊剂只要囊壳在胃内破裂，药物可迅速地分散，以较大的面积暴露于胃液中。影响胶囊剂吸收的因素常有：药物粉碎的粒子大小，稀释剂的性质、空胶囊的质量及贮藏条件等。

片剂是使用最广泛、生物利用度影响因素最多的一种制剂。片剂中含有大量辅料，并经制粒、压片或包衣等制成片状制剂，其表面积大大减小，减慢了药物从片剂中释放到胃肠中的速度，从而影响药物的吸收。

包衣片剂比一般片剂更复杂，因药物溶解吸收之前首先是包衣层溶解，而后才能崩解使药物溶出。衣层的溶出速率与包衣材料的性质与厚度有关，尤其是肠溶衣片涉及因素更复杂，它的吸收与胃肠内 pH 及其在胃肠内滞留时间等有关。

③制备工艺对药物吸收的影响　制剂在制备过程中的许多操作都可能影响到最终药物的吸收，如混合、制粒、压片、包衣等操作，中药制剂中甚至干燥方法对药物吸收也有影响。例如片剂在湿法制粒过程中，湿混时间、湿粒干燥时间的长短，均对吸收有影响；压片时所加压力的大小，也会影响药物的溶出速率。另外在制粒操作中，黏合剂、崩解剂的品种、用量、颗粒的大小和松紧以及制粒方法等对药物的吸收均有较大影响。

④辅料对药物吸收的影响　在制剂过程中，为增加药物的均匀性、有效性和稳定性，通常都需要加入各种辅料（如：黏合剂、稀释剂、润滑剂、崩解剂、表面活性剂等），而无生理活性的辅料几乎不存在，故许多辅料对固体制剂的吸收可能会有一定影响。辅料可能会影响药物剂型的理化性状，从而影响到药物在体内的释放、溶解、扩散、渗透以及吸收等过程；在某些情况下辅料与药物之间可能产生物理、化学或生物学方面的作用。

知识拓展

胃肠道的结构与药物吸收

　　胃内壁是由黏膜组成，黏膜上缺少绒毛。虽然胃的表面积较小，但一些弱酸性药物可在胃中吸收，特别是以溶液剂给药时由于与胃壁接触面积大，有利于药物通过胃黏膜上皮细胞，药物在胃中的吸收机制主要是被动扩散。一般情况下，弱碱性药物在胃中几乎不被吸收。

　　小肠黏膜表面有环状皱壁，黏膜上有大量的绒毛和微绒毛，故有效吸收面积极大，其中绒毛和微绒毛最多的是十二指肠，向下逐渐减少。小肠中药物的吸收以被动扩散为主。小肠中（特别是十二指肠）存在着许多特异性载体，所以是某些药物主动转动的特异吸收部位。故大多数药物都应在小肠中释放，以获得良好的吸收。

　　大肠黏膜有皱壁但无绒毛和微绒毛，有效吸收面积比小肠小得多，因此不是药物吸收的主要部位，大部分运至结肠的药物可能是缓释制剂、肠溶制剂或溶解度很小在小肠中吸收不完全的残留药物。但直肠下端接近肛门，血管相当丰富，是直肠给药（如栓剂，保留灌肠剂等）的良好吸收部位。大肠中药物的吸收以被动扩散为主，兼有饱饮和吞噬作用。

（二）药物胃肠道外的吸收

　　1. 注射部位吸收　除了血管内给药没有吸收过程外，其他途径如皮下注射、肌内注射、腹腔注射等都有吸收过程。注射部位周围一般有丰富的血液和淋巴循环。药物分子从注射点到达一个毛细血管只需通过几个微米的路径，平均不到一秒，影响吸收的因素比口服要少，故一般注射给药吸收快，生物利用度也比较高。

　　2. 口腔吸收　药物在口腔的吸收一般为被动扩散，并遵循 pH 分配假说，即脂溶性药物或者口腔 pH 条件下不解离的药物更易吸收。口腔吸收的药物可经颈内静脉到达血液循环，因此无首过效应，也不受胃肠道 pH 和酶系统的破坏。这使口腔给药有利于首过作用大、胃肠中不稳定的某些药物，如硝酸甘油、甲睾酮、异丙肾上腺素的口腔吸收效果优于口服给药。

　　3. 肺部吸收　药物肺部的吸收在肺泡中进行，肺泡总面积达 $100 \sim 200 m^2$，与小肠的有效吸收表面积很接近。肺泡壁由单层上皮细胞组成，并与毛细血管紧密相连。从吸收表面到毛细血管壁的厚度只有 $0.5 \sim 1 \mu m$，毛细血管血流十分丰富。肺的解剖结构决定了药物能够在肺部十分迅速地吸收，肺部吸收的药物可直接进入全身循环，不受肝脏首过效应的影响。

　　4. 直肠吸收　直肠给药后的吸收途径主要有两条：一条是通过直肠上静脉进入肝脏，进行首过代谢后再由肝脏进入大循环；另一条是通过直肠中、下静脉和肛门静脉，绕过肝脏，经下腔大静脉直接进入大循环，避免肝脏的首过作用，因此首过作用大的药物则往往可以增加生物利用度。为此直肠给药，特别是全身作用的栓剂应塞入距肛门 2cm 处为宜，这样可有 50% ~75% 的药物不经过肝脏。直肠淋巴系统对药物的吸收亦有一定的作用。直肠中药物吸收一般是被动吸收，并遵循 pH 分配学说。另外，直肠吸收与小肠相比，直肠内蛋白质分解酶的活性较低，因此可以考虑将直肠作为那些易

  C. 制成前体制剂不能改变药物的吸收性能

  D. 某些药物解离程度大，但生物活性仍比较高

2. 药物解离常数与脂溶性对吸收的影响的叙述，正确的是（　　）

  A. 脂溶性愈好吸收愈慢

  B. 解离常数相同的药物分配系数大，脂溶性好，吸收愈差

  C. 解离型药物比难解离性药物易于吸收

  D. 油/水分配系数过大的烃类不易被胃肠道吸收

3. 宜微粉化的药物为（　　）

  A. 难溶性　　　　B. 稳定性差　　　　C. 刺激性大　　　　D. 药理作用强

4. 以下不属主动转运特征是（　　）

  A. 消耗生物体能量　　　　　　　　B. 需要载体帮助

  C. 顺浓度梯度　　　　　　　　　　D. 具有转运饱和性

5. 影响药物吸收的有关因素叙述中，错误的是（　　）

  A. 水溶液>乳浊液>混悬液　　B. 增加黏度可以使药物的吸收量减小

  C. 乳剂<油溶液　　　　　　　　D. 混悬液中药物吸收最慢，但仍比丸、片剂好

6. 下列药物溶出速率最快的是（　　）

  A. 有机溶剂化物　　　　　　　　B. 无水物

  C. 水合物　　　　　　　　　　　D. 无水物与水合物的混合物

7. 如下剂型吸收速度最快者是（　　）

  A. 颗粒剂　　　　B. 散剂　　　　C. 胶囊剂　　　　D. 片剂

8. 要使药物微粒最小，以加速溶出，应用（　　）

  A. 固体分散法　　B. 球磨机　　　　C. 水飞法　　　　D. 流能磨

9. 磺胺嘧啶不同剂型，达到峰值的快慢顺序为（　　）

  A. 肌内注射剂>肛门栓>口服溶液剂>片剂

  B. 肌内注射剂>口服液剂>肛门栓>片剂

  C. 肛门栓>肌内注射剂>口服溶液剂>片剂

  D. 肛门栓>口服溶液剂>肌内注射剂>片剂

10. 药物的剂型和制剂工艺对吸收影响叙述错误的是（　　）

  A. 增加口服水溶液黏度，可使吸收加快

  B. 压片时，压力大小可以影响溶出速度

  C. 混悬液中药物的吸收比水溶液慢

  D. 一般认为低浓度的表面活性剂能增加溶出速度

11. 药物剂型因素对体内过程影响最大的是（　　）

  A. 吸收　　　　B. 分布　　　　C. 代谢　　　　D. 排泄

12. 下列物质除哪项以外，不是主要通过主动转运而吸收（　　）

  A. 单糖类　　　　　　　　　　　B. 氨基酸

  C. 水溶性维生素　　　　　　　　D. 解离度较小脂溶性较大的药物

13. 在口服剂型中，下列吸收速度的顺序正确的是（　　）

  A. 水溶液>混悬液>胶囊剂>散剂　　B. 水溶液>混悬剂>散剂>胶囊剂

C. 散剂 > 胶囊剂 > 片剂 > 水溶液　　　D. 水溶液 > 混悬液 > 片剂 > 胶囊剂

14. 作为一级吸收过程输入的给药途径下列哪项是正确的（　　）
    A. 多次静脉注射
    B. 静脉注射
    C. 肌内注射、口服、直肠、皮下注射等凡属非血管给药途径输入者
    D. 以上都不对

15. 在新生儿时期，许多药物的生物半衰期延长，这是因为（　　）
    A. 较高的蛋白结合率　　　　　　　　B. 微粒体酶的诱发
    C. 药物吸收很完全　　　　　　　　　D. 酶系统发育不全

16. 如果处方中选用口服硝酸甘油，就应用较大剂量，因为（　　）
    A. 胃肠道吸收差　　　　　　　　　　B. 在肠中水解
    C. 与血浆蛋白结合率高　　　　　　　D. 首过效应明显

17. 红霉素的生物有效性可因下述哪种因素而明显增加（　　）
    A. 缓释片　　　　　　　　　　　　　B. 肠溶衣
    C. 薄膜包衣片　　　　　　　　　　　D. 使用红霉素硬脂酸酯

18. 若罗红霉素的剂型拟以片剂改成注射剂，其剂量应（　　）
    A. 增加，因为生物有效性降低　　　　B. 增加，因为肝肠循环减低
    C. 减少，因为生物有效性更大　　　　D. 减少，因为组织分布更多

19. 下列有关生物利用度的描述正确的是（　　）
    A. 饭后服用维生素 B_2 将使生物利用度降低
    B. 无定型药物的生物利用度大于稳定型的生物利用度
    C. 药物微分化后都能增加生物利用度
    D. 药物脂溶性越大，生物利用度越差

20. 大多数药物吸收的机制是（　　）
    A. 逆浓度差进行的消耗能量过程
    B. 消耗能量，不需要载体的高浓度向低浓度侧的移动过程
    C. 需要载体，不消耗能量向低浓度侧的移动过程
    D. 不消耗能量，不需要载体高浓度向低浓度侧的移动过程

二、多选题

1. 能使药物充分吸收的主要因素有（　　）
   A. 适宜的油/水分配系数　　　　　　B. 较大的离子化程度
   C. 良好的溶出速率　　　　　　　　　D. 为稳定晶型

2. 药物微粉化的方法有（　　）
   A. 胶体磨粉碎　　　B. 固体分散　　　C. 控制结晶法　　　D. 气流粉碎

3. 可以提高药物片剂生物利用度的是（　　）
   A. 使用亚稳定晶型的药物　　　　　　B. 使用疏水性附加剂
   C. 提高片剂崩解性能　　　　　　　　D. 将药物颗粒进行包衣

4. 药物的赋形剂影响药物吸收，主要是因为（　　）

    A. 赋形剂可影响药物的理化性质

    B. 赋形剂可改变药物的溶出速率

    C. 赋形剂可与药物产生生物学方面的作用

    D. 赋形剂影响药物的渗透

5. 溶出速率可较大程度地影响（　　　）

    A. 药物对生物膜的通透性　　　　　B. 药物作用的强度和持续时间

    C. 药物作用的机理　　　　　　　　D. 药物治疗效应的起始时间

6. 有关药物在胃肠道中吸收的叙述，正确的是（　　　）

    A. 首先通过胃肠道黏膜及毛细血管壁

    B. 由于首过作用使进入体循环的药量增加

    C. 吸收速度受胃空速率的影响

    D. 局部血流量大药物吸收少

7. 关于表面活性剂对药物吸收影响的叙述，正确的是（　　　）

    A. 增加分子型药物的比例　　　　　B. 增加药物溶出速度

    C. 改变了药物的晶型　　　　　　　D. 改变生物膜的通透性有利吸收

8. 关于主动转运的特点叙述正确的是（　　　）

    A. 从高浓度向低浓度方向转运　　　B. 不需消耗能量

    C. 吸收速度与浓度成正比　　　　　D. 具有部位专属性

9. 可减少或避免肝脏首过效应的给药途径或剂型是（　　　）

    A. 舌下片给药　　B. 口服胶囊　　　C. 栓剂　　　　　　D. 静脉注射

10. 以下哪几条具被动扩散特征（　　　）

    A. 不消耗能量　　　　　　　　　　B. 有结构和部位专属性

    C. 由高浓度向低浓度转运　　　　　D. 借助载体进行转运

11. 影响生物利用度的因素是（　　　）

    A. 药物的化学稳定性　　　　　　　B. 药物在胃肠道中的分解

    C. 肝脏的首过效应　　　　　　　　D. 制剂处方组成

12. 下列关于消化道药物的吸收叙述中，哪些是正确的（　　　）

    A. 使用栓剂可提高消化道易破坏或吸收后在肝脏易被代谢的药物生物利用度

    B. 胃内滞留时间是影响药物吸收的重要因素

    C. 胃黏膜不表现出脂质膜的性质，而小肠黏膜却显示脂质膜的性质

    D. 缓释制剂的药物吸收不受食物的影响

13. 可避开首过作用的给药途径有（　　　）

    A. 肌注　　　　　　B. 口含　　　　　C. 肺吸入　　　　D. 直肠给药

14. 肝肠首过作用大的药物可选用的剂型是（　　　）

    A. 口服乳剂　　　　B. 肠溶片剂　　　C. 透皮给药系统　　D. 气雾剂

15. 减少或避免肝肠首过作用的给药途径或剂型是（　　　）

    A. 栓剂　　　　　　B. 静脉注射　　　C. 口服胶囊　　　D. 控释制剂

三、问答题（综合题）

1. 试比较被动扩散与主动转运的特点。
2. 试分析一般片剂、胶囊剂、散剂的口服吸收速度的差异。
3. 简述促进口服药物吸收的方法。
4. 药物体外溶出、释放试验的目的是什么？如何评价体内外试验的相关性？
5. 简述体内过程对药效的影响。

模块二

液体类制剂生产技术

项目四 液体类制剂的生产技术

◎知识目标

1. 掌握液体药剂的概念、特点。熟悉液体药剂的分类。
2. 熟悉制药用水的概念及各种制水方法的原理。
3. 掌握溶液型液体药剂、溶液剂、糖浆剂的概念、特点、制法。
4. 熟悉糖浆剂容易出现的问题和原因。
5. 掌握高分子溶液剂的概念、性质与制备。
6. 掌握混悬剂、乳剂的概念、特点、制法。

◎技能目标

1. 能制备溶液型液体药剂。
2. 能制备高分子溶液型液体药剂。
3. 会制备混悬型液体制剂。
4. 会制备乳剂型液体制剂。

液体制剂品种多，临床应用广泛，无论在药店还是医院药房都占有不少的比重，常见的有溶液剂、糖浆剂，特殊用途的有搽剂、洗剂、滴耳剂、滴鼻剂等。它的理论和制备工艺有它本身的特点，是制备其他各种剂型的基础。通过该项目的教学，要求学生掌握各种类型的液体制剂的概念、特点、制备方法，将来到工作岗位能制备常用的液体制剂。

任务一 液体制剂简介

一、概述

（一）概念

液体制剂系指药物分散在适宜的分散介质中制成的液体形态的制剂，可供内服或外用。液体药剂中的药物可以分子或微粒状态分散在介质中，从而形成均相或非均相的液体制剂。液体药剂中药物粒子分散的程度与药剂的药效、稳定性和毒副作用密切相关。

（二）特点

1. 液体制剂的优点

（1）药物在介质中的分散度大，与人体的接触面积大，故吸收快，起效迅速，生物利用度较高。

（3）聚乙二醇（PEG）　液体制剂中常用的聚乙二醇分子量为300～600，为无色澄明黏性液体。有轻微的特殊臭味。能与水、乙醇、丙二醇、甘油等溶剂混溶。聚乙二醇的不同浓度水溶液是一种良好的溶剂，能溶解许多水溶性无机盐和水不溶性的有机药物。对易水解的药物有一定的稳定作用。在外用液体制剂中对皮肤无刺激性而具柔润性。

3. 非极性溶剂

（1）脂肪油　为多种精制植物油。能溶解油溶性药物如激素、挥发油、游离生物碱和许多芳香族药物。脂肪油可用作内服药剂的溶剂，如维生素 A 和维生素 D 溶液剂，也作外用药剂的溶剂，如洗剂、搽剂、滴鼻剂等。脂肪油易酸败，也易受碱性药物的影响而发生皂化反应。

（2）液体石蜡　为饱和烃类化合物的混合物，是无色透明的油状液体。有轻质和重质两种，轻质密度为 0.828～0.860g/ml，重质密度为 0.860～0.890g/ml。能与非极性溶剂混合。能溶解生物碱、挥发油及一些非极性药物等。液体石蜡在肠道中不分解也不吸收，有润肠通便作用，但多作外用药剂，如搽剂的溶剂。

（3）乙酸乙酯　无色液体，有气味。可溶解甾体药物、挥发油及其他油溶性药物。可作外用液体制剂的溶剂。具有挥发性和可燃性，在空气中易被氧化，需加入抗氧剂。

（4）肉豆蔻酸异丙酯　本品为无色澄明几乎无气味的流动性油状液体，不易氧化和水解，不易酸败，不溶于水、甘油、丙二醇，但溶于乙醇、丙酮、乙酸乙酯和矿物油中。能溶解甾体药物和挥发油。本品无刺激性和过敏性。可透过皮肤吸收，并能促进药物经皮吸收。常用作外用药剂的溶剂。

（二）液体制剂的防腐剂

1. 防腐的重要性　液体制剂尤其是以水为溶剂的液体制剂，容易被微生物污染而变质。特别是含有营养成分如糖类、蛋白质等的液体制剂，更易引起微生物的滋长与繁殖。微生物的污染会导致药物理化性质发生变化而严重影响药剂的质量。药典规定了微生物限度标准：口服溶液剂、糖浆剂、混悬剂、乳剂、滴鼻剂、滴耳剂、洗剂、搽剂均为每 1ml 含细菌数不得超过 100 个；口服溶液剂、糖浆剂、混悬剂、乳剂、洗剂、搽剂等霉菌、酵母菌数不得超过 100 个，而滴鼻剂、滴耳剂则不得超过 10 个；口服溶液剂、糖浆剂、混悬剂、乳剂、滴耳剂、滴鼻剂等不得检出大肠杆菌；滴鼻剂、滴耳剂、洗剂、搽剂不得检出金黄色葡萄球菌、铜绿假单胞菌。液体制剂制备时必须严格控制微生物的污染和增长，并严格执行微生物限度标准，以确保药物的安全性。

2. 防腐措施

（1）防止污染　防止微生物污染是液体制剂防腐的首要措施。防腐的措施包括加强生产环境的管理，清除周围环境的污染源，保持优良生产环境，以利于防止污染；加强操作室的卫生管理，保持操作室空气净化的效果，注意经常检查净化设备，使洁净度符合要求；用具和设备必须按规定要求进行卫生管理和清洁处理；加强生产过程的规范化管理，尽量缩短生产周期；使操作人员树立牢固的卫生防腐意识，并定期检查操作人员的健康和个人卫生状况，工作服应标准化，操作人员要严格执行操作室的规章制度等。

（2）添加防腐剂

①优良防腐剂的条件　在抑菌浓度范围内无毒性和刺激性，用于内服的防腐剂应无异味；抑菌范围广，抑菌力强；在水中的溶解度可达到所需的抑菌浓度；不影响药剂中药物的理化性质和药效的发挥；防腐剂也不受药剂中药物及其他附加剂的影响；性质稳定，不易受热和药剂 pH 的变化而影响其防腐效果，长期贮存不分解失效。

②防腐剂的作用　能抑制微生物生长繁殖的物质称防腐剂。而杀菌剂则是能破坏和杀灭微生物的物质。防腐剂对微生物繁殖体有杀灭作用，对芽胞则使其不能发育为繁殖体而逐渐死亡。不同的防腐剂其作用机制不完全相同。如醇类能使病原微生物蛋白质变性；苯甲酸、尼泊金类能与病原微生物酶系统结合，影响和阻断其新陈代谢过程；阳离子型表面活性剂类有降低表面张力作用，增加菌体细胞膜的通透性，使细胞膜破裂、溶解。

③防腐剂的分类　防腐剂通常可分为四类：有机酸及其盐类：苯酚、甲酚、氯甲酚、麝香草酚、羟苯酯类、苯甲酸及其盐类、山梨酸及其盐、硼酸及其盐类、丙酸、脱氢乙酸、甲醛、戊二醛等；中性化合物类：苯甲醇、苯乙醇、三氯叔丁醇、氯仿、氯己定、氯己定碘、聚维酮碘、挥发油等；有机汞类：硫柳汞、醋酸苯汞、硝酸苯汞、硝甲酚汞等；季铵化合物类：氯化苯甲烃铵、氯化十六烷基吡啶、溴化十六烷铵、度米芬等。

④常用的防腐剂　防腐剂品种较多，以下主要介绍药剂中常用的防腐剂。

羟苯酯类也称尼泊金类：是用对羟基苯甲酸与醇经酯化而得。此类系一类优良的防腐剂，无毒、无味、无臭，化学性质稳定，在 pH 3~8 范围内能耐 100℃ 2h 灭菌。常用的有尼泊金甲酯、尼泊金乙酯、尼泊金丙酯、尼泊金丁酯等。在酸性溶液中作用较强。本类防腐剂配伍使用有协同作用。表面活性剂对本类防腐剂有增溶作用，能增大其在水中的溶解度，但不增加其抑菌效能，甚至会减弱其抗微生物活性。本类防腐剂用量一般不超过 0.05%。

Ⅰ.苯甲酸及其盐　为白色结晶或粉末，无气味或微有气味。苯甲酸未解离的分子抑菌作用强，故在酸性溶液中抑菌效果较好，最适 pH 为 4，用量一般为 0.1%~0.25%。苯甲酸钠和苯甲酸钾必须转变成苯甲酸后才有抑菌作用。苯甲酸和苯甲酸盐适用于微酸性和中性的内服和外用药剂。苯甲酸防霉作用较尼泊金类弱，而防发酵能力则较尼泊金类强，可与尼泊金类联合应用。

Ⅱ.山梨酸及其盐　为白色至黄白色结晶性粉末，无味，有微弱特殊气味。山梨酸的防腐作用是未解离的分子，故在 pH 为 4 的水溶液中抑菌效果较好。常用浓度为 0.05%~0.2%。山梨酸与其他防腐剂合用产生协同作用。本品稳定性差，易被氧化，在水溶液中尤其敏感，遇光时更甚，可加入适宜稳定剂，可被塑料吸附使抑菌活性降低。山梨酸钾、山梨酸钙作用与山梨酸相同，水中溶解度较大，需在酸性溶液中使用。

Ⅲ.苯扎溴铵　又称新洁尔灭，系阳离子型表面活性剂。为淡黄色黏稠液体，低温时为蜡状固体。味极苦，有特臭，无刺激性，溶于水和乙醇，水溶液呈碱性。本品在酸性、碱性溶液中稳定，耐热压。对金属、橡胶、塑料无腐蚀作用。只用于外用药剂中，使用浓度为 0.02%~0.2%。

Ⅳ.其他防腐剂　醋酸氯己定（醋酸洗必泰），为广谱杀菌剂，用量为 0.02%~0.05%。邻苯基苯酚微，溶于水，具杀菌和杀霉菌作用，用量为 0.005%~0.2%。桉叶油，使用浓度为 0.01%～0.05%，桂皮油为 0.01%，薄荷油为 0.05%。

（三）液体制剂的矫味剂与着色剂

1. 矫味剂　为掩盖和矫正药剂的不良臭味而加入药剂中的物质称为矫味、矫臭剂。味觉器官是舌上的味蕾，嗅觉器官是鼻腔中的嗅觉细胞，矫味、矫臭与人的味觉和嗅觉有密切关系，从生理学角度看，矫味也应能矫臭。

（1）甜味剂　甜味剂能掩盖药物的咸、涩和苦味。甜味剂包括天然和合成两大类。天然甜味剂中以蔗糖、单糖浆及芳香糖浆应用较广泛。芳香糖浆如橙皮糖浆、枸橼糖浆、樱桃糖浆、甘草糖浆及桂皮糖浆等不但能矫味，也具有矫臭的作用。天然甜味剂甜菊苷，为微黄白色粉末，无臭，具有清凉甜味。其甜度约为蔗糖的 300 倍，甜味持久且不被吸收，为无热量甜味剂。pH 4～10 时加热稳定。稍带苦味，故常与蔗糖或糖精钠合用。常用量为 0.025%～0.05%。甘油、山梨醇、甘露醇亦可作甜味剂。合成甜味剂糖精钠，甜度为蔗糖的 200～700 倍，易溶于水中，常用量为 0.03%，常与其他甜味剂合用。阿司帕坦亦称蛋白糖，化学名为天门冬酰氨苯丙氨酸甲酯，系二肽类甜味剂，甜度为蔗糖的 150～200 倍，并具有清凉感。可用于低糖量、低热量的保健食品和药品中。

（2）芳香剂　在药剂中用以改善药剂气味的香料和香精称为芳香剂。香料由于来源不同，分为天然香料和人造香料两类。天然香料有从植物中提取的芳香挥发性物质，如柠檬、茴香、薄荷油等，以及此类挥发性物质制成的芳香水剂、酊剂、醑剂等。人造香料亦称香精，是在人工香料中添加适量溶剂调配而成，如苹果香精、桔子香精、香蕉香精等。

（3）胶浆剂　胶浆剂具有黏稠缓和的性质，可干扰味蕾的味觉而具有矫味的作用。常用的有海藻酸钠、阿拉伯胶、明胶、甲基纤维素、羧甲基纤维素钠等的胶浆。常于胶浆中加入甜味剂，增加其矫味作用。

（4）泡腾剂　系利用有机酸（如枸橼酸、酒石酸）与碳酸氢钠混合，遇水后产生大量二氧化碳，由于二氧化碳溶于水呈酸性，能麻痹味蕾而矫味。

2. 着色剂　着色剂又称色素，可分为天然色素和人工合成色素两大类。应用着色剂可以改变药剂的外观颜色，用以识别药剂的浓度或区分应用方法，同时可改善药剂的外观。特别是选用的颜色与所加的矫味剂配合协调，更容易被患者所接受，如薄荷味用绿色，橙皮味用橙黄色。可供食用的色素称为食用色素，只有食用色素才可用作内服药剂的着色剂。

（1）天然色素　天然色素有植物性的与矿物性的。常用的无毒天然植物性色素有焦糖、叶绿素、胡萝卜素和甜菜红等；矿物性的有氧化铁（外用使药剂呈肤色）。

（2）合成色素　人工合成色素的特点是色泽鲜艳，价格低廉，但大多数毒性较大，用量不宜过多。我国准予使用的食用色素主要有以下几种：苋菜红、柠檬黄、胭脂红、胭脂蓝和日落黄，其用量不得超过万分之一。外用色素有伊红、品红、美蓝等。

使用着色剂时应注意溶剂和溶液的 pH 对色调产生的影响。大多数色素会受到光照、氧化剂和还原剂的影响而褪色。

（四）其他附加剂

在液体制剂中为了增加药物的稳定性，有时需要加入抗氧剂如焦亚硫酸钠、亚硫酸氢钠等，pH 调节剂如枸橼酸、氢氧化钠等，金属离子络合剂如依地酸二钠等。此外，为了增加难溶性药物在溶剂中的溶解度，还可加入增溶剂，如表面活性剂聚山梨酯类和聚氧乙烯脂肪酸酯类等、助溶剂、潜溶剂等。

任务二　制药用水的生产

一、概述

水是药物生产中用量最大、使用最广的一种原料。水的质量直接影响药品的质量。制药工业中大量使用的源水来自自然界。天然条件的水在自然界循环的过程中，通过不断与地层、地表、空气接触及对岩石与土壤的溶解等作用而被污染，含有各种杂质。各国药典均要求制药用水应以符合饮用标准的水作为源水。药典中所收载的制药用水，因其使用的范围不同而分为饮用水、纯化水、注射用水及灭菌注射用水。

1. 饮用水　为天然水经净化处理所得的水。饮用水可作为药材净制时的漂洗、制药用具的粗洗用水。除另有规定外，也可作为药材饮片的提取溶剂。

2. 纯化水　为饮用水经蒸馏法、离子交换法、反渗透法或其他适宜的方法制备的制药用水。不含任何附加剂，其质量应符合规定。纯化水可作为配制普通药物制剂用的溶剂或试验用水；可作为中药注射剂、滴眼剂等灭菌制剂所用药材的提取溶剂；口服、外用制剂配制用溶剂或稀释剂；非灭菌制剂用器具的精洗用水。也用作非灭菌制剂所用药材的提取溶剂。纯化水不得用于注射剂的配制与稀释。纯化水制备时应严格监测各生产环节防止微生物污染。用作溶剂、稀释剂或精洗用水，一般应临用前制备。

3. 注射用水　为纯化水经蒸馏所得的水。详细介绍见项目五无菌制剂生产技术。

4. 灭菌注射用水　为注射用水按照注射剂生产工艺制备所得。主要用于注射用灭菌粉末的溶剂或注射剂的稀释剂。

二、纯化水的制备方法

（一）电渗析法

电渗析法（ED）是在外加电场的作用下利用离子选择性透过膜制备纯化水的方法。离子交换膜是一种功能性膜，分为阴离子交换膜和阳离子交换膜，简称阴膜和阳膜。阳膜只允许阳离子通过，阴膜只允许阴离子通过，这就是离子交换膜的选择透过性。在外加电场的的作用下，水溶液中的阴、阳离子会分别向阳极和阴极移动，如果中间再加上一种交换膜，就可能达到分离浓缩的目的。电渗析法就是利用了这样的原理。

电渗析器中交替排列着许多阳膜和阴膜，分隔成小室。当原水进入这些小室时，在直流电场的作用下，溶液中的离子就作定向迁移。阳膜只允许阳离子通过而把阴离子截留下来；阴膜只允许阴离子通过而把阳离子截留下来。结果使这些小室的一部分变成含离子很少的淡水室，出水称为淡水。而与淡水室相邻的小室则变成聚集大量离子的浓水室，出水称为浓水。从而使离子得到了分离和浓缩，水便得到了净化。

（二）离子交换法

离子交换法是利用离子交换树脂与溶液中的离子之间所发生的交换反应进行水的纯化的方法。

1. 制备原理　离子交换树脂利用氢离子交换阳离子，而以氢氧根离子交换阴离子；以包含磺酸根的苯乙烯和二乙烯苯制成的阳离子交换树脂会以氢离子交换碰到的各种阳离子（例如 Na^+、Ca^{2+}、Al^{3+}）。

$$RSO_3H + NaCl \rightleftharpoons RSO_3Na + HCl$$

同样的，以包含季铵盐的苯乙烯制成的阴离子交换树脂会以氢氧根离子交换碰到的各种阴离子（如 Cl^-）。

$$RNH_3OH + HCl \rightleftharpoons RNH_3Cl + H_2O$$

从阳离子交换树脂释出的氢离子与从阴离子交换树脂释出的氢氧根离子相结合后生成纯水。

2. 制备工艺

（1）树脂床的组合　装离子交换树脂的管柱生产上大多用塑料或橡胶衬里的钢管构成。一般管柱直径与长度之比以 1∶8 较合适。工艺上常可用阳床、阴床、混合床的组成形式。混合床为阳、阴树脂以一定比例混合组成。

（2）新树脂的处理与转型　一方面新树脂常混有低聚可溶性质及其他有机无机杂质，用前要进行预处理。另一方面，树脂出厂时阳树脂形式为钠型、阴树脂形式为氯型，必需分别用酸碱处理转型后才能使用。

（3）树脂的再生　是指离子交换树脂重新具有交换能力的过程。

酸性阳离子树脂　酸－碱－酸－缓冲溶液淋洗。

碱性阴离子树脂　碱－酸－碱－缓冲溶液淋洗。

（三）反渗透法

在外加压力作用下，水从半透膜的浓水一侧向淡水一侧流动，从而达到水纯化的方法。

1. 原理　对透过的物质具有选择性的薄膜称为半透膜。一般将只能透过溶剂而不能透过溶质的薄膜视为理想的半透膜。当把相同体积的稀溶液（如淡水）和浓液（如海水或盐水）分别置于一容器的两侧，中间用半透膜阻隔，稀溶液中的溶剂将自然的穿过半透膜，向浓溶液侧流动，浓溶液侧的液面会比稀溶液的液面高出一定高度，形成一个压力差，达到渗透平衡状态，此种压力差即为渗透压。渗透压的大小决定于浓溶液的种类、浓度和温度，与半透膜的性质无关。若在浓溶液侧施加一个大于渗透压的压力时，浓溶液中的溶剂会向稀溶液流动，此种溶剂的流动方向与原来渗透的方向相反，这一过程称为反渗透，这种装置称为反渗透装置。

2. 工艺流程　常规反渗透法工艺流程是：原水→预处理系统→高压水泵→反渗透膜组件→净化水。其中预处理系统视原水的水质情况和出水要求，可采取粗滤、活性炭吸附、精滤等。精滤必不可少，是为了保护反渗透膜、延长其使用寿命而设立的，另外，复合膜对水中的游离氯非常敏感，因而预处理系统中通常都配备活性炭吸附。

（四）电去离子法（EDI）

使用一个混合树脂床、选择性渗透膜在外加电场作用下持续进行水的纯化并实现树脂连续再生的方法。

1. 电去离子法的工作原理 首先通过填充在电池模堆中的树脂吸附源水中的金属离子达到脱盐的目的。再次，通过给电池模堆的两端电极加直流电，使模堆的内部产生电位差。这个电位差使源水中的阳离子向阴极方向的阳离子交换膜移动、阴离子向阳离子方向的阴离子交换膜移动，使阴、阳离子最终进入浓缩室。

随着脱盐量的增多，脱盐室的电阻率随之升高，电离分解成 H^+ 和 OH^-，使之经常保持脱盐室内的树脂处于再生状态，实现了高效连续脱盐。

2. 特点 电去离子技术与普通的离子交换技术比较，具有以下优点：

（1）无化学污染。

（2）可连续再生。

（3）出水的纯度高。

（4）水的回收率高。

任务三 溶液型液体制剂介绍

溶液型液体药剂系指药物以小分子或离子状态分散在溶剂中形成的均匀分散液体药剂。可供内服、外用。

一、溶液剂

为非挥发性药物的澄清溶液（氨溶液等例外）。溶剂多为水，乙醇、油，可内服外用。其中供口服的称为口服溶液剂。如以滴计量，则为滴剂。

（一）概述

1. 质量要求

（1）应澄清、不得有沉淀、浑浊、异物等。

（2）可加助溶剂、抗氧剂、矫味剂、着色剂等附加剂。

2. 特点

（1）以量代称，剂量准确；服用方便，更适于小剂量药物或毒性较大的药物。

（2）浓度有严格规定；以保证用药安全。

（3）性质稳定的常用药可制成高浓度的贮备液（又称备液）以便供临时调配。

（二）制法

三种制法：溶解法、稀释法、化学反应法（后者较少使用）。

1. 溶解法

（1）流程 药物的称量→溶解→滤过→质量检查→包装。

（2）方法 取处方总量 1/2～4/5 的溶剂，加入称好的药物，搅拌使其溶解，过滤并通过滤器加溶剂至全量。制备好的药物溶液应及时分装、密封、贴标签及进行外包装。

（3）制备注意事项 溶解度小的药物及附加剂应先溶，难溶性药物可加入适宜助溶剂使其溶解，不耐热的药物宜等溶解冷却后加入。处方中含有粘稠溶液时，应加入少量溶剂稀释后再加入溶液剂中，以非极性溶剂制备溶液剂时，所用的容器与用具均应干燥以免成品浑浊。制得的溶液及时分装于洁净的容器中，密封、贴标签，即得。

2. 稀释法　适用于高浓度溶液或易溶性药物浓贮藏液等原料。制备时要注意浓度换算，挥发性药物浓溶液稀释时，应注意防止挥发损失，以免影响浓度的准确性。

（三）举例

例 4-1　复方碘口服溶液

【处方】

碘 50g　碘化钾 100g　纯化水加至 1000ml

【制法】

取碘化钾加纯化水溶解后，加入碘搅拌溶解，再加适量纯化水使成 1000ml，搅均匀，即得。

注：①本品具有调节甲状腺功能，主要用于甲状腺功能亢进的辅助治疗。外用作黏膜消毒。②碘在水中溶解度为 1∶2950，加碘化钾作助溶剂，生成络合物易溶于水中，并能使溶液稳定。其反应式为：$KI + I_2 = KI \cdot I_2$。先将碘化钾加适量蒸馏水配成浓溶液，有助于加快碘的溶解速度。③本品具有刺激性，口服时宜用冷开水稀释后服用。

二、糖浆剂

（一）概述

1. 概念　糖浆剂（syrups）系指含有药物或芳香物质的浓蔗糖水溶液，供口服应用。化学药物糖浆剂含蔗糖量应不低于 45%（g/ml）。单糖浆浓度为 85%（g/ml）或 64.7%（g/g），用作矫味剂和助悬剂。

2. 特点

（1）蔗糖和芳香剂能掩盖某些药物的不良味道，易于服用，尤其受儿童欢迎。

（2）糖浆剂中少部分蔗糖转化为葡萄糖和果糖，具有还原性，能防止糖浆剂中药物的氧化变质。

（3）如单糖浆等含蔗糖浓度高的糖浆剂，由于渗透压大，微生物的生长繁殖受抑制；低浓度的糖浆剂易因真菌、酵母菌和其他微生物的污染而变质，故应添加防腐剂。

3. 质量要求

（1）糖浆剂含糖量应符合规定。

（2）药剂应澄清，含药材提取物的糖浆剂，允许有少量轻摇即易散的沉淀；如有必要时加入适量的乙醇、甘油或其他多元醇作稳定剂，以防止沉淀的产生。如需添加其他附加剂，其品种和用量应符合国家有关部门的相关规定，且不得影响产品的稳定性，并注意避免对检验产生干扰。

（3）糖浆剂在贮存期间不得有酸败、异臭、产生气体或其他变质现象。

（4）着色剂使用应符合规定，并注意避免对检测进行干扰。

4. 制法

（1）**热溶法**　蔗糖在水中的溶解度随温度的升高而增加。将蔗糖加入沸纯化水中，加热溶解后，再加入药物，混合，溶解，过滤，从滤器上加适量纯化水至规定容量，即得。

此法适用于制备对热稳定的药物的糖浆剂。对热不稳定的药物，则在加热后，适当降温方可加入药物。此法的优点是蔗糖容易溶解，趁热容易滤过，所含高分子杂质如蛋白质加热凝固被滤除，制得的糖浆剂易于滤清，同时在加热过程中杀灭微生物，使糖浆易于保存。但加热过久或超过100℃时，使转化糖含量增加，糖浆剂颜色容易变深。

（2）冷溶法　在室温下将蔗糖（和药物）溶于纯化水中制成糖浆剂。冷溶法的优点是制成的糖浆剂颜色较浅，较适宜用于对热不稳定的药物和挥发性药物。但制备过程易被微生物污染。

（3）混合法　系将药物与单糖浆均匀混合而制成。

5. 糖浆剂中药物的加入方法

（1）水溶性固体药物或药材提取物，可先用少量纯化水溶解，再加入到糖浆中混合；水中溶解度较小的药物可先用少量其他适宜的溶剂使之溶解。

（2）可溶性液体药物和药物的液体制剂可直接加入糖浆中搅匀，必要时过滤。

（3）药物如为含醇制剂，当与单糖浆混合时易发生混浊，可加入适量甘油助溶或加滑石粉助滤，滤至澄清。

（4）药物如为药材的水性浸出药剂，应将其纯化除去杂质后再加入单糖浆中，以免糖浆剂产生混浊或沉淀。

（5）药物为中药材，须经浸出、纯化、浓缩至适当浓度，再加入单糖浆中。

6. 糖浆剂配制注意事项

（1）制备应在清洁避菌环境中进行，及时灌装于灭菌的洁净干燥容器中。

（2）严格控制加热的温度、时间，并注意调节 pH，以防止蔗糖水解后生成转化糖。

（3）糖浆剂应在 30℃以下密闭贮存。

7. 糖浆剂容易出现的问题　糖浆剂在制备与贮藏过程中，容易出现下述质量问题。

（1）霉败问题　低浓糖浆易被微生物污染而长霉发酵、酸败、药物变质。因原料不洁、容器、用具处理不当引起。应严控质量、在洁净环境中制备及采用适当的方法对容器用具进行处理并及时灌装。低浓糖浆应加适宜的防腐剂。各种防腐剂联合使用能增强防腐效果。

常用的防腐剂为：羟苯酯类，苯甲酸和苯甲酸钠，应用这些防腐剂时，应将糖浆剂 pH 调至酸性（pH≤4）。

（2）沉淀问题　糖浆剂在贮藏期间产生沉淀，多是由蔗糖质量差，含有大量高分子杂质，由于这些杂质的逐渐聚集而出现混浊或沉淀。可在单糖浆过滤前加入蛋清、滑石粉等，吸附高分子和其他杂质。含有浸出药剂的糖浆剂，亦可因浸出药剂中含有不同程度高分子杂质而产生沉淀，制备时可将其滤除。另外，高浓度的糖浆剂在贮藏中可因温度下降而析出蔗糖的结晶，加入适量甘油、山梨醇等多元醇可改善。

（3）变色问题　糖浆剂制备时加热温度高，时间长，特别是在酸性条件下加热，可促使生成转化糖而使颜色变深。含着色剂的糖浆剂，在还原性物质和光线的作用下可逐渐褪色。

（二）举例

例 4-2　单糖浆

【处方】

蔗糖 850g　纯化水适量共制 1000ml。

【制法】

取纯化水450ml煮沸，加蔗糖搅拌溶解后，继续加热至100℃，趁热保温滤过，自滤器上添加适量纯化水，使其冷却至室温成1000ml，搅匀即得。

注：①单糖浆25℃时相对密度为1.313。常用作矫味剂和赋形剂用。

②蔗糖品质的优劣对本品的质量有很大影响。必须选用药用白糖用原料。

③制备时温度升至100℃之后的时间长短非常重要，如加热时间长，蔗糖可水解为果糖和葡萄糖（转化糖），转化糖含量过高在贮藏期间容易发酵。故药典规定蔗糖中转化糖的含量不得超过3%。但如加热时间太短，达不到灭菌目的。

例4-3 磷酸可待因糖浆

【处方】

磷酸可待因5g 纯化水15ml 单糖浆适量共制1000ml。

【制法】

取磷酸可待因溶于热纯化水中，加单糖浆至全量，即得。

注：①本品为镇咳药，用于激烈咳嗽。口服，每次2~10ml，每日10~15ml。极量，每次20ml，每日50ml。

②本品系麻醉药，应按麻醉药品规定供应使用。

③本品可致依赖性，不宜持续服用。小儿和老年人对磷酸可待因异常敏感，可产生呼吸抑制，应减量慎用。

④本品在水中溶解度为1：3，在热水中1：0.5，故用热水溶解。

三、芳香水剂

（一）概述

芳香水剂（aromatic water）系指芳香挥发性药物（多为挥发油）的饱和或近饱和澄明水溶液。芳香水剂应澄明，具有与原药物相同的气味，不得有异臭、沉淀或杂质。芳香水剂一般作矫味、矫臭和分散剂使用，有的也有治疗作用。因挥发油或挥发性物质在水中的溶解度很小（约为0.05%），故芳香水剂浓度低，服用量较大。芳香水剂不稳定，易发生氧化、分解、挥发、霉变，故不宜久贮。

（二）制法

芳香水剂的制备方法依据原料的不同而不同。纯挥发油和化学药物常用溶解法和稀释法，含挥发性成份的药材常用水蒸气蒸馏法。

1. 溶解法 采用溶解法制备芳香水剂时，应使挥发性药物与水的接触面积增大，以促进其溶解。一般可采用以下二种方法：

（1）振摇溶解法 取挥发性药物置于容器中，加入纯化水，强力振摇一定时间使溶解成饱和溶液，用纯化水润湿的滤纸滤过，初滤液如混浊，应重滤至澄清。自滤器上添加纯化水至足量即得。

（2）加分散剂溶解法 取挥发性药物置于乳钵中，加入精制滑石粉（或适量滤纸浆），混研均匀，移至容器中加入纯化水，振摇一定时间，用润湿滤纸滤至澄清。自滤器中添加纯化水至足量，即得。

其中所加入的滑石粉作为分散剂，目的是使挥发性药物被分散剂吸附，增加挥发性药物的表面积，有利于其分散与溶解，同时滤过时分散剂在滤过介质上形成滤床吸附剩余的溶质和杂质，起助滤作用，促进溶液的澄清。注意所用的滑石粉不应过细，以免通过滤材使溶解混浊。

2. 稀释法 即浓芳香水剂加溶剂稀释成规定浓度的芳香水剂。

3. 水蒸气蒸馏法 含挥发性成分的药材常用水蒸气蒸馏法。取规定量含挥发性成分的植物药材拣洗处理，适当粉碎后，置蒸馏器中，加适量的纯化水通入蒸气蒸馏，至馏液达到规定量。一般约为药材重的 6 ~ 10 倍，除去过量未溶解的挥发油，必要时滤过澄清，使成澄明溶解即得。

（三）举例

例 4 – 4 薄荷水

【处方】

薄荷油 2ml，蒸馏水加至 1000ml。

【制法】

取薄荷油，加精制滑石粉 15g，在乳钵中研匀，加蒸馏水 1000ml，振摇 10min 后用润湿的滤纸过滤，如滤液混浊可再行过滤，待滤液澄明，由滤纸上加蒸馏水至 1000ml，即得。

注：①薄荷油在水中溶解度为 0.05% 。②滑石粉作薄荷油的分散剂，使其与薄荷油共研时被吸附在滑石粉颗粒周围，加水振摇时，易使挥发油均匀分布于水中以增加溶解速度。滑石粉还具有吸附作用，过量的挥发油再过滤时因吸附在滑石粉表面而被滤除，起到助滤作用。所以，滑石粉不宜过细。③本品用于驱风、矫味及溶剂。常用量，口服，每次 10 ~ 15ml。

知识拓展

甘油剂

甘油剂（glycerite）系指药物溶于甘油中制成的专供外用的溶液剂。甘油具有黏稠性、吸湿性和防腐性，对皮肤、黏膜有滋润和保护作用，黏附于皮肤、黏膜能使药物滞留患处而延长药物局部疗效。因而甘油剂常作口腔、耳鼻、喉科用药。对刺激性药物有一定的缓和作用，制成的甘油剂也较稳定。甘油吸湿性大，应密闭保存。常用的有硼酸甘油、苯酚甘油、碘甘油等。

甘油剂的制备可用溶解法，如苯酚甘油的制备；化学反应法，如硼酸甘油的制备。

醑剂

醑剂（spririts）系指挥发性药物制成的乙醇溶液。可供内服或外用。醑剂浓度一般为5% ~ 10%，亦有 20% 者。乙醇的浓度一般为 60% ~ 90%。醑剂可用于治疗，也可用作芳香矫味剂。醑剂中的药物容易挥发和氧化，应贮于密闭容器中，置冷暗处保存，但贮存时间不宜过长。醑剂可用溶解法和蒸馏法制备。

任务四　胶体型液体制剂的介绍

一、高分子溶液

高分子溶液剂系指高分子化合物溶解于溶剂中形成的均匀分散的液体制剂。以水为溶剂时，称为亲水性高分子溶液，又称为亲水胶体溶液或胶浆剂。以非水溶剂制成的称为非水性高分子溶液剂。亲水性高分子溶液在药剂中应用较多，如混悬剂中的助悬剂、乳剂中的乳化剂、片剂的包衣材料、血浆代用品、微囊、缓释制剂等都涉及高分子溶液。故这里主要介绍亲水性高分子溶液的性质与制备。

（一）高分子溶液的性质

1. 带电性　很多高分子化合物在溶液中带有电荷，其原因主要是由于高分子化合物结构中的某些基团电离所致。带正电的高分子水溶液有：琼脂、血红蛋白、碱性染料（亚甲蓝、甲基紫）、明胶、血浆蛋白等。带负电的有：淀粉、阿拉伯胶、西黄蓍胶、鞣酸、树脂、磷脂、酸性染料（伊红、靛蓝）、海藻酸钠、纤维素及其衍生物等。一些高分子化合物如蛋白质分子含有羧基和氨基，在水溶液中随 pH 不同而带正电或负电。

当溶液的 pH 小于等电点时，则蛋白质带正电荷；pH 大于等电点，则蛋白质带负电荷。当溶液的 pH 等于等电点时，高分子化合物不带电，此时溶液的黏度、渗透压、电导性、溶解度变小。由于高分子化合物在溶液的荷电，所以具有电泳现象。通过电泳法可测定高分子溶液所带电荷的种类。

2. 水化作用　亲水性高分子化合物结构中有大量的亲水基团，能与水形成牢固的水化膜，水化膜能阻止高分子化合物分子之间的相互凝聚，而使之稳定。水化膜愈厚，稳定性愈大。凡能破坏高分子化合物水化作用的因素，均能使高分子溶液不稳定。当向溶液中加入大量电解质时，由于电解质具有比高分子化合物更强的水化作用，结合了大量的水分子而使高分子化合物的水化膜被破坏，使高分子化合物凝结而沉淀，此过程称为盐析。起盐析作用的主要是电解质的阴离子。如枸橼酸根、酒石酸根、硫酸根离子等。盐析法可用于制备各类生化制剂和中药制剂。

破坏水化膜的另一种方法是加入大量脱水剂（如乙醇、丙酮）。通过控制所加入脱水剂的浓度，可分离出不同分子量的高分子化合物，如羧甲基淀粉钠、右旋糖酐代血浆等的制备。

带相反电荷的两种高分子溶液混合时，由于相反电荷中和作用会产生凝结沉淀。高分子溶液久置也会自发地凝结而沉淀，称为陈化现象。在其他如光、热、pH、射线、絮凝剂等因素的影响下，高分子化合物可凝结成疏松的沉淀，称为絮凝现象。

3. 其他性质　亲水性高分子溶液具有较高的渗透压，渗透压的大小与高分子溶液的浓度有关。高分子溶液是黏稠性流动液体，常用作助悬剂。一些亲水性高分子溶液如明胶水溶液、琼脂水溶液，在温热条件下为黏稠性流动液体，当降低至一定温度时，形成不流动的半固体的凝胶，其过程称为胶凝。

（二）高分子溶液的制备

高分子溶液的制备要经过一个溶胀过程。可以分为有限溶胀和无限溶胀。

有限溶胀：系指水分子单方向渗入到高分子化合物的分子间的空隙中，与高分子中的亲水基团发生水化作用而使其体积膨胀。

无限溶胀：系指由于高分子空隙间存在水分子，降低了高分子分子间的作用力（范德华力），溶胀过程继续进行，最后高分子化合物完全分散在水中形成高分子溶液。无限溶胀的过程也就是高分子化合物逐渐溶解的过程。无限溶胀常需搅拌或加热才能完成。形成高分子溶液的这一过程称为胶溶。

（三）举例

例 4-6　胃蛋白酶合剂

【处方】

胃蛋白酶 1g，稀盐酸 1ml，橙皮酊 1ml，单糖浆 5ml，羟苯乙酯溶液 0.5ml，纯化水加至 50ml。

【制法】

取稀盐酸、单糖浆加入纯化水 35ml 中混匀，缓缓加入橙皮酊、羟苯乙酯溶液随加随搅拌，然后将胃酶分次缓缓撒于液面上，待其自然膨胀溶解后，再加适量的纯化水使成 50ml，即得。

注：①本品为淡黄色胶体溶液，有橙皮芳香气，味酸甜。②胃酶极易吸潮，随用随称。缓缓撒于液面。③不可强力搅拌。④不可用热水溶解。⑤因带有电荷，不可过滤。⑥应新鲜配制。⑦稀盐酸要用水稀释后使用。⑧加入橙皮酊、羟苯乙酯溶液时细流加入，快速搅拌。

二、溶胶剂

溶胶剂（sols）系指固体药物以胶粒状态分散于分散介质中形成的非均匀分散的液体制剂，又称为疏水胶体溶液。溶胶剂中的胶粒为多分子聚集体，胶粒大小一般在 1～100nm 之间。其分散度极大，但水化作用弱，属于热力学不稳定系统。外观与溶液剂相似，透明无沉淀。

（一）溶胶剂的性质

1. 可滤过性　溶胶剂的胶粒（分散相）大小在 1～100nm 之间，能透过滤纸、棉花，而不能透过半透膜。这一特性与溶液不同，与粗分散体系也不同。因此，可用透析法或电渗析法除去胶体溶液中的盐类杂质。

2. 粒子具有布朗运动　溶胶的质点小，分散度大，在分散介质中存在不规则的运动，这种运动称为布朗运动。布朗运动是由于胶粒受分散介质水分子的不规则撞击产生。胶粒愈小，布朗运动愈强烈，其动力学稳定性就愈大。

3. 光学效应　由于胶粒对光线的散射作用，当一束强光通过溶胶剂时，从侧面可见到圆锥形光束，称为丁铎尔效应。这种光学性质在高分子溶液中表现不明显，因而可用于溶胶剂的鉴别。

溶胶剂的颜色与胶粒对光线的吸收和散射有关，不同溶胶剂对不同波长的光线有特定的吸收作用,使溶胶剂产生不同的颜色。如碘化银溶胶呈黄色,蛋白银溶胶呈棕色,氧化金溶胶则呈深红色。

4. 胶粒带电 溶胶剂中的固体微粒可因自身解离或吸附溶液中的某种离子而带电荷。带电的固体微粒由于电性的作用,必然吸引带相反电荷的离子,称为反离子,部分反离子密布于固体粒子的表面,并随之运动,形成胶粒。胶粒上的吸附离子与反离子构成吸附层。另一部分反离子散布于胶粒的周围,离胶粒愈近,反离子愈密集,形成了与吸附层电荷相反的扩散层。带相反电荷的吸附层与扩散层构成了胶粒的双电层结构。双电层之间的电位差称为 ζ - 电位。由于胶粒可带正电或带负电,在电场作用下产生电泳现象。ζ - 电位愈高,电泳速度就愈快。

$Fe(OH)_3$ 溶胶的结构:

$$\{ [Fe(OH)_3]_m \cdot nFeO^+ \cdot (n-x)Cl^- \}^{x+} \cdot xCl^-$$

胶核 ┐ ┌吸附层┐ ┌扩散层┐
└——————胶 粒——————┘
└————————胶 团————————┘

5. 稳定性 由于胶粒表面所带相反电荷的排斥作用,胶粒荷电所形成的水化膜,以及胶粒具有的布朗运动,增加了溶胶剂的稳定性。

溶胶剂的稳定性受很多因素的影响,主要有:

(1) 电解质的作用 加入电解质中和胶粒的电荷,使 ζ - 电位降低,同时也因电荷的减弱而使水化层变薄,使溶胶剂产生凝聚而沉淀。

(2) 溶胶的相互作用 将带相反电荷的溶胶剂混合,也会产生沉淀。但只有当两种溶胶的用量,刚好使电荷相反的胶粒所带的电荷量相等时,才会完全沉淀,否则可能部分沉淀,甚至不会沉淀。

(3) 保护胶的作用 向溶胶剂中加入亲水性高分子溶液,使溶胶剂具有亲水胶体的性质而增加稳定性。如制备氧化银胶体时,加入血浆蛋白作为保护胶而制成稳定的蛋白银溶液。

(二) 溶胶剂的制备

1. 分散法 分散法系将药物的粗粒子分散达到溶胶粒子大小范围的制备过程。

(1) 机械分散法 多采用胶体磨进行制备。分散药物、分散介质以及稳定剂从加料口处加入胶体磨中,胶体磨以 10000r/min 的转速高速旋转将药物粉碎到胶体粒子范围,可以制成质量很好的溶胶剂。

(2) 胶溶法 将新生的粗粒子重新分散成溶胶粒子的方法。

(3) 超声波分散法 采用 20000Hz 以上超声波所产生的能量,使粗粒分散成溶胶剂的方法。

2. 凝聚法

(1) 物理凝聚法 通过改变分散介质,使溶解的药物凝聚成溶胶剂的方法。如将硫磺溶于乙醇中制成饱和溶液,过滤,滤液细流在搅拌下流入水中。由于硫磺在水中的溶解度小，迅速析出形成胶粒而分散于水中。

（2）化学凝聚法　借助氧化、还原、水解及复分解等化学反应制备溶胶剂的方法。如硫代硫酸钠溶液与稀盐酸作用，生成新生态硫分散于水中，形成溶胶。

任务五　粗分散型液体制剂的介绍

一、混悬剂

（一）概述

1. 概念　混悬剂（suspensions）系指难溶性固体药物以微粒状态分散于分散介质中形成的非均匀分散的液体制剂。分散相微粒的大小一般在 $0.5 \sim 10 \mu m$ 之间，小的微粒可为 $0.1 \mu m$，大的微粒可达 $50 \mu m$ 或更大。混悬剂的分散介质多为水，也有用植物油。混悬剂属于热力学不稳定的粗分散体系。

混悬剂一般为液体制剂，也包括干混悬剂。干混悬剂系指将难溶性药物与适宜辅料制成粉末状或颗粒状药剂，临用前加水振摇即可分散成混悬液。其主要是有利于解决混悬剂在保存过程中的稳定性问题，并可简化包装，便于贮藏和携带。

混悬剂是临床应用广泛，合剂、搽剂、洗剂中均有混悬型液体制剂，注射剂、滴眼剂、软膏剂、栓剂和气雾剂等都有以混悬形式存在。

2. 适宜制成混悬剂的药物

（1）不溶性药物需制成液体制剂应用。

（2）药物的剂量超过了溶解度而不能制成溶液剂。

（3）两种溶液混合由于药物的溶解度降低而析出固体药物或产生难溶性化合物。

（4）与溶液剂比较，为了使药物缓释长效。

3. 不适宜制成混悬剂的药物　毒剧药物或剂量太小的药物，为了保证用药的安全性，则不宜制成混悬剂应用。

4. 混悬剂的质量要求

（1）药物本身化学性质应稳定，有效期内药物含量符合要求。

（2）混悬微粒细微均匀，微粒大小应符合该剂型的要求。

（3）微粒沉降缓慢，口服混悬剂沉降体积比应不低于 0.90，沉降后不结块，轻摇后应能迅速分散。

（4）混悬剂的黏度应适宜，倾倒时不沾瓶壁；外用混悬剂应易于涂布，不易流散。

（5）不得有发霉、酸败、变色、异臭、异物、产生气体或其他变质现象；标签上应注明"用前摇匀"。

（二）混悬剂的稳定性

混悬剂中药物微粒与分散介质之间存在着固液界面，微粒的分散度较大，使混悬微粒具有较高的表面自由能，故处于不稳定状态。尤其是疏水性药物的混悬剂，存在更大的稳定性问题。这里主要讨论混悬剂的物理稳定性问题和提高稳定性的措施。

1. 混悬微粒的沉降　混悬剂中的微粒由于受重力作用，静置后会自然沉降，其沉降速度服从 Stokes 定律：

$$V = \frac{2r^2 \ (\rho_1 - \rho_2) \ \cdot g}{9\eta} \qquad\qquad (4-1)$$

式中：V 为沉降速度（cm/s）；r 为微粒半径（cm）；ρ_1 和 ρ_2 分别为微粒和介质的密度（g/ml）；g 为重力加速度（cm/s^2）；η 为分散介质的黏度（Pa·s）。按 Stokes 定律要求，混悬剂中微粒浓度应在 2% 以下。但实际上常用的混悬剂浓度均在 2% 以上。此外，在沉降过程中微粒电荷的相互排斥作用，阻碍了微粒沉降，故实际沉降速度要比计算得出的速度小得多。由 Stokes 定律可见，混悬微粒沉降速度与微粒半径平方、微粒与分散介质密度差成正比，与分散介质的黏度成反比。混悬微粒沉降速度愈大，混悬剂的动力学稳定性就愈小。为了使微粒沉降速度减小，增加混悬剂的稳定性，可采用以下措施：①尽可能减小微粒半径，采用适当方法将药物粉碎得愈细愈好。这是最有效的一种方法。②加入高分子助悬剂，既增加了分散介质的黏度，又减少微粒与分散介质之间的密度差，同时助悬剂被吸附于微粒的表面，形成保护膜，增加微粒的亲水性。③混悬剂中加入低分子助悬剂如糖浆、甘油等，减少微粒与分散介质之间的密度差，同时也增加混悬剂的黏度。这些措施可使混悬微粒沉降速度大为降低，有效地增加了混悬剂的稳定性。但混悬剂中的微粒最终总是要沉降的，只是大的微粒沉降稍快，细小微粒沉降速度较慢，更细小的微粒由于布朗运动，可长时间混悬在介质中。

2. 混悬微粒的荷电与水化　混悬微粒也可因某些基团的解离或吸附分散介质中的离子而荷电，具有双电层结构，产生 ζ-电位。又因微粒表面荷电，水分子在微粒周围定向排列形成水化膜，这种水化作用随着双电层的厚薄而改变。由于微粒带相同电荷的排斥作用和水化膜的存在，阻碍了微粒的合并，增加混悬剂的稳定性。当向混悬剂中加入少量电解质，则可改变双电层的结构和厚度，使混悬粒子聚结而产生絮凝。亲水性药物微粒除带电外，本身具有较强的水化作用，受电解质的影响较小，而疏水性药物混悬剂则不同，微粒的水化作用很弱，对电解质更为敏感。

3. 混悬微粒的润湿　固体药物的亲水性强弱，能否被水润湿，与混悬剂制备的易难、质量高低及稳定性大小关系很大。若为亲水性药物，制备时则易被水润湿，易于分散，并且制成的混悬剂较稳定。若为疏水性药物，不能为水润湿，较难分散，可加入润湿剂改善疏水性药物的润湿性，从而使混悬剂易于制备并增加其稳定性。如加入甘油研磨制得微粒，不仅能使微粒充分润湿，而且还易于均匀混悬于分散介质中。

4. 絮凝与反絮凝　由于混悬剂中的微粒分散度较大，具有较大的界面自由能，因而微粒易于聚集。为了使混悬剂处于稳定状态，可以使混悬微粒在介质中形成疏松的絮状聚集体，方法是加入适量的电解质，使 ζ-电位降低至一定数值（一般应控制 ζ-电位在 20～25mV 范围内），混悬微粒形成絮状聚集体。此过程称为絮凝，为此目的而加入的电解质称为絮凝剂。絮凝状态下的混悬微粒沉降虽快，但沉降体积大。沉降物不易结块，振摇后又能迅速恢复均匀的混悬状态。

向絮凝状态的混悬剂中加入电解质，使絮凝状态变为非絮凝状态的过程称为反絮凝。为此目的而加入的电解质称为反絮凝剂，反絮凝剂可增加混悬剂流动性，使之易于倾倒,方便应用。

注意:电解质使用不当,使 ζ – 电位降为零时,微粒会因吸附作用而紧密结合成大粒子沉降并成饼状。同一电解质既可作絮凝剂也可作反絮凝剂,只是量不同而已。

5. 结晶增大与转型 混悬剂中存在溶质不断溶解与结晶的动态过程。混悬剂中固体药物微粒大小不可能完全一致,小微粒由于表面积大,在溶液中的溶解速度快而不断溶解,而大微粒则不断结晶而增大,结果是小微粒数目不断减少,大微粒不断增多,使混悬微粒沉降速度加快,从而影响混悬剂的稳定性。此时必须加入抑制剂,以阻止结晶的溶解与增大,来保持混悬剂的稳定性。

具有同质多晶型性质的药物,若制备时使用了亚稳定型结晶药物,在制备和贮存过程中亚稳定型可转化为稳定型,可能改变药物微粒沉降速度或结块。

6. 分散相的浓度和温度 在相同的分散介质中分散相浓度增大,微粒碰撞聚集机会增加,混悬剂的稳定性降低。温度变化不仅能改变药物的溶解度和化学稳定性,还能改变微粒的沉降速度、絮凝速度、沉降容积,从而改变混悬剂的稳定性。

(三)混悬剂中的稳定剂

为了增加混悬剂的稳定性,可加入适当的稳定剂。常用的稳定剂有助悬剂、润湿剂、絮凝剂与反絮凝剂。

1. 助悬剂 助悬剂(suspending agents)能增加分散介质的黏度以降低微粒的沉降速度;能被吸附在微粒表面,增加微粒的亲水性,形成保护膜,阻碍微粒合并和絮凝,并能防止结晶转型,使混悬剂稳定。助悬剂的种类有:

(1)低分子助悬剂 常用的低分子助悬剂有甘油、糖浆等。

(2)高分子助悬剂 天然的高分子助悬剂:主要有阿拉伯胶、西黄蓍胶、桃胶、海藻酸钠、琼脂、脱乙酰甲壳素、预胶化淀粉、β – 环糊精等。阿拉伯胶可用其粉末或胶浆,用量为 5% ~ 15%。西黄蓍胶用其粉末或胶浆,用量可为 0.5% ~ 1%。

合成或半合成高分子助悬剂:主要有甲基纤维素、羧甲基纤维素钠、羟丙基纤维素、羟丙甲纤维素、羟乙基纤维素、卡波普、聚维酮、葡聚糖、丙烯酸钠等。

触变胶:某些胶体溶液在一定温度下静置时,逐渐变为凝胶,当搅拌或振摇时,又复变为溶胶。胶体溶液的这种可逆的变化性质称为触变性。具有触变性的胶体称为触变胶。单硬脂酸铝溶解于植物油中可形成典型的触变胶。利用触变胶作助悬剂,使静置时形成凝胶,防止微粒沉降。

2. 润湿剂 常用的润湿剂是 HLB 值在 7 ~ 11 之间的表面活性剂,如聚山梨酯类、聚氧乙烯脂肪醇醚类、聚氧乙烯蓖麻油类、磷酯类、泊洛沙姆等。此外,乙醇、甘油等也可作润湿剂。

3. 絮凝剂与反絮凝剂 絮凝剂与反絮凝剂可以是不同的电解质,也可以是同一电解质由于用量不同而起絮凝或反絮凝作用。常用的絮凝剂和反絮凝剂有:枸橼酸盐(酸式盐或正盐)、酒石酸盐(酸式盐或正盐)、磷酸盐及一些氯化物等。

(四)混悬剂的制备

混悬剂的制备应使固体药物有适当的分散度,微粒分散均匀,混悬剂稳定。混悬剂的制备方法有分散法和凝聚法。

1. 分散法　将固体药物粉碎、研磨成符合混悬剂要求的微粒，再分散于分散介质中制成混悬剂。小量制备可用研钵，大量生产时可用乳匀机、胶体磨等机械。

分散法制备混悬剂要考虑药物的亲水性。对于亲水性药物如氧化锌、炉甘石等，一般可先将药物粉碎至一定细度，再采用加液研磨法制备，即 1 份药物加入 0.4～0.6 份的液体，研磨至适宜的分散度，最后加入处方中的剩余液体使成全量。加液研磨可用处方中的液体。此法可使药物更容易粉碎，得到的混悬微粒可达到 0.1～0.5μm。对于质重、硬度大的药物，可采用"水飞法"制备。"水飞法"可使药物粉碎成极细粉的程度而有助于混悬剂的稳定。

疏水性药物制备混悬剂时，可加入润湿剂与药物共研，改善疏水性药物的润湿性。

助悬剂、防腐剂、矫味剂等附加剂可先用溶剂制成溶液，制备混悬剂时作液体使用。

现代固体分散技术，如药物微粉化技术，应用于混悬剂的制备，可使混悬微粒更细小，更均匀，混悬剂的稳定性更好，生物利用度更高。如应用气流粉碎机，粉碎的药物可同时进行分级，可得到 5μm 以下均匀的微粉；胶体磨能将药物粉碎至小于 1μm 的微粉。

2. 凝聚法　是借助物理方法或化学方法将离子或分子状态的药物在分散介质中聚集制成混悬剂。

（1）物理凝聚法　此法一般是选择适当溶剂将药物制成过饱和溶液，在急速搅拌下加至另一种不同性质的液体中，使药物快速结晶，可得到 10μm 以下（占 80%～90%）微粒，再将微粒分散于适宜介质中制成混悬剂。如醋酸可的松滴眼剂就是采用凝聚法制成的。

酊剂、流浸膏剂、醑剂等醇性制剂与水混合时，由于乙醇浓度降低，使原来醇溶性成分析出而形成混悬剂。配制时必须将醇性制剂缓缓注入或滴加至水中，边加边搅拌，不可将水加至醇性药液中。

（2）化学凝聚法　将两种药物的稀溶液，在低温下相互混合，使之发生化学反应生成不溶性药物微粒混悬于分散介质中制成混悬剂。用于胃肠道透视的 $BaSO_4$ 就是用此法制成。化学凝聚法现已少用。

（五）举例

例 4-7　炉甘石洗剂

【处方】

炉甘石 150g，氧化锌 50g，甘油 50ml，羧甲基纤维素钠 2.5g，纯化水加至 1000ml。

【制法】

取炉甘石、氧化锌研细过筛后，加甘油及适量纯化水研磨成糊状，另取羧甲基纤维素钠加纯化水溶解后，分次加入上述糊状液中，随加随研磨，再加纯化水使成 1000ml，搅匀，即得。

注：①具有保护皮肤、收敛、消炎作用。可用于皮肤炎症、湿疹、荨麻疹等。应用前摇匀，涂抹于皮肤患处。②氧化锌有重质和轻质两种，以选用轻质为好。③炉甘石与氧化锌均为不溶于水的亲水性药物，能被水润湿，故先加入甘油和少量水研磨成糊状，再与羧甲基纤维素钠水溶液混合，使粉末

周围形成水化膜, 以阻碍微粒的聚合, 振摇时易再分散。

例 4 - 8　复方硫洗剂

【处方】

硫酸锌 30g, 沉降硫 30g, 樟脑醑 250ml, 甘油 100ml, 羧甲基纤维素钠 5g, 纯化水加至 1000ml。

【制法】

取羧甲基纤维素钠, 加适量的纯化水, 根据高分子化合物的特性, 使溶解; 另取沉降硫分次加甘油研至细腻后, 与前者混合。另取硫酸锌溶于 200ml 纯化水中, 过滤, 将滤液缓缓加入上述混合液中, 然后再缓缓加入樟脑醑, 随加随研磨, 最后加纯化水至 1000ml, 搅匀, 即得。

注: ①具有保护皮肤, 抑制皮脂分泌, 轻度杀菌与收敛的作用。用于干性皮肤溢出症、痤疮等。用前摇匀, 涂抹于患处。②药用硫由于加工生产方法不同, 而分为精制硫、沉降硫、升华硫。沉降硫的颗粒最细, 易制得细腻混悬液, 故本品采用沉降硫。③硫为强疏水性药物, 颗粒表面易吸附空气而形成气膜, 故易聚集浮于液面, 所以先以甘油润湿研磨。④樟脑醑应以细流加入混合液中, 并急速搅拌使樟脑不致析出较大颗粒。⑤羧甲基纤维素钠作助悬剂, 可增加分散介质的黏度, 并能吸附在微粒周围。

(六) 混悬剂的质量评价

混悬剂的质量优劣, 应按质量要求进行评价。评价的方法有:

1. 微粒大小的测定　混悬剂中微粒大小与混悬剂的稳定性、生物利用度和药效有密切关系。因此测定混悬剂中微粒的大小、均匀状况, 是对混悬剂进行质量评价的重要指标。可采用显微镜法、库尔特计数法进行测定。

(1) 显微镜法　系用光学显微镜观测混悬剂中微粒大小及其粒度分布。如用显微镜照相法拍摄微粒照片, 方法更简单、更可靠且具有保存性。通过不同时间所拍摄照片的观察对比, 可考察混悬剂贮存过程中的微粒变化情况。

(2) 库尔特计数法　本法可测定混悬剂微粒的大小及其粒度分布。此法方便快速。

2. 沉降体积比的测定　沉降体积比是指沉降物的体积与沉降前混悬剂的体积之比。检查方法是: 用具塞量筒盛供试品 50ml, 密塞, 用力振摇 1min, 记下混悬物开始高度 H_0, 静置 3h, 记下混悬的最终高度 H, 沉降体积比按下式计算:

$$F = H/H_0$$

F 值在 0 ~ 1 之间, F 值愈大混悬剂愈稳定。《中国药典》(2010 年版) 规定, 口服混悬剂 (包括干混悬剂) 的沉降体积比应不低于 0.90。

沉降体积比的测定, 可考察混悬剂的稳定性, 也可用于比较两种混悬液的质量优劣, 评价稳定剂的效果, 设计优良处方。

3. 絮凝度的测定　絮凝度是考察混悬剂絮凝程度的重要参数, 用以评价絮凝剂的效果, 预测混悬剂的稳定性。絮凝度用下式表示:

$$\beta = F/F_\infty = H/H_0 / H_\infty / H_0 = H/H_\infty$$

式中: F 为絮凝混悬剂的沉降体积比, F_∞ 为非絮凝混悬剂的沉降体积比, β 为由絮凝作用所引起的沉降容积增加的倍数。β 值愈大, 絮凝效果愈好, 则混悬剂稳定性好。

4. 重新分散试验　优良的混悬剂在贮存后再经振摇，沉降微粒能很快重新分散，如此才能保证服用时混悬剂的均匀性和药物剂量的准确性。重新分散试验方法是：将混悬剂置于带塞的 100ml 量筒中，密塞，放置沉降，然后 360°、20r/min 的转速转动，经一定时间旋转，量筒底部的沉降物应重新均匀分散。重新分散所需旋转次数愈少，表明混悬剂再分散性能愈好。

5. 流变学测定　采用旋转黏度计测定混悬液的流动曲线，根据流动曲线的形态确定混悬液的流动类型，用以评价混悬液的流变学性质。如测定结果为触变流动、塑性触变流动和假塑性触变流动，就能有效地减慢混悬剂微粒的沉降速度。

二、乳剂

（一）概述

1. 乳剂的定义　乳剂（emulsions）系指互不相溶的两相液体混合，其中一相液体以液滴状态分散于另一相液体中形成的非均匀分散的液体制剂。分散成液滴的一相液体称为分散相、内相或不连续相。包在液滴外面的一相液体则称为分散介质、外相或连续相。乳剂中水或水性溶液称为水相，用 W 表示；另一与水不混溶的相则称为油相，用 O 表示。普通乳剂为乳白色不透明的液体，其液滴大小在 $0.1 \sim 10\mu m$ 之间。当液滴在 $0.1 \sim 1.5\mu m$ 范围称为亚微乳，液滴小于 $0.1\mu m$ 的乳剂称微乳（或称胶团乳剂、纳米乳），微乳为透明液体。静脉注射用的乳剂应为亚微乳，液滴应控制在 $0.25 \sim 0.4\mu m$ 范围内。

2. 乳剂的特点
（1）药物制成乳剂后分散度大，吸收快，显效迅速，有利于提高生物利用度。
（2）水与油可以各种比例混合，分剂量准确。
（3）脂溶性药物可溶于油相中，可减少药物的水解，增加稳定性。
（4）水包油型乳剂可掩盖油类药物的不良臭味，并可加入矫味剂，使其易于服用。
（5）可改善药物对皮肤、黏膜的渗透性，并能减少对组织的刺激性。
（6）静脉注射乳剂注射后分布快、药效高，有靶向性。

3. 乳剂的类型与鉴别　根据分散相不同，乳剂分为水包油型（O/W 型）和油包水型（W/O 型），此外还有复合乳剂或称多重乳剂，可用 W/O/W 型或 O/W/O 型表示。

表 4-1　乳剂类型的鉴别

鉴别方法	O/W 型	W/O 型
外观	乳白色	与油色近
CoCl$_2$ 试纸	粉红色	不变色
稀释法	被水稀释	被油稀释
导电法	导电	不导电
加入水性染料	外相染色	内相染色
加入油性染料	内相染色	外相染色

乳剂应用广泛，不仅液体制剂中有乳剂类型，注射剂、滴眼剂、软膏剂、栓剂、气雾剂等都有乳剂型制剂存在。故乳剂的理论和制备方法对其他剂型具有指导意义。

（二）乳剂稳定的学说

乳剂是由水相、油相、乳化剂组成的液体制剂，要制成质量符合要求的乳剂必须提供乳剂形成和保持稳定的主要条件。

1. 提供乳化所需的能量 乳化包括两个过程，即分散过程和稳定过程。分散过程即液体分散相形成液滴均匀分散于分散介质中。此过程是借助乳化机械做功，使液体被切割成小液滴而增大表面积和界面自由能，其实质是将机械能部分地转化成液滴的界面自由能，故必须提供足够的能量，使分散相能够分散成微细的液滴。液滴愈细需要的能量愈多。

2. 加入适宜的乳化剂 乳化剂是乳剂的重要组成部分，是乳剂形成与稳定的必要条件，其作用为：

（1）**降低两相的界面张力** 油水两相形成乳剂的过程，也是不相溶的两液相界面增大的过程。液滴愈细，新增加的表面积就愈大，界面自由能也愈大。加入适宜的乳化剂，使其吸附在液滴的周围，使液滴在形成过程中有效地降低界面张力，使界面自由能降低，有利于形成和扩大新的界面，使乳剂保持一定分散度和稳定性。同时在乳剂的制备过程中也不必消耗较大的能量，以至用简单的振摇或搅拌的方法就能制成稳定的乳剂。

（2）**形成牢固的乳化膜** 乳化剂被吸附在油、水界面上，能在液滴的周围有规律地定向排列，乳化剂的亲水基团转向水，亲油基团转向油，形成乳化膜。乳化剂在液滴表面上排列越整齐，乳化膜就越牢固，乳剂也越稳定。乳化膜有 3 种类型。

①单层膜　表面活性剂类乳化剂被吸附在液滴表面，有规律地定向排列成单分子乳化剂层，形成阻碍液滴合并的屏障。如果乳化剂为离子型表面活性剂，则形成的单分子乳化膜由于离子化而带电，电荷的互相排斥作用，阻止液滴的合并，使乳剂更稳定。

②高分子膜　亲水性高分子化合物类乳化剂被吸附在液滴的表面，形成高分子乳化剂层。高分子乳化膜不但能阻止液滴合并，而且能增加分散介质的黏度，使乳剂更稳定。如阿拉伯胶作乳化剂时，就是形成高分子膜。

③固体微粒乳化膜　固体微粒乳化剂被吸附在液滴表面排列成固体微粒乳化膜，起阻止液滴合并而增加乳剂稳定性的作用。

④复合凝聚膜　由两种或两种以上的乳化剂组成的密集的界面膜，这两种乳化剂可以分别处于界面的两边，也可混合排列组成界面膜。

（3）**确定形成乳剂的类型** 决定乳剂类型的因素有多种，最主要的是乳化剂的性质和乳化剂的 HLB 值。乳化剂分子结构中有亲水基团和亲油基团，形成乳剂时，亲水基团伸向水相，亲油基团则伸向油相，如亲水基团大于亲油基团，乳化剂伸向水相的部分较大而使水的界面张力降低很大，可形成 O/W 型乳剂。如亲油基团大于亲水基团则恰好相反，形成 W/O 型乳剂。高分子乳化剂亲水基团特别大，降低水的界面张力故形成 O/W 型乳剂。固体微粒乳化剂若亲水性大，形成 O/W 型乳剂，若亲油性大，则形成 W/O 型乳剂。

3. 具有适当的相比 乳剂中油、水两相的容积比简称为相比。制备乳剂时分散相浓度一般在 10% ~50% 之间，如分散相浓度超过 50%，由于乳滴之间的距离很近，乳滴易发生碰撞而合并或引起转相，使乳剂不稳定。故制备乳剂时，应考虑油、水两相的相比，以利于乳剂的形成和稳定。

（三）乳化剂

乳化剂是为了使乳剂易于形成和稳定而加入的物质。乳化剂是乳剂的重要组成部分。

1. 乳化剂的基本要求 优良的乳化剂应具备以下基本条件：①乳化能力强。乳化能力是指能显著降低油水两相之间的界面张力，并能在液滴周围形成牢固的乳化膜。②乳化剂本身应稳定，对不同的 pH、电解质、温度的变化等应具有一定的耐受性。对微生物的稳定性也是考虑的因素。③对人体无害，不应对机体产生近期和远期的毒副作用，无刺激性。④来源广、价廉。

2. 乳化剂的种类

（1）天然乳化剂 天然乳化剂多为高分子化合物，它们来源于植物和动物。具有较强亲水性，能形成 O/W 型乳剂，由于黏性较大，能增加乳剂的稳定性。天然乳化剂容易被微生物污染，故宜新鲜配制或加入适宜防腐剂。

①阿拉伯胶 主要含阿拉伯胶酸的钾、钙、镁盐，可形成 O/W 型乳剂。适用于乳化植物油、挥发油，多用于制备内服乳剂。阿拉伯胶的常用浓度为 10%～15%。阿拉伯胶乳剂在 pH 为 2～10 都是稳定的，而且不易被电解质破坏。因内含氧化酶，使用前应在 80℃加热 30min 使之破坏。阿拉伯胶乳化能力较弱且黏度较低，常与其他乳化剂合用。

②西黄蓍胶 为 O/W 型乳剂，其水溶液黏度大，pH 5 时黏度最大。由于西黄蓍胶乳化能力较差，一般不单独作乳化剂，而是与阿拉伯胶合并使用。

③明胶 为两性蛋白质，作 O/W 型乳化剂，用量为油量的 1%～2%，常与阿拉伯胶合并使用。

④杏树胶 乳化能力和黏度都超过阿拉伯胶，可作为阿拉伯胶的代用品，其用量为 2%～4%。

⑤磷脂 由卵黄提取的卵磷脂或由大豆提取的大豆磷脂，能显著降低油水界面张力，乳化能力强，为 O/W 型乳化剂。可供内服或外用，精制品可供静脉注射用。常用量为 1%～3%。其他天然乳化剂还有：白及胶、果胶、桃胶、海藻酸钠、琼脂、酪蛋白、胆酸钠等。

（2）表面活性剂 此类乳化剂具有较强的亲水亲油性，容易在乳滴周围形成单分子乳化膜，乳化能力强，性质较稳定。其中非离子型表面活性剂类乳化剂，如聚山梨酯和脂肪酸山梨坦类毒性、刺激性均较小，性质稳定，应用广泛。常用 HLB 值 3～8 者为 W/O 型乳化剂，而 HLB 值 8～16 者为 O/W 型乳化剂。表面活性剂类乳化剂混合使用效果更好。

（3）固体微粒乳化剂 这类乳化剂为不溶性固体微粉，可聚集于油水界面上形成固体微粒膜而起乳化作用。可分为两种类型，一类如氢氧化镁、氢氧化铝、二氧化硅、皂土等易被水润湿，可促进水滴的聚集成为连续相，故是 O/W 型的固体乳化剂；氢氧化钙、氢氧化锌、硬脂酸镁等易被油润湿，可促进油滴的聚集成为连续相，故是 W/O 型的固体乳化剂。固体微粒乳化剂不受电解质影响。与非离子型表面活性剂或与增加黏度的高分子化合物合用效果更好。

（4）辅助乳化剂　辅助乳化剂一般乳化能力很弱或无乳化能力，但能提高乳剂黏度，并能使乳化膜强度增大，防止乳剂合并，提高稳定性。

① 增加水相黏度的辅助乳化剂　甲基纤维素、羧甲基纤维素钠、羟丙基纤维素、海藻酸钠、琼脂、西黄蓍胶、阿拉伯胶、果胶、黄原胶等。

② 增加油相黏度的辅助乳化剂　鲸蜡醇、蜂蜡、单硬脂酸甘油酯、硬脂酸、硬脂醇等。

3. 乳化剂的选择　乳化剂的种类很多，制备乳剂时应综合考虑乳剂的给药途径、药物的性质、处方的组成、欲制备乳剂的类型、乳化方法等因素，并通过科学实验，做出最佳的选择。

（1）根据乳剂的类型选择　要制备 O/W 型乳剂应选择 O/W 型乳化剂，W/O 型乳剂则选择 W/O 型乳化剂。乳化剂的 HLB 值为选择乳化剂提供了依据。

（2）根据乳剂的给药途径选择　主要考虑乳化剂的毒性、刺激性，如为口服乳剂应选择无毒性的天然乳化剂或某些亲水性非离子型乳化剂。外用乳剂应选择无刺激性乳化剂，并要求长期应用无毒性。注射用乳剂则应选择磷脂、泊洛沙姆等乳化剂为宜。

（3）根据乳化剂性能选择　各种乳化剂的性能不同，应选择乳化能力强、性质稳定、受外界各种因素影响小、无毒、无刺激性的乳化剂。

（4）混合乳化剂的选择　将乳化剂混合使用可改变 HLB 值，使乳化剂的适应性增大，形成更为牢固的乳化膜，并增加乳剂的黏度，从而增加乳剂的稳定性。各种油的介电常数不同，形成稳定乳剂所需要的 HLB 值也不同。

（四）乳剂的稳定性

乳剂属于热力学不稳定的非均相粗分散体系，其不稳定现象主要表现在以下几方面：

1. 分层　乳剂分层又称乳析，系指乳剂放置过程中出现分散相液滴上浮或下沉的现象。分层的主要原因是由于分散相和分散介质之间的密度差造成的。尽量减小液滴半径，减少分散相与分散介质之间的密度差，增加分散介质的黏度，均是减少乳剂分层有效途径。乳剂分层也与分散相的相容积大小有关，当分散相容积低于 25% 时乳剂容易分层，达 50% 时分层速度明显减慢。分层现象是可逆的，此时乳剂并未完全破坏，经振摇后仍能恢复成均匀的乳剂。但分层后的乳剂外观较粗糙，也容易引起絮凝甚至破坏。优良的乳剂分层过程应十分缓慢。口服乳剂，以 4000r/min 的转速离心 15min，不应观察到分层现象。

2. 絮凝　乳剂中分散相液滴集中在一起成疏松团块的现象称为絮凝。分散相液滴电荷减少，ζ-电位降低，液滴产生聚集而絮凝。乳剂中的电解质和离子型乳化剂的存在是产生絮凝的主要原因，同时絮凝与乳剂的黏度等因素有关。絮凝状态仍保持液滴及其乳化膜的完整性，与液滴的合并是不同的，是可逆的聚集。但絮凝的出现表明乳剂稳定性降低，通常是乳剂破坏的前奏。

3. 转相　乳剂由于某些条件的变化而引起乳剂类型的改变称为转相。如由 O/W 型转变为 W/O 型或由 W/O 型转变为 O/W 型。转相主要是由于乳化剂的性质改变而引起，如以 O/W 型乳化剂油酸钠制成的乳剂，遇到氯化钙后生成油酸钙，变为 W/O 型乳化剂，乳剂可由 O/W 型变为 W/O。向乳剂中添加相反类型的乳化剂也可引起乳剂转相。乳剂的转相还受相容积比的影响。

4. 合并与破坏　乳剂中液滴周围的乳化膜破坏导致液滴变大，称为合并。合并的液滴进一步分成油水两层称为乳剂破坏。破坏后液滴界面消失，虽经振摇也不可能恢复到原来的分散状态，故破坏是不可逆的变化。影响乳剂稳定性的因素中，最重要的是乳化剂的理化性质，乳化剂形成的乳化膜愈牢固，就愈能有效地防止液滴的合并和破坏。乳剂的稳定性也与液滴大小有较大关系，液滴愈小乳剂愈稳定。乳剂中液滴大小是不一致的，小液滴常填充于大液滴之间，使液滴合并可能性增大。故为了保证乳剂的稳定，制备时尽可能使液滴大小均匀一致。另外，增加分散介质的黏度，也可使液滴合并速度减慢。

乳剂的合并和破坏还受多种外界因素的影响，如温度过高过低、加入相反类型乳化剂、添加电解质、离心力的作用、微生物的增殖、油的酸败等均可导致乳剂的合并和破坏。

（五）乳剂的制备

1. 制备方法

（1）干胶法　先将油与胶粉同置于干燥乳钵中研匀，然后一次加入比例量的水迅速沿同一方向旋转研磨，至稠厚的乳白色初乳形成为止，再逐渐加水稀释至全量，研匀，即得。

本法的特点是先制备初乳。在初乳中油、水、胶三者要有一定比例，若用植物油其比例为 4∶2∶1；若用挥发油其比例为 2∶2∶1；液体石蜡比例为 3∶2∶1。所用胶粉通常为阿拉伯胶或阿拉伯胶与西黄蓍胶的混合胶。

（2）湿胶法　本法是将油相加到含乳化剂的水相中。制备时先将胶（乳化剂）溶于水中，制成胶浆作为水相，再将油相缓缓加于水相中，边加边研磨，直到初乳生成，再加水至全量研匀，即得。湿胶法制备初乳时油、水、胶的比例与干胶法相同。

（3）新生皂法　本法是利用植物油所含的硬脂酸、油酸等有机酸与加入的氢氧化钠、氢氧化钙、三乙醇胺等，在加热（70℃以上）条件下生成新生皂作为乳化剂，经搅拌或振摇即制成乳剂。若生成钠皂、有机胺皂则为 O/W 型乳化剂，生成钙皂则为 W/O 型乳化剂。本法多用于乳膏剂的制备。

（4）两相交替加入法　向乳化剂中每次少量交替地加入水或油，边加边搅拌或研磨，即可形成乳剂。天然胶类、固体微粒乳化剂等可用本法制备乳剂。当乳化剂用量较多时本法是一个很好的方法。

（5）机械法　本法是将油相、水相、乳化剂混合后用乳化机械制备乳剂。机械法制备乳剂可不考虑混合顺序而是借助机械提供的强大能量制成乳剂。乳化机械主要有电动搅拌器、乳匀机、胶体磨、超声波乳化器、高速搅拌机、高压乳匀机等。

（6）微乳的制备　微乳除含油、水两相和乳化剂外，还含有助乳化剂。乳化剂和助乳化剂应占乳剂的 12% ~ 25%。乳化剂主要是界面活性剂，不同的油对乳化剂的 HLB 值有不同的要求。制备 W/O 型微乳时，大体要求其 HLB 值应在 3~6 范围内；制备 O/W 型微乳时，则其 HLB 值应在 15~18 范围内。助乳化剂一般选择链长为乳化剂的 1/2 的烷烃或醇等，如正丁烷、正戊烷、正己烷、5~8 个碳原子的直链醇。

（7）复合乳剂的制备　用二步乳化法制备。即先将油、水、乳化剂制成一级乳，再以一级乳为分散相与含有乳化剂的分散介质（水或油）再乳化制成二级乳剂。

2. 乳剂中药物的加入方法　乳剂是药物良好的载体，加入各种药物使其具有治疗作用。药物的加入方法为：

（1）水溶性药物先制成水溶液，可在初乳制成后加入。

（2）油溶性药物先溶于油，再制成乳剂。

（3）在油、水两相中均不溶的药物，可用亲和性大的液相研磨药物，再制成乳剂。或制成细粉后加入乳剂中。

（4）大量生产时，药物能溶于油的先溶于油，可溶于水的先溶于水，然后将乳化剂以及油水两相混合进行乳化。

3. 影响乳化的因素

（1）温度　温度与乳剂的形成、制备的难易有关，升高温度不仅降低黏度，而且能降低界面张力，有利于乳剂的形成。但温度升高同时也增加液滴的动能，可使液滴聚集甚至破裂，故乳化温度一般不宜超过70℃。

（2）乳化时间　乳化时间对乳化过程的影响较为复杂。在乳化的开始阶段，外加的机械力作用可促使液滴的形成。但液滴形成后继续长时间的施加机械力，又会使液滴之间的碰撞几率增加，导致液滴合并增大，稳定性降低。因此，乳化时间长短应适当。

4. 举例　例4-9　鱼肝油乳

【处方】

鱼肝油368ml，吐温80 12.5g，西黄蓍胶9g，甘油19g，苯甲酸1.5g，糖精0.3g，杏仁油香精2.8g，香蕉油香精0.9g，纯化水加至1000ml。

【制法】

将水、甘油、糖精混合，投入粗乳机搅拌5min，用少量的鱼肝油润匀苯甲酸、西黄芪胶投入粗乳机，搅拌5min，投入吐温80，搅拌20min，缓慢均匀地投入鱼肝油，搅拌80～90min，将杏仁油香精、香蕉油香精投入搅拌10min后粗乳液即成。将粗乳液缓慢均匀地投入胶体磨中研磨，重复研磨2～3次，用二层纱布过滤，并静置脱泡，即得。

注：①本品用作治疗维生素A与维生素D缺乏的辅助剂。口服，每次3～8ml，每日3次。②本品采用吐温80为乳化剂，西黄蓍胶是辅助乳化剂，苯甲酸为防腐剂，糖精为甜味剂，杏仁油香精、香蕉油香精为矫嗅剂。③本品是O/W型乳剂，可用阿拉伯胶为乳化剂，采用干胶法或湿胶法制成。④本品采用机械法制备。

例4-10　石灰搽剂

【处方】

氢氧化钙溶液50ml，植物油50ml。

【制法】

取氢氧化钙溶液与花生油混合，用力振摇，使成乳浊液，即得。

注：①本品外用于烫伤。②本品为W/O型乳剂，乳化剂是氢氧化钙与油中游离脂肪酸反应生成的钙皂。

（六）乳剂的质量评价

乳剂属于热力学不稳定体系。由于乳剂种类不同，其作用与给药途径不同，因此难于制定统一的质量标准。目前，主要针对影响乳剂稳定性的指标进行测试，以便对各种乳剂质量做定量比较。

1. 乳滴大小的测定　乳剂中乳滴大小测定可以用显微镜测定仪或库尔特粒度测定仪。由乳滴平均直径随时间的改变就可以表示或比较乳剂的稳定性。

2. 乳滴合并速度的测定　可以用升温或离心加速试验考查乳剂中乳滴合并速度。如乳剂用高速离心机离心 5min 或低速离心 20min 比较观察乳滴的大小变化。

3. 分层的观察　比较乳剂的分层速度是测定乳剂稳定性的简略方法。采用离心法即以 4000r/min 速度离心 15min，如不分层则认为质量较好；或将乳剂染色，置于刻度管中在室温、低温、高温等条件下旋转一定时间后，由于乳析的作用使分散相上浮或下沉，因分散相浓度不均致使乳剂出现颜色深浅不一的色层变化，未出现该现象的为质量好。但应注意，乳剂的分层速度并不能完全反映乳剂稳定程度。因为有些乳剂虽可长时间出现分层，但经振摇仍可恢复原来的均匀状态。

实训 一　溶液型液体药剂的制备

【实训目的】

（1）会溶液型液体药剂的制备。

（2）能进行液体药剂的制备过程中的基本操作。

【实训场所】

实验室

【实训内容】

硫酸亚铁糖浆

【处方】

硫酸亚铁	1.5g
枸橼酸	0.1g
蒸馏水	5.0ml
薄荷醑	0.1ml
单糖浆	加至50.0ml

【制法】

取枸橼酸溶于全量蒸馏水上，加入预先研细的硫酸亚铁，搅拌溶解、过滤，滤液与适量单糖浆混匀，滴加薄荷醑，边加边搅拌，再加单糖浆至50.0ml，搅匀即得。

【注释】

（1）硫酸亚铁置空气中吸潮后易氧化生成黄棕色碱式硫酸铁，不能供药用。其水溶液长期放置同样有此变化，本品中所加枸橼酸，主要使部份蔗糖转化成具有还原性的果糖和葡萄糖，以防止硫酸亚铁的氧化变色。

（2）单糖浆可使用本品，也可按下法制备：

取蒸馏水45ml煮沸，加入蔗糖85g，搅拌溶解后，继续加热至100℃，趁热用精制棉过滤，自滤器添加适量热蒸馏水至100ml，搅匀，备用。

【实训结果】

写出所制备的硫酸亚铁糖浆的外观结果。应为淡黄色澄清的黏稠液体，具薄荷香气，味甜。

实训 二   混悬型液体药剂的制备

【实训目的】

(1) 会用分散法制备混悬剂。

(2) 通过实验结果能比较出助悬剂、润湿剂、絮凝剂和反絮凝剂的作用。

(3) 会进行混悬剂的质量评定。

【实训场所】

实验室

【实训内容】

炉甘石洗剂四处方实验比较

(一) 处方与制法

【处方一】

炉甘石	4g
氧化锌	4g
甘油	5ml
纯化水	加至 50ml

【制法】

取炉甘石、氧化锌先加甘油 5ml 和适量的水研成细糊状，逐渐加适量的纯化水使成 50ml，即得。

【处方二】

炉甘石	4g
氧化锌	4g
甘油	5ml
西黄蓍胶	0.25g（溶于 5ml 水中）
纯化水	加至 50ml

【制法】

取炉甘石、氧化锌先加甘油 5ml 和适量的水研成细糊状，西黄蓍胶需先用乙醇分散后加 5ml 水制成胶浆，加入到细糊状中研匀，逐渐加适量的纯化水使成 50ml，即得。

【处方三】

炉甘石	4g
氧化锌	4g
甘油	5ml
三氯化铝	0.25g（溶于 5ml 水中）
纯化水	加至 50ml

【制法】

取炉甘石、氧化锌先加甘油 5ml 和适量的水研成细糊状，三氯化铝制成水溶液，加入到细糊状中研匀，逐渐加适量的纯化水使成 50ml，即得。

【处方四】

炉甘石	4g
氧化锌	4g
甘油	5ml
枸橼酸钠	0.25g（溶于 5ml 水中）
纯化水	加至 50ml

【制法】

取炉甘石、氧化锌先加甘油 5ml 和适量的水研成细糊状，枸橼酸钠制成水溶液，加入到细糊状中研匀，逐渐加适量的纯化水使成 50ml，即得。

（二）注意事项

（1）炉甘石是指含有适量氧化铁的碱式碳酸锌或氧化锌，略带微红色，应用前应和氧化锌混合过 120 目筛。

（2）炉甘石与氧化锌为典型的亲水性药物，可以被水润湿，故先加入适量水和甘油研成细腻的糊状，使粉末被水分散，以阻止粉末的凝聚，振摇时易悬浮。加水的量以成糊状为宜。

（3）炉甘石的这四种处方分别应用了不同的稳定剂，其中的西黄蓍胶为助悬剂，三氯化铝为絮凝剂，枸橼酸钠为反絮凝剂。

（三）混悬剂质量检查及稳定剂效果评价

1. 沉降体积比的测定　将按四处方制成的炉甘石洗剂分别倒入有刻度的具塞量筒中，密塞，用力振摇 1 分钟，记录混悬液的开始高度 H_0，并放置，按规定时间 2h 测定沉降物的高度 H，按沉降体积比 $F = H/H_0$ 计算各个放置时间的沉降体积比并记录。

稳定性效果评价，沉降体积比在 0～1 之间，其数值愈大，混悬剂愈稳定。

2. 重新分散试验　将上述分别装有炉甘石洗剂的具塞量筒放置一定时间 48h 或 1 周后，使其沉降，将具塞量筒倒置翻转（一反一正为一次），并将筒底沉降物重新分散，所需翻转的次数记录于表中。翻转的次数愈少，混悬剂重新分散性愈好。若始终未能分，表示结块亦应记录。

【实训结果】

表 4-1　炉甘石洗剂 2h 内的沉降容积比

	处方 1	处方 2	处方 3	处方 4
5min				
15min				
30min				
1h				
2h				

表 4 – 2　炉甘石洗剂重新分散试验数据

处方 1	处方 2	处方 3	处方 4
重新分散（次）			
翻转分散（次）			

实训 三　乳剂的制备

【实训目的】

（1）会用不同乳化剂制备乳剂

（2）比较不同方法制备的乳剂液滴大小、均匀度及其稳定性。

（3）能进行乳剂类型的鉴别。

【实训场所】

实验室

【实训内容】

（一）液状石蜡乳的制备

1. 干胶法

【处方】

液状石腊　　12ml

阿拉伯胶　　4g

纯化水　　　加至 30ml

【制法】

将阿拉伯胶分次加入液状石蜡中研匀，加纯化水 8ml 研至发出噼啪声，即成初乳。再加纯化水适量研匀，共制成 30ml 乳剂，即得。

2. 湿胶法

【处方】

液状石腊　　12ml

阿拉伯胶　　4g

纯化水　　　加至 30ml

【制法】

取纯化水 8ml 置乳钵中，加 4g 阿拉伯胶粉研成胶浆。再分次加入 12ml 液状石蜡，边加边研磨至初乳形成，再加适量的纯化水研匀共制 30ml，即得。

【注意事项】

（1）制备初乳时

干法：乳化剂适用于细粉者，应选用干燥乳钵，量油的量器不得沾水，量水的量器不得沾油，油相与胶粉充分研匀后，按比例一次性加水，迅速沿同一方向研磨，直至稠厚的乳白色初乳形成为止，其间不能改变研磨方向，也不宜间断研磨。

湿法：乳化剂可以不是细粉，能预先按比例制成胶浆者即可，加入油相时用滴加的方法，迅速沿同一方向研磨，直至稠厚的乳白色初乳形成为止，其间不能改变研磨方向，也不宜间断研磨。

（2）乳钵应选用内壁粗糙的瓷乳钵。

（3）初乳制成后，方可加水稀释。

（二）石灰搽剂的制备

【处方】

氢氧化钙溶液　　15ml

花生油　　　　　5ml

【制法】

取氢氧化钙溶液与花生油混合，用力振摇，使成乳浊液，即得。

【注意事项】

（1）本品为乳黄色稠厚液体。

（2）本品可用于烧伤、烫伤的治疗，处方中的植物油应干热灭菌后使用，投药瓶也应干热灭菌。

（3）氢氧化钙溶液和花生油中的游离脂肪酸反应生成钙肥皂，为乳化剂，成品为W/O型乳剂。处方中的植物油可用菜油、麻油等植物油代替。

（三）乳剂类型的鉴别

1. 染色法 将上述两种乳剂涂在载玻片上，加油溶性的苏丹红染色，镜下观察。另用水溶性亚甲蓝染色，同样镜下观察，判断乳剂的类型。

2. 稀释法 取试管2支，分别加入两种乳剂各1滴，加水约5ml，振摇数次后，观察是否混匀，根据实验结果判断乳剂类型。

【实训结果】

将染色结果填于下表：

表4-3　乳剂类型鉴别结果

	液状石腊乳		石灰搽剂	
	内相	外相	内相	外相
苏丹红				
亚甲蓝				
乳剂类型				

目标检测

一、单选题

1. 下列液体药剂不以水为分散介质的是（　　）

　　A. 溶液剂　　　　　B. 醑剂　　　　　C. 高分子溶液剂　　　　D. 合剂

2. 那一项不是混悬剂的稳定剂（　　）

　　A. 助悬剂　　　　　B. 润湿剂　　　　　C. 助溶剂　　　　　D. 絮凝剂

3. 高分子溶液中加入大量乙醇后变混浊的现象属于（　　　）
   A. 盐析　　　　　　B. 加入脱水剂脱水　　C. 陈化现象
   D. 絮凝现象　　　　E. 反絮凝现象

4. 向用油酸钠为乳化剂制备的 O/W 型乳剂中，加入大量氯化钙后，乳剂可出现
   （　　　）
   A. 分层　　　　　　B. 絮凝　　　　　　C. 转相　　　　　　D. 合并

5. 制备混悬液时，加入亲水高分子材料，增加体系的黏度，称为（　　　）
   A. 助悬剂　　　　　B. 润湿剂　　　　　C. 增溶剂　　　　　D. 絮凝剂

6. 下列纯化水的制备方法中不存在离子交换的是（　　　）
   A. 电渗析法　　　　B. 离子交换法　　　C. 反渗透法　　　　D. 渗透法

7. 下列关于液体药剂的叙述错误的是（　　　）
   A. 药物分散度大，吸收快　　　　　B. 给药途径广
   C. 便于分剂量　　　　　　　　　　D. 化学稳定性好

8. 存在固液界面的液体药剂是（　　　）
   A. 乳剂　　　　　　B. 高分子溶液剂　　C. 混悬剂　　　　　D. 糖浆剂

9. 关于乳剂特点的叙述错误的是（　　　）
   A. 药物的生物利用度高　　　　　　B. 分剂量准确
   C. 静脉注射乳剂具靶向性　　　　　D. 增加对组织的刺激性

10. 决定乳剂类型的主要因素是（　　　）
    A. 乳化剂的用量　　　　　　　　　B. 分散相的浓度
    C. 乳化方法　　　　　　　　　　　D. 乳化剂的性质和 HLB 值

11. 能增加油相黏度的辅助乳化剂是（　　　）
    A. 甲基纤维素　　　　　　　　　　B. 阿拉伯胶
    C. 西黄蓍胶　　　　　　　　　　　D. 单硬脂酸甘油脂

12. 当乳浊液相体积比不当时，可能发生（　　　）
    A. 破坏　　　　　　B. 乳析　　　　　　C. 转相　　　　　　D. 絮凝

13. 单糖浆的含糖量为（　　　）g/g。
    A. 85%　　　　　B. 75.54%　　　　　C. 85.5%　　　　　D. 64.74%

14. 下列关于溶胶剂的叙述错误的是（　　　）
    A. 可以透过半透膜
    B. 两种带有相反电荷的溶胶剂混合会发生沉淀
    C. 加入电介质可以使溶胶剂凝聚沉淀
    D. 溶胶剂中加入亲水胶可以增加其稳定性

15. 下列关于芳香水剂特点的叙述中，错误的是（　　　）
    A. 外观应为澄明的溶液　　　　　　B. 应具有与原药物相同的气味
    C. 药物的浓度均较低　　　　　　　D. 芳香水剂含芳香性成份，不易霉变

16. 制备复方碘口服溶液时所加入的碘化钾的作用是（　　　）
    A. 增溶剂　　　　　B. 助悬剂　　　　　C. 助溶剂　　　　　D. 絮凝剂

17. 下列药物不宜制成混悬液的是（　　　）

      A. 氢氧化铝   B. 炉甘石   C. 沉降硫   D. 砷

18. 下列乳浊液最稳定的是当分散相为（   ）左右时
      A. 40%   B. 60%   C. 75%   D. 50%

19. 下列属于糖浆剂制备方法的是（   ）
      A. 稀释法   B. 水解法   C. 化学反应法   D. 混合法

20. 下列液体药剂中仅供外用的是（   ）
      A. 溶液剂   B. 糖浆剂   C. 甘油剂   D. 溶胶剂

二、多选题

1. 溶液剂的制备方法有（   ）
      A. 物理凝聚法   B. 溶解法   C. 稀释法   D. 分解法

2. 糖浆剂的制备方法有（   ）
      A. 混合法   B. 热溶法   C. 凝聚法   D. 冷溶法

3. 以下属于制药用水的是（   ）
      A. 饮用水   B. 纯化水
      C. 注射用水   D. 灭菌注射用水

4. 药剂中需配成混悬液的情况有（   ）
      A. 液体药剂中念有毒性药品
      B. 两种溶液混合发生化学反应产生沉淀者
      C. 液体药剂中含有不溶性的固体药物
      D. 药物的剂量超过了溶解度而不能制成溶液剂

5. 引起乳剂合并与破坏的因素有（   ）
      A. 温度过高过低   B. 加入相反类型的乳化剂
      C. 添加电解质   D. 离心力的作用

三、思考题（综合题）

1. 分析胃蛋白酶处方，并说出其制备注意事项。

胃蛋白酶 20g   橙皮酊 20ml   稀盐酸 20ml   单糖浆 100ml   尼泊金酯溶液（5%）10ml   蒸馏水加至 1000ml

2. 芳香水剂和醑剂的异同点。

3. 液状石蜡乳的制备为例，阐述乳剂的形成过程。

项目五 | 无菌制剂生产技术

◎**知识目标**

1. 掌握注射剂的定义、分类、质量要求、处方组成。
2. 掌握小容量注射剂的制备要点。
3. 掌握大容量注射剂的制备要点。
4. 掌握注射用无菌粉末的制备要点。
5. 熟悉热原的除去方法和检查方法。
6. 熟悉洁净室的净化标准。
7. 熟悉滴眼剂的制备要点。

◎**技能目标**

1. 能进行小容量注射剂的生产。
2. 会选择适宜的灭菌技术进行灭菌。
3. 会进行大容量注射剂的生产。
4. 会进行注射用无菌粉末的生产。
5. 会进行滴眼剂的生产。

　　药物制剂中的无菌制剂包括：注射用制剂，如水针剂、输液、粉针剂等；眼用制剂，如滴眼剂、眼用膜剂、眼膏剂和眼用凝胶剂等；植入型制剂，如植入片等；创面用制剂，如溃疡、烧伤及外伤用溶液、软膏剂和气雾剂等；手术用制剂，如止血海绵和骨蜡、用于伤口或手术后切口的冲洗液和透析液等一大类制剂，是临床应用比较广泛的一大类剂型，它的基本特征是需要无菌，所以在生产过程对环境、原辅料、设备等要求比较高。本项目主要介绍小容量、大容量注射剂、无菌粉针、滴眼剂的处方组成、生产工艺及质量要求。

任务一　注射剂简介

　　注射剂是随着 19 世纪灭菌法的发现和注射器的出现而形成的一种剂型。随着医疗事业不断发展，注射剂已成为临床上使用最多的剂型之一。发展至今，注射剂有小容量注射剂、大容量注射剂和注射用无菌粉末等形式。《中国药典》（2010 年版）收载的注射剂品种多达 330 多种，且出现了乳浊液型、混悬液型注射剂等。

一、概述

注射剂（injection）系指由药物制成的供注入体内的灭菌溶液、乳浊液、混悬液，以及供临用前配成溶液或混悬液使用的无菌粉末或浓溶液。它具有如下特点：

（1）药效迅速，作用可靠　因为药物不经过消化系统和肝脏而进入血液循环，不受消化液的破坏和肝脏的代谢，尤其是静脉注射，无吸收过程，故适于抢救危重病人。

（2）适用于不宜口服的药物　如青霉素、胰岛素口服易被消化液破坏，链霉素、庆大霉素口服不易吸收等均可制成注射剂而发挥作用。

（3）适用于不宜口服给药的患者　如不能吞咽、昏迷或严重呕吐不能进食患者均可注射给药和补充营养。

（4）产生局部的定位作用　如局麻药注射于局部组织，用于牙科和麻醉科；某些药物通过注射给药延长作用时间，如激素进行关节内注射等。

（5）靶向作用　注射脂质体或微乳等微粒给药系统，药物大多定向分布在肝、脾等器官，临床用于治疗癌症。

（6）使用不便，注射疼痛　注射剂一般不便自己使用，应遵医嘱并由经专门训练的护士注射；注射时有局部刺激，且某些药物本身也可引起刺激。

（7）生产过程复杂　注射剂直接注入体内，质量要求高，因而对生产环境要求高，生产费用大，价格贵。

二、分类

1. 按分散系统分类

（1）溶液型注射剂　对易溶于水，且在水溶液中比较稳定的药物可制成水溶液型注射剂，如维生素 C 注射液、葡萄糖注射液。不溶于水而溶于油的药物可制成油溶液型注射剂，如黄体酮注射液。

（2）混悬液型注射剂　水中溶解度小的药物或需要延长药效，可制成混悬液型注射剂，如醋酸可的松注射液。

（3）乳浊液型注射剂　对水不溶性或油性液体药物，根据临床需要可制成乳浊液型注射剂，如静脉脂肪乳剂。

（4）注射用无菌粉末　在水中不稳定的药物，常制成注射用无菌粉末，俗称粉针剂。临用前用适宜的溶媒（一般为灭菌注射用水）溶解或混悬后使用的制剂，如注射用青霉素 G。

2. 按给药途径分类

（1）肌内注射剂（intramuscular injection）　注射于肌肉组织中，药物扩散入血管而被吸收。一次剂量一般在 5ml 以下，除水溶液外，还可以是油溶液、混悬液、乳浊液。因肌肉组织血流丰富，故药物吸收比皮下注射更快。但刺激性太大的药物不宜肌内注射，以免引起局部刺激。

（2）静脉注射剂（intravenousinjection）　药液直接注入血管，起效最快。分静脉推注和静脉滴注，前者一次注射量在 50ml 以下，后者用量可达数千毫升。静脉注射剂主要是水溶液，少数乳浊液也可以（宜为 O/W 型），非水溶液、混悬型注射液一般不能静脉注射。静脉输液与脑池内、硬膜外、椎管内用的注射液不得添加抑菌剂。除另有规定外，一次注射量超过 15ml 的注射液不得添加抑菌剂。

（3）皮内注射剂（intradermal injection）　注射于表皮与真皮之间，一次注射量在 0.2ml 以下。用于过敏试验或疾病诊断，如青霉素皮试液、白喉诊断毒素等。

（4）皮下注射剂（subcutaneous injection）　注射于真皮与肌肉之间的软组织内，药物吸收较慢，一般用量为 1～2ml。皮下注射剂主要是水溶液，刺激性药物不宜皮下注射。

（5）脊椎腔注射剂（intrathecal injection）　药液注入脊椎四周蛛网膜下隙内，由于此处神经组织比较敏感，且脊髓液循环慢，缓冲容量小，所以脊椎腔注射剂要求非常高，一次剂量不得超过 10ml，pH 值应与脊髓液相当，渗透压须与脊髓液相等（完全等张），不得含有微粒等异物，且不得加抑菌剂。

此外，还有穴位注射、关节腔注射、腹腔注射等；某些抗肿瘤药物还可动脉内注射，产生靶向作用，如抗肿瘤药氨甲蝶呤采用动脉内给药。

三、质量要求

为确保注射剂用药安全有效，应符合下列要求：

（1）无菌　注射剂成品中不应有任何活的微生物，必须达到药典无菌检查的要求。

（2）无热原　无热原是注射剂的重要质量指标，特别是供静脉及脊椎注射的注射剂必须通过热原检查。

（3）可见异物（澄明度）　按可见异物检查法（包括灯检法和光散射法）检查，不得有肉眼可见的混浊或异物。

（4）pH 值　注射剂 pH 要求与血液相等或接近（血液 pH 7.4），一般应控制在 pH 4～9 范围内。

（5）渗透压　注射剂的渗透压要求与血浆的渗透压相等或接近，特别是输液剂；脊椎注射的药液必须严格等渗（等张）。

（6）安全性　注射剂不能对人体细胞、组织、器官等引起刺激或产生毒副反应，必须经过动物实验，确保使用安全。

（7）稳定性　注射剂多为水溶液，从制造到使用需要经过一段时间。必须保证具备一定的物理、化学、生物学稳定性，在贮存期内安全有效。

（8）降压物质　有些注射剂如复方氨基酸注射剂，其中的降压物质必须符合规定，以保证用药安全。

（9）澄清度　澄清度是检查药品溶液的混浊程度，即浊度。检查方法参见药典（附录 IX B）。

（10）不溶性微粒　微粒进入人体可能造成很大的危害，可见异物只能检查大于 $50\mu m$ 的微粒和异物，但是不可见的微粒和异物也能造成严重后果。药典规定溶液型静脉注射剂、注射用无菌粉末和注射用浓溶液必须检查不溶性微粒

其他如有效成分含量、杂质限度和装量差异检查等均应符合药典及有关质量标准的规定。

四、热原

热原系指由微生物产生的能引起恒温动物体温异常升高的致热物质。注入人体时，可产生寒颤、高热甚至休克等不良反应。因而注射剂需保证无热原。热原主要来源是革兰氏阴性菌微生物产生的一种细菌内毒素，由磷脂、脂多糖和蛋白质等所组成，其中脂多糖具有特别强的致热性和耐热性。大多数微生物均能产生热原，但致热能力最强的是革兰氏阴性杆菌所产生的热原。热原的分子量一般为 1×10^6 左右，分子量越大，致热作用越强。注入体内的输液中含热原量达 $1\mu g/kg$ 时就可引起热原反应。

1. 性质 热原除具有很强的致热性外，还具有下列性质：

（1）耐热性 热原在100℃加热1h不被分解破坏，180℃/3~4h、200℃/60min、250℃/30~45min 或650℃/1min 可使热原彻底破坏。因此，玻璃制品如生产过程中所用的容器和注射时使用的注射器等，均可用高温破坏热原。

（2）水溶性 热原能溶于水，似真溶液。但其浓缩液带有乳光，故带有乳光的水和药液，热原不合格。生产时所用的各种管道可用大量注射用水冲洗以除去热原。

（3）不挥发性 热原本身不挥发，但可随水蒸气雾滴带入蒸馏水中，故用蒸馏法制备注射用水时，蒸馏水器应有隔沫装置。

（4）滤过性 热原体积小，能通过一般滤器进入滤液中，即使是微孔滤膜也不能截留。但活性炭能吸附热原，从而将热原滤过除去；超滤装置也可除去热原。

（5）不耐强酸、强碱、强氧化剂 热原能被盐酸、硫酸、氢氧化钠、高锰酸钾、重铬酸钾等所破坏。

（6）其他 超声波或阴离子树脂也能在一定程度上破坏或吸附热原。

2. 热原的污染途径

（1）溶媒 最常用的为注射用水，是注射剂出现热原的主要原因。冷凝的水蒸气中带有非常小的水滴（称飞沫）则可将热原带入。制备注射用水时不严格或储存过久均会污染热原。因此，生产的注射用水应定时进行细菌内毒素检查，药典规定供配制用的注射用水必须在制备后12h内使用，并用优质低碳不锈钢罐贮存，在70℃以上保持循环，并至少每周全面检查一次。

（2）原料 原料质量及包装不好均会产生热原，尤其是营养性药物如葡萄糖易滋生微生物产生热原，生物技术药物如抗生素、水解蛋白、右旋糖酐等也容易带入热原。

（3）容器、用具和管道 配制注射液用的器具等操作前应按规定严格处理，防止热原污染。

（4）生产过程 洁净室洁净级别不符合要求、操作时间过长、装置不密闭、灭菌不完全、操作不符合要求或包装封口不严等，均会增加细菌污染的机会而产生热原。

（5）输液器具 临床所用的输液器具被细菌污染而带入热原。

3. 热原的去除方法

（1）活性炭吸附法 在配液时加入0.01%~0.5%的针用一级活性炭，可除去大部分热原，而且活性炭还有脱色、助滤、除臭作用。但需注意活性炭也会吸附部分药液，宜过量投料且小剂量药物不宜使用。

（2）离子交换法 热原在水溶液中带负电，可被阴离子树脂所交换。但树脂易饱和，须经常再生。

（3）凝胶过滤法　凝胶微观上呈分子筛状，利用热原与药物分子量的差异，将两者分开。但当两者分子量相差不大时，不宜使用。

（4）超滤法　超滤膜的膜孔为 3.0 ~ 15nm，可去除药液中热原。

（5）酸碱法　玻璃容器、用具等均可使用重铬酸钾硫酸清洗液或稀氢氧化钠液浸泡以破坏热原。

（6）高温法　注射用针头、针筒及玻璃器皿等能耐受高温的器皿和用具，洗净后再在 180℃ 加热 2h 或 250℃ 加热 30min 以上处理破坏热原。

（7）蒸馏法　可采用蒸馏法加隔沫装置来制备注射用水，热原本身虽不挥发，但其具有水溶性可溶于雾滴，隔沫装置可阻挡雾滴，避免热原进入蒸馏水。

（8）反渗透法　用醋酸纤维素膜和聚酰胺膜等进行反渗透制备注射用水时可除去热原，具有节约热能和冷却水的优点。

4. 热原检查方法

（1）家兔发热试验法（热原检查法）　该法是目前各国药典法定的热原检查法。它是将一定量的供试品，由静脉注入家兔体内，在规定时间内观察体温的变化情况，如家兔体温升高的度数超过规定限度即认为有热原反应。具体试验方法和结果判断标准见《中国药典》（2010 年版）二部附录热原检查法。本法结果准确，但费时较长、操作繁琐，连续生产不适用。

（2）鲎试剂法（细菌内毒素检查法）　鲎试剂法系利用动物鲎制成试剂与革兰氏阴性菌产生的细菌内毒素之间可产生的凝胶反应，从而定性或定量地测定内毒素的一种方法。具体试验方法和结果判断标准见《中国药典》（2010 年版）二部附录细菌内毒素检查法。本法操作简单、结果迅速可得、灵敏度高，适合于生产过程中的热原控制。也适合于某些不能用家兔进行热原检测的品种，如放射性制剂、肿瘤抑制剂等。但本法对革兰氏阴性以外的内毒素不敏感，故还不能完全代替家兔发热试验法。

五、处方组成

（一）注射用溶剂

1. 注射用水　注射用水为纯化水经蒸馏制得的水，是注射剂最常用溶剂。注射用水的质量必须符合《中国药典》(2010 年版)的规定，应为无色的澄明液体；无臭无味。pH 为 5.0 ~ 7.0；每 1ml 中细菌内毒素量应小于 0.25EU；氨、氯化物、硫酸盐与钙盐、硝酸盐与亚硝酸盐、二氧化碳、易氧化物、不挥发物与重金属等均应符合药典规定。

2. 注射用油　水中难溶而在油中溶解的药物或为达到长效目的的药物，可选用注射用油作溶剂。《中国药典》2010 年版收载的注射用油为大豆油（注射用），其质量应符合以下要求：应为淡黄色的澄明液体，无臭或几乎无臭；相对密度为 0.916 ~ 0.922g/ml、折光率为 1.472 ~ 1.476；酸值应不大于 0.1，皂化值为 188 ~ 195，碘值为 126 ~ 140。并检查过氧化物、不皂化物、棉子油、碱性杂质、水分、重金属、砷盐、脂肪酸组成、微生物限度等。

知识拓展

注射用油质量指标

酸值、碘值、皂化值是评定注射用油的重要指标。酸值表示油中游离脂肪酸的多少，反映酸败的程度，酸值高质量差；碘值表示油中不饱和键的多少，碘值高，则不饱和键多，油易氧化，不适合供注射用；皂化值表示油中游离脂肪酸和结合成酯的脂肪酸的总量多少，可表示油的种类和纯度。油脂在氧化过程中，有生成过氧化物的可能性，因此应对注射用油中的过氧化物加以控制。

植物油是由各种脂肪酸的甘油酯所组成。在贮存时与空气、光线接触时间较长往往发生复杂的化学变化，产生特异的刺激性臭味，称为酸败。酸败的油脂产生低分子分解产物如醛类、酮类和脂肪酸，故均应精制，才可供注射用。通常使用的精制流程为：中和游离脂肪酸→油皂分离→脱色与除臭→灭菌。贮存条件置于避光密闭洁净容器中，避免日光、空气接触，可加入没食子酸丙酯、维生素 E 等抗氧剂延缓氧化过程。

3. 其他注射用溶剂　对于不溶或难溶于水或在水溶液中不稳定的药物，常根据药物性质选用其他溶剂或复合溶剂，以增加药物溶解度、防止水解及增加稳定性。常用水溶性溶剂有乙醇、甘油、丙二醇、聚乙二醇，油溶性有苯甲酸苄酯、二甲基乙酰胺等。均应采用注射用规格或药用规格，不能用化学试剂代替。

（二）注射剂的附加剂

注射剂根据需要需加入增加溶解度的附加剂如吐温 80，防止药物被氧化的附加剂如亚硫酸钠、亚硫酸氢钠、螯合剂 EDTA – Na$_2$ 等，抑菌剂如三氯叔丁醇，pH 调节剂等。乳剂型注射液多用吐温 80 作乳化剂，静注只能用卵磷脂、普朗尼克。混悬型注射液需加入助悬剂，常用 0.5% 的羧甲基纤维素钠。同时为满足注入体内这一要求需加入特殊附加剂，渗透压调节剂，肌内及皮下等需加入止痛剂。

溶剂通过半透膜由低浓度向高浓度一侧扩散的现象称为渗透，阻止渗透所需施加的压力即渗透压。生物膜如人体的细胞膜或毛细血管壁具有半透膜的性质，在制备注射剂或用于黏膜组织的药液如滴眼剂、洗眼剂、滴鼻剂等时，应维持等渗以保证细胞正常生命活动。常用的等渗调节剂有氯化钠、葡萄糖等。根据物理化学原理，通过渗透压摩尔浓度法、氯化钠等渗当量法或冰点降低数据法等调节等渗。

有些注射剂在皮下和肌内注射时，对组织产生刺激而引起疼痛。在提高注射剂的质量和调节适宜的 pH 与渗透压后，仍可能产生疼痛，可考虑加入适量的局部止痛剂。常用的局部止痛剂有：三氯叔丁醇，局麻药盐酸普鲁卡因和利多卡因等。

抑菌剂只有在必要时加入，一般绝大多数注射剂均不需要加入抑菌剂。凡采用低温灭菌、滤过除菌或无菌操作法制备的注射液，多剂量装的注射液，应加入适宜的抑菌剂，以确保用药安全。剂量超过 5ml 的注射液，慎加。供静脉或椎管用注射液，一般均不得加入。

表 5 – 1　注射剂的常用附加剂及用量

附加剂	辅料名称	用量（%）	附加剂	辅料名称	用量（%）
增溶剂、润湿剂、乳化剂	吐温 20	0.01 ~ 50	螯合剂	EDTA – Na$_2$	0.01 ~ 0.05
	吐温 40	0.01	抗氧剂	亚硫酸氢钠	0.1 ~ 0.2
	吐温 80	0.01		焦亚硫酸钠	0.01 ~ 0.2
	聚乙烯吡咯烷酮	0.2 ~ 1.0		硫代硫酸钠	0.1
	卵磷脂	0.5 ~ 2.3		硫脲	0.05 ~ 0.1
	蛋黄卵磷脂	1.2	抑菌剂	三氯叔丁醇	0.25 ~ 0.5
	脱氧胆酸钠	0.21		苯甲醇	1 ~ 2
	普朗尼克	0.2		羟苯丁酯、丙酯	0.015，0.01
缓冲剂	醋酸、醋酸钠	0.22，0.8		苯酚	0.5 ~ 1.0
	枸橼酸，枸橼酸钠	0.5，4.0	局麻药	盐酸普鲁卡因	1.0
	乳酸	0.1		利多卡因	0.5 ~ 1.0
	酒石酸，酒石酸钠	0.65，1.2	渗透压调节剂	氯化钠	0.5 ~ 0.9
助悬剂	甲基纤维素	0.03 ~ 1.05		葡萄糖	4 ~ 5
	羧甲基纤维素钠	0.1 ~ 0.75			
	明胶	2.0			

六、注射用水生产

药典规定注射用水为纯化水经蒸馏制得的水，并应符合细菌内毒素试验要求。除用于无菌药品的配液外，还可用于直接接触药品的设备、容器具的最后清洗，无菌原料药的精制等。

注射用水按照注射剂生产工艺制备所得的水称为灭菌注射用水，作为注射用灭菌粉末的溶剂，注射液的稀释剂或泌尿外科内腔镜手术冲洗剂。灭菌注射用水的灌装规格应适应临床需要，避免大规格，多次使用造成污染。

注射用水可采用蒸馏法和反渗透法，但仅蒸馏法是我国药典法定的制备注射用水的方法。供制备注射用水的原水必须是纯化水。

1. 蒸馏水器　生产上制备注射用水的设备，常用塔式蒸馏水器、多效蒸馏水器和气压式蒸馏水器。塔式蒸馏水器由于耗能多、效率低、出水质量不稳定等目前已停止使用。现常用多效蒸馏水器、热压式蒸馏水器。

（1）多效蒸馏水器　近年发展并迅速成为生产厂制备注射用水的主要设备，其结构主要由蒸馏塔、冷凝器及控制元件组成，结构示意图如图 5 – 1 所示。以去离子水（纯化水）为原料水，用蒸汽加热制备注射用水，并需通过一个分离装置去除细小水雾和夹带的杂质（如内毒素）。通常多效式蒸馏水机进料水的电导率只要达到 5s/cm 以上，即可以满足蒸馏要求。五效蒸馏水器的工作原理为：进料水（纯化水）进入冷凝器（也称预热器），被塔 5 来的蒸汽预热，再依次通过塔 4、塔 3、塔 2 及塔 1 上部的盘管而进入 1 级塔，这时进料水温度可达 130℃或更高。在 1 级塔内，进料水被高压蒸汽（165℃）进一步加热部分迅速蒸发，蒸发的蒸汽进入 2 级塔作为

2级塔的热源，高压蒸汽被冷凝后由器底排除。在2级塔内，由1级塔进入的蒸汽将2级塔的进料水蒸发而本身冷凝为蒸馏水，2级塔的进料水由1级塔经压力供给3级、4级和5级塔经历同样的过程。最后，由2、3、4、5级塔产生的蒸馏水加上5级塔的蒸汽被第一及第二冷凝器冷凝后得到的蒸馏水（80℃）均汇集于收集器即成为注射用水。

其蒸发器采用列管式热交换"闪蒸"使原料水生成蒸汽，同时将纯蒸汽冷凝成注射用水。采用内螺旋水汽"三级"分离系统，以去除细菌内毒素（热原）。

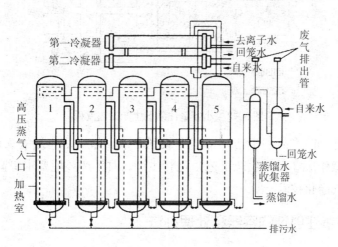

图5-1　多效蒸馏水器

多效蒸馏水器的产量可达6t/h。本法的特点是耗能低，质量优，产量高及自动控制等。

（2）热压式蒸馏水器　主要由蒸发器、压缩机、热交换器、脱气器等组成，通过蒸汽压缩机使热能得到充分利用，也具有多效蒸馏水器的特点，但电能消耗较大。其工作原理是进料水在列管的一侧被蒸发，产生的蒸汽经过分离空间后再通过分离装置进入压缩机，通过压缩机的运行使被压缩蒸汽的压力和温度升高。高能量的蒸汽被释放回蒸发器和冷凝器的容器，在这里蒸汽冷凝并释放出潜在的热量，此过程是通过列管的管壁传递给水。流出的蒸馏物和排放水用于预热进水，既可节约能源，也可减少冷凝器的设置。生产过程中要注意脓水的定期排放。除去内毒素的方式是依靠重力自然沉降，而不是依靠离心来实现分离的。

2. 注射用水的收集和保存　接收蒸馏水时，初馏液应弃去一部分，检查合格后，方能收集。收集时应注意防止空气中灰尘及其他污物落入。最好采用带有无菌过滤装置的密闭收集系统。注射用水应在70℃以上保温循环，制备12h内使用。

任务二　小容量注射剂的生产技术

一、概述

注射剂生产过程包括原辅料准备、配液（过滤）、灌封、灭菌、质检、印字、包装等。工艺流程图如图5-2所示。

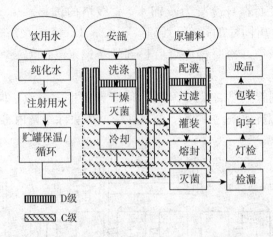

图5-2　小容量注射剂生产工艺流程

图示为最终灭菌产品的生产环境洁净级别要求。如果是非最终灭菌的无菌制剂，则要采用无菌操作法（无菌生产工艺）进行生产，对生产环境要求更高。具体详见项目五任务四空气净化技术。

二、小容量注射剂的容器和处理办法

小容量注射剂容器是由中性硬质玻璃制成的安瓿。式样有直颈与曲颈两种，其容积通常有1、2、5、10ml等几种规格。一般采用无色安瓿。目前国内最常用的是曲颈易折安瓿，在安瓿上有一环折刻痕，用时不用锉刀即可折断，破损率低，使用方便，有色点易折和色环易折两种。

安瓿应满足以下要求：①应无色透明，便于澄明度、杂质、药液变质情况检查。②应具有优良的耐热性能和低膨胀系数。在洗涤、灭菌中不易爆裂。③要有足够的物理强度，耐受热压灭菌的压力，并避免生产、操作、保存过程中破损。④化学稳定性好，不易被药液所侵蚀，不改变药液的pH值。⑤熔点低，易于熔封。⑥不得有气泡、麻点、砂粒等。

1. 安瓿的检查　为保证注射剂质量，安瓿应经过一系列检查。包括物理和化学检查。物理方面包括外观、长度、应力、清洁度、热稳定性等，具体要求及检查方法可参照国家标准（安瓿）。化学检查项目有耐酸、耐碱和中性检查。必要时尤其当安瓿材料变更时，需进行装药试验，证明无影响方能应用。

2. 安瓿的洗涤　安瓿的洗涤方法有甩水洗涤法、气水加压喷射洗涤法、超声波洗涤法等。

（1）甩水洗涤法　将安瓿灌满经滤过澄明度符合要求的纯化水，再用甩水机将水甩出，反复三次，最后一次用澄明度合格的注射用水。

（2）气水加压喷射洗涤法　使用的洗涤用水和压缩空气均应事先精滤合格，由针头交替喷入倒置的安瓿内进行洗涤，反复4~8次。最后一次应是滤过空气。本法的关键是气，一是应有足够的压力294.2~392.3kPa，二是一定要将气滤纯净。最后一遍洗涤用水应是经微孔滤膜精滤的注射用水。

（3）超声波洗涤法 利用超声振动，使液体产生"空化"作用。由空化作用产生强大机械力，将物体黏附的各种污物剥离下来，达到清洗的目的。工作时将瓶子送至进瓶轨道，将瓶子推入旋转轨道翻转180°，进入超声波槽中进行超声波清洗，瓶口朝下，进入反冲轨道，反冲清洗后，再经洁净空气吹干，翻转180°，进入出瓶轨道。

3. 安瓿的干燥灭菌 安瓿洗涤后，一般采用120~140℃烘箱干燥。用于盛装无菌操作的药液或低温灭菌制品的安瓿，须用180℃干热灭菌1.5h。大量生产多用红外线隧道式干燥灭菌机，隧道内平均温度约200℃，有利于安瓿连续生产。一般350℃经5min即能达到安瓿灭菌目的。为防止污染，设备内附有局部层流装置。

灭菌的安瓿应在24h内使用，存放柜应有净化空气保护。

三、小容量注射剂的生产工艺

（一）注射液的配制

1. 原辅料的质量要求与投料计算 供注射用的原料药，应达到注射用规格，符合《中国药典》2010年版所规定的各项检查与含量限度，并经化验合格方能投料；辅料应符合药用标准，若有注射用规格，应选用注射用规格。生产中更换原辅料的生产厂家时，甚至对于同一厂的不同批号的原料，在生产前均应作小样试验。

配液时应按处方规定和原辅料化验测定的含量结果计算出每种原辅料的投料量。药物含结晶水应注意处方是否要求换算成无水药物的用量。称量时两人核对。

2. 配制用具的选择与处理 配液用的器具均应用化学稳定性好的材料制成，常用的有玻璃、不锈钢、耐酸碱搪瓷或无毒聚氯乙烯桶等。铝制品不宜选用。大量生产可选用夹层的不锈钢锅，并装有搅拌器。夹层锅可以通蒸汽加热也可通冷水冷却。供配制用的所有器具使用前须用新鲜注射用水烫洗或灭菌后备用。

3. 配制方法

（1）稀配法 凡原料质量好，药液浓度不高或配液量不大时，常用稀配法，即将原料加入所需溶剂中一次配成所需的浓度。

（2）浓配法 当原料质量较差，则常采用浓配法，即将全部原辅料加入部分溶媒中配成浓溶液，经加热或冷藏、过滤等处理后，再稀释至所需浓度。溶解度小的杂质在浓配时可以滤过除去。

药液不易滤清时，可加入配液量0.01%~0.5%针用一级活性炭或通过铺有炭层的布氏漏斗。使用时需注意，活性炭在酸性条件下吸附作用强，在碱性溶液中有时出现胶溶或脱吸附，反而使药液中杂质增加。因此活性炭应进行酸处理并活化后使用。

若为油溶液，注射用油应在用前经150~160℃，干热灭菌1~2h后冷却待用。

药液配好后，应进行半成品质量检查，包括pH、含量等，合格后才能滤过。

（二）注射液的滤过

滤过是保证注射液澄明的关键操作。药液的过滤宜先用砂滤棒（现多用钛滤棒）

粗滤，再用微孔滤膜精滤。

1. 滤器的种类及使用

（1）垂熔玻璃滤器　根据滤板孔径大小分为 1～6 号六种规格，其号数越大，孔径越小。以上海玻璃厂为例，3 号用于常压滤过，4 号用于减压或加压滤过，6 号作无菌滤过。厂家不同，代号也有差异。

特点有：化学性质稳定，吸附性低，不影响药液的 pH，无微粒脱落，易于清洗，但价格贵，脆而易破。清洗时先用水抽洗，并以 1%～2% 硝酸钠硫酸浸泡处理。垂熔玻璃器常用于膜滤器前的预滤。

（2）砂滤棒　常用的有硅藻土滤棒、多孔素瓷滤棒和玻璃滤棒三种。硅藻土滤棒分粗、中、细三种规格，滤过速度由快至慢。多孔素瓷滤棒适合于低黏度液体的滤过。玻璃砂滤棒（也称垂熔玻璃砂芯）根据滤孔大小分为四级。

砂滤棒易脱砂、吸附，使用前要先用与药液 pH 值相同的酸或碱液冲洗，不然可能影响药液的 pH 值；使用后，应反复冲洗。另外，滤棒中常含有微量金属离子，对金属离子敏感的药液则不宜使用，否则会引起药液氧化变质。砂滤棒多用于粗滤，现已少用，多用钛棒代替，具有耐热耐腐蚀，滤速快、不易破碎等特点。

（3）微孔滤膜滤器　微孔滤膜是一种高分子的薄膜过滤材料，在薄膜上分布大量穿透性微孔。孔径 0.025～14μm 的滤膜，作一般注射液的精滤使用；平均孔径 0.3μm 或 0.22μm 的产品，可作除菌滤过用。

优点有截留能力强，滤速较快，吸附性小，质地轻薄，无介质脱落，不影响 pH，不滞留药液，不产生交叉污染。缺点是易于堵塞。

为保证过滤效果，需确定滤膜孔径大小，一般采用气泡点试验法。气泡点是推动空气通过被液体饱和的膜滤器所需的压力。未达此压力前，滤孔仍滞留液体，当压力不断增加时，液体从孔中排出，气泡出来，这个压力值即为气泡点。GMP 规定微孔滤膜使用前后均要进行气泡点试验。

（4）其他滤器　板框式压滤机一般用于中药注射剂的预滤。

2. 滤过装置

（1）高位静压滤过装置　此种装置适用于生产量不大，缺乏加压或减压设备的情况下采用。药液在楼上配制，通过管道滤过到楼下灌封。此法压力稳定、质量好，但滤速慢。

（2）减压滤过装置　此装置可以连续进行滤过操作，药液处于密闭状况，不易污染。但压力不够稳定，如操作不当，易使滤层松动，影响滤过液质量，而且进入滤过系统中的空气也必须经过洗涤等处理。

（3）加压滤过装置　此装置采用离心泵送药液通过滤器进行滤过。适合于配液、滤过及灌封等工段在同一平面的情况下使用。具有压力稳定、滤速快、药液澄明度好、产量高等特点，而且全部装置保持正压，有利于防止污染，一旦中途停顿，对滤层影响也较小。

（三）注射液的灌封

灌封是将滤净的药液，定量地灌装到安瓿中并加以封闭的过程。包括灌注药液和封口两步，是注射剂生产中保证无菌的最关键操作。灌封室洁净级别要求最高，高污染风险的最终灭菌产品灌封在洁净级别 C 级背景下 A 级，如为非最终灭菌产品洁净级别则为 B 级背景下的 A 级。

药液灌封要求做到剂量准确，药液不沾瓶口，以防熔封时发生焦头或爆裂，注入容器的量要比标示量稍多，以抵偿在给药时由于瓶壁黏附和注射器及针头的吸留而造成的损失，一般易流动液体可增加少些，黏稠性液体宜增加多些，具体灌装增量可在《中国药典》(2010 年版)二部（附录Ⅰ B）中查到。

灌装时要求容量准确，每次灌装前必须先试灌若干支，按照药典规定的注射液的装量测定进行检查，符合规定后再进行灌注。易氧化药物溶液灌装时，需向安瓿中通入惰性气体，驱逐药液上面的空气以防药物氧化。安瓿通入惰性气体的方法很多，一般认为两次通气较一次通气效果好。1～2ml 的安瓿常在灌装药液后通入惰性气体，而 5ml 以上的安瓿则在药液灌装前后各通一次，以尽可能驱尽安瓿内的残余空气。

已灌装好的安瓿应立即熔封。安瓿熔封应严密、不漏气、安瓿封口后长短整齐一致，颈端应圆整光滑、无尖头和小泡。封口方法有拉封和顶封两种，由于拉封封口严密，不会象顶封那样易出现毛细孔，故目前规定用拉封。

灌封操作分为手工灌封和机械灌封。小试采用手工灌封，灌注时注意不使灌装针头与安瓿颈内壁碰撞，以防玻璃屑落入安瓿中，如灌装针头外面沾湿时，可用处理过的洁净稠布拭干后再用。药厂采用机械灌封，主要由安瓿自动灌封机来完成。灌封机上灌注药液由四个动作协调进行：①移动齿档送安瓿；②灌注针头下降；③药液灌注入安瓿；④灌注针头上升后安瓿离开同时灌注器吸入药液。

灌封时常发生的问题有剂量不准、焦头、鼓泡、封口不严、瘪头等，但最易出现的问题是产生焦头。产生焦头的主要原因是灌液太猛，药液溅到安瓿内壁，封口时形成炭化点；针头回药慢，针尖挂有液滴；针头不正，尤其是安瓿口粗细不匀，针头碰安瓿内壁；灌注与针头行程未配合好，针头刚进瓶口就注药或针头临出瓶口时才注完药液；针头升降不灵等。封口时火焰烧灼过度则引起鼓泡，烧灼不足会导致封口不严。

我国现已有洗、灌、封联动机，提高了生产效率。在安瓿干燥灭菌和灌封工位增加层流装置，有利于提高成品质量。

（四）注射液的灭菌和检漏

1. 灭菌　灌封后应立即灭菌，从配液到灭菌要求在 12h 内完成。灭菌和保持药物稳定是矛盾的两个方面，在选择灭菌方法时，需保证药物稳定又要达到灭菌完全。因而对热稳定品种，可采用热压灭菌，属于最终灭菌产品。对热不稳定品种，则需对生产环境要求较高，采用流通蒸气灭菌补充灭菌，属于非最终灭菌产品。

2. 检漏　安瓿如有毛细孔或微小的裂缝存在，则微生物或污物可进入安瓿或产生药物泄露，损坏包装。

检漏一般应用灭菌检漏两用的灭菌器。灭菌完毕后，放入冷水淋洗，待温度稍降，抽气至真空度 85.3～90.6kPa（640～680mmHg），停止抽气。再打开色水阀放入有色溶液至盖过安瓿，然后关闭色水阀，打开气阀，将色水抽回贮罐中，淋洗后检查。由于漏气安瓿中的空气被抽出,当空气放入时,有色溶液即借大气压力压入漏气安瓿内而被检出。

(五) 注射液的印字包装

灭菌检漏完成的安瓿先进入中间品暂存间,经质量检查合格后方可印字包装。

印字内容包括品名、规格、批号、厂名及批准文号。经印字后的安瓿,即可装入纸盒内,盒外应贴标签,标明注射剂名称、内装支数、每支装量及主药含量、附加剂名称、批号、制造日期与失效期、商标、卫生主管部门批准文号及应用范围、用量、禁忌、贮藏方法等。产品还附有详细说明书。

目前已有印字、装盒、贴签及包装等一体的印包联动线,大大提高安瓿印包效率。

四、小容量注射剂的质量评价

(一) 可见异物 (澄明度) 检查

注射液中微粒造成的危害,详见输液部分。可见异物检查不但可以保证用药安全,而且可以发现生产中的问题。如注射剂中的白点多来源于原料或安瓿;纤维多因环境污染所致;玻屑常是由于灌封不当所造成的。

可见异物检查有灯检法和光散射法。

灯检法应在暗室中进行,检查灯光照度根据产品的不同可相应调整。如无色透明容器包装的无色供试品溶液,需采用的光照度为 1000 ~ 1500lx。灯座采用伞棚式装置,可两面使用。背景为不反光的黑色,底部为不反光的白色,以便检查有色异物。

注射液除另有规定外,取供试品 20 支,除去不透明标签,擦净容器外壁,置供试品于遮光板边缘处,在明视距离 (25cm),分别在黑色和白色背景下,手持供试品颈部轻轻旋转和翻转容器使药液中可能存在的可见异物悬浮,轻轻翻摇后即目视检测,重复 3 次,总限时 20 秒。

基于光散射法的全自动灯检机,与人工灯检相比,质量均一稳定,可实现大规模工业化生产,药品质量可靠。但由于集光源发生系统、视觉识别系统、图像处理系统、计算分析系统、高精密机械制造于一体,造价高昂。

(二) 热原检查

生产过程中的热原检查可采用鲎试剂法,按药典 (附录Ⅸ E) 细菌内毒素检查法进行;而成品质量检查中,各国药典仍以家兔法为主,按药典 (附录Ⅸ D) 热原检查法进行。

(三) 无菌检查

注射剂应保证无菌,灭菌操作完成后抽取一定数量的样品进行无菌试验以检查制品的灭菌质量。具体检查方法按药典 (附录Ⅸ H) 无菌检查法项下的规定进行。

(四) 降压物质的检查

有些注射剂品种如生物制品要求检查降压物质,以猫为实验动物。可参照药典

（附录Ⅸ G）规定的方法进行。

（五）其他

包括注射剂的装量检查、鉴别、含量测定、pH 值测定、毒性试验和刺激性试验等。

五、小容量注射剂的处方实例

例 5 - 1　盐酸普鲁卡因注射液

【处方】

盐酸普鲁卡因	20.0g
氯化钠	4.0g
0.1mol/L 盐酸	适量
注射用水	加至 1000ml

【制法】

取配制量 80% 的注射用水，加入氯化钠，搅拌溶解，再加盐酸普鲁卡因使之溶解。加入 0.1mol/L 的盐酸溶液调节 pH 4.0 ~ 4.5，再加水至足量，搅匀，滤过分装于中性玻璃容器中，封口灭菌。

本品为局部麻醉药，用于封闭疗法、浸润麻醉和传导麻醉。

注：（1）本品为酯类药物，易水解，应调节在适宜 pH 范围，灭菌温度不宜过高，时间不宜过长。

（2）氯化钠用于调节渗透压，也具有增加药物稳定性的作用。

（3）影响本品稳定性的因素有光、空气及铜、铁等金属离子均能加速本品分解。

（4）极少数病人对本品有过敏反应，故用药前询问病人过敏史或需做皮内试验。

例 5 - 2　醋酸可的松混悬型注射剂

【处方】

醋酸可的松微晶	25g
硫柳汞	0.01g
氯化钠	3g
吐温 80	1.5g
CMC - Na	5g
注射用水	加至 1000ml

【制法】

（1）取总量 30% 的注射用水，加硫柳汞、CMC - Na 溶液，用布氏漏斗垫 200 目尼龙布滤过，密闭备用。

（2）氯化钠溶于适量注射用水中，经 G₄号垂熔玻璃漏斗滤过。

（3）将（1）置水浴中加热，加（2）及吐温 80 搅匀，使水浴沸腾，加醋酸可的松，搅匀，继续加热 30min。

（4）取出冷至室温，加注射用水至足量，用 200 目尼龙布过滤两次，于搅拌下分装于瓶内，盖塞轧口密封。用 100℃/30min 振摇下灭菌。

注：（1）混悬液型注射剂除无菌、pH、安全性、稳定性等与溶液型注射剂相同外，还应有良好

的"适针性"和"通针性"。"适针性"是指产品从容器抽入针筒时不易堵塞与发泡，保证剂量正确的特性；"通针性"是指注射时能顺利进入体内。此外，药物的细度应控制在 15μm 以下，含 15～20μm 者不超过 10%；混悬粒子在运输、贮存后不应增大，粒子沉降不能太快，沉降物易分散；在振摇和抽取时，药液无持久的泡沫。

（2）将固体药物分散成粒度大小适宜、分散性良好的颗粒是制备混悬型注射剂的关键；为防止微粒沉降、凝固、结块，常加入助悬剂、润湿剂，如 CMC‒Na、吐温 80 等。

（3）本处方中 CMC‒Na 作为助悬剂，吐温 80 作为润湿剂。

任务三　灭菌与无菌技术

一、概述

灭菌法系指用适当的物理或化学手段将物品中活的微生物杀灭或除去，从而使物品残存活微生物的概率下降至预期的无菌保证水平（sterility assurance level，简称 SAL）的方法。微生物包括细菌、真菌、病毒等，不同的微生物对灭菌的抵抗力不同，采用不同灭菌方法，灭菌效果也不同。细菌的芽胞具有较强的抗热能力，因此灭菌效果常以杀灭芽胞为标准。灭菌是无菌制剂不可缺少的环节，《中国药典》（附录ⅩⅫ）有详细说明。

绝对无菌无法保证也无法用试验来证实。实际生产过程中，灭菌是要将物品中污染微生物的概率下降至预期的无菌保证水平——最终灭菌的物品微生物存活概率不得高于 10^{-6}。已灭菌物品达到的无菌保证水平可通过验证确定。

灭菌：是用物理或化学方法杀灭或除去一切微生物（包括致病和非致病的微生物）繁殖体及其芽胞。

消毒：用物理或化学手段杀灭病原微生物的过程。

防腐：用低温或化学药品防止和抑制微生物生长和繁殖的过程，也称"抑菌"。

由于灭菌的对象是药物制剂，许多药物不耐高温，因此选择灭菌方法必须结合药物的性质加以考虑。不但要求达到灭菌完全，而且要保证药物的稳定性，在灭菌过程中药剂的理化性质和治疗作用不受影响。

灭菌法分类如图 5‒3 所示。

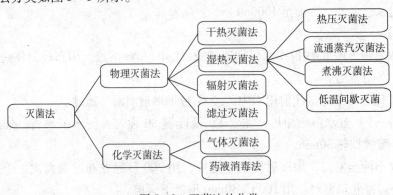

图 5‒3　灭菌法的分类

二、F 和 F_0 值

微生物常因营养条件缺乏或排泄物积聚过多而自然死亡。加热、电离辐射及化学药品等也能使微生物的蛋白质凝固、变性或干扰微生物繁殖能力。其中加热法是杀灭微生物最常用的方法。由于灭菌温度多系测量灭菌器内的温度，而不是测量被灭菌物体内的温度，同时无菌检验方法也存在局限性，若检品中存在微量的微生物时，往往难以用现行的无菌检验法检出。因此对灭菌方法的可靠性进行验证是非常必要的。F 和 F_0 值可作为验证灭菌可靠性的参数。

（一）D 值与 Z 值

1. D 值　为微生物的耐热参数，是指一定温度下，将微生物杀灭 90% 所需的时间，单位为分钟。D 值越大，说明微生物耐热性越强。

2. Z 值　为灭菌的温度系数，是指某一特定微生物的 D 值减少到原来的 1/10 时所需升高的温度值。单位为℃。如 Z = 10℃，表示灭菌时间减少到原来灭菌时间的 1/10（但具有相同的灭菌效果），所需升高的灭菌温度为 10℃。Z 值用以描述微生物对灭菌温度变化的敏感性，Z 值越大，微生物对温度变化的敏感性越弱。

（二）F 值与 F_0 值

1. F 值　为在一定灭菌温度（T）、给定 Z 值所产生的灭菌效力与对比温度（T_0）给定 Z 值的灭菌效力相同时，所需的相应时间，单位为分钟。即整个灭菌过程效果相当于 T_0 温度下 F 时间的灭菌效果。其数学表达式如下：

$$F = \Delta t \sum 10^{(T-T_0)/Z} \tag{5-1}$$

式中，Δt 为测量被灭菌物体温度的时间间隔，一般为 0.5～1.0min 或更小；T 为每个 Δt 测量被灭菌物体的温度；T_0 为参比温度。

如 F = 3，表示该灭菌过程对微生物的灭菌效果，相当于被灭菌物品置于参比温度下灭菌 3min 的灭菌效果。F 值常用于干热灭菌。

2. F_0 值　在湿热灭菌时，参比温度 T_0 定位 121℃，以嗜热脂肪芽孢杆菌作为微生物指示菌，该菌在 121℃时，Z = 10℃。则：

$$F_0 = \Delta t \sum 10^{(T-121)/10} \tag{5-2}$$

F_0 值表示任一灭菌过程（一系列灭菌温度和时间）相当于 121℃，Z = 10℃ 所产生的灭菌效力相同时的等效时间。也即不管温度如何变化，t 分钟内的灭菌效果相当于温度在 121℃下灭菌 F_0 分钟的效果，换言之，它把不同温度下灭菌效果转化成 121℃下灭菌的等效值。F_0 值亦称为标准灭菌时间（min）。

计算 F_0 值时 T 表示灭菌物品内部的实际温度，并将不同温度与时间折算为在 121℃湿热灭菌的灭菌效力，包含了灭菌过程升温、恒温、冷却三部分热能对微生物的总致死效果。因此用 F_0 值可作为灭菌过程的比较参数，用于验证灭菌效果有重要的意义。F_0 值目前仅用于热压灭菌。灭菌中，只需记录灭菌温度和时间，即可按式（5-2）算出 F_0。

　　为使 F_0 值测定准确，应选择灵敏度高、重现性好、精密度为 0.1℃的热电偶温度计，并对其进行校验。灭菌时应将热电偶的探针置于被测物的内部，经灭菌器通向柜外的温度记录仪（有些灭菌记录仪附有 F_0 值计算器），在灭菌过程中和灭菌后自动显示 F_0 值。

　　《中国药典》规定，在灭菌程序采用 F_0 值概念时，除对灭菌程序进行验证外，应在生产过程中对微生物进行监控，证明污染的微生物指标低于设定的限度。对热稳定的物品，灭菌工艺可首选过度杀灭法，以保证被灭菌物品获得足够的无菌保证值。热不稳定物品，灭菌工艺依赖于该批次被灭菌物品灭菌前微生物污染的水平及其耐热性，除日常生产全过程的监控外，应尽可能降低微生物污染水平，尤其是防止耐热菌的污染，其 F_0 值一般不低于 8min。

　　另外，还应考虑其他一些因素对 F_0 值的影响，如容器的大小、形状、穿透系数，灭菌溶液的黏度、容量，容器在灭菌器内的数量和排放情况等等，其中以排放位置影响最大，因此应该合理安放灭菌物品，并将生物指示剂置于冷点处进行灭菌效果的确认。

三、物理灭菌法

　　物理灭菌法是利用高温或其他方法（如滤过除菌、紫外线等）杀死微生物的方法。加热可使微生物的蛋白质凝固、变性，导致微生物死亡。

（一）干热灭菌法及设备

　　干热灭菌法是利用干热空气或火焰破坏蛋白质与核酸中的氢键，导致蛋白质变性或凝固，细菌的酶系统破坏而杀死细菌的方法。多用于容器及用具的灭菌。

　　1. 火焰灭菌法　以火焰的高温使微生物及其芽胞在短时间内死亡。一般是将需灭菌的物品加热 10 秒以上。如白金等金属制的刀子、镊子、玻棒等在火焰中反复灼烧即达灭菌目的。搪瓷桶、盆和乳钵等可放入少量乙醇，振动使之沾满内壁，燃烧灭菌。适合于耐火焰材质的物品、金属、玻璃及瓷器等用具的灭菌，不适用于药品的灭菌。

　　2. 干热空气灭菌法　利用热辐射和灭菌器内空气的对流来传递热量而使细菌的繁殖体因体内脱水而停止活动的一种方法。由于干热空气的穿透力弱且不均匀、比热小、导热性差，干燥状态下微生物的耐热性强，故需长时间、高温度，才能达到灭菌目的。《中国药典》规定 160～170℃需 2h 以上，170～180℃需 1h 以上，250℃需 45min。这仅为一般标准，需经实验，在保证灭菌物品无损害的前提下指定达到灭菌后的物品的 $SAL < 10^{-6}$。

　　本法适用于耐高温的玻璃、金属等用具，以及不允许湿气穿透的油脂类和耐高温的粉末化学药品如油、蜡及滑石粉等，但不适用橡胶、塑料及大部分药品。注射剂容器安瓿、输液瓶、西林瓶及注射用油宜用干热空气灭菌法灭菌。

　　常用设备有电热烘箱等，有空气自然对流和空气强制对流两种类型，后者装有鼓风机使热空气在灭菌物品周围循环，可缩短灭菌物品全部达到所需温度的时间，并减少烘箱内各部温度差。

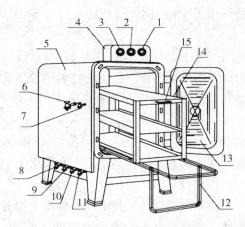

图 5 - 4　卧式热压灭菌器

1. 消毒室压力表　2. 温度表　3. 套层压力表　4. 仪表盒　5. 锅身　6. 总蒸气阀　7. 里锅放气阀　8. 里锅放水阀
9. 里锅进气阀　10. 外锅放水阀　11. 外锅放气阀　12. 车架　13. 锅门　14. 药物车　15. 拉手

（二）湿热灭菌法及设备

湿热灭菌法是在饱和蒸汽或沸水或流通蒸汽中进行灭菌的方法。包括热压灭菌法、流通蒸汽灭菌法、煮沸灭菌法。具有穿透力强，传导快，能使微生物的蛋白质较快变性或凝固，水蒸汽含有潜热、比热较热空气大等优点，但对湿热敏感的药物不宜应用。

1. 热压灭菌法　在密闭的高压蒸汽灭菌器内，利用压力大于常压的饱和水蒸气来杀灭微生物的方法。该法灭菌效果强，灭菌可靠，能杀灭所有繁殖体和芽胞，是制剂生产中应用最广泛的灭菌方法。凡能耐高压蒸汽的药物制剂、玻璃容器、金属容器、瓷器、橡胶塞、膜滤器等均能采用此法。

热压灭菌温度与时间的关系如下：

115℃（67kPa）/30min

121℃（97kPa）/20min

126℃（139kPa）/15min

（1）热压灭菌器　热压灭菌器的种类很多，最常用的是卧式热压灭菌器，见图5-4。

其结构主要有箱门或箱盖密封构成一个耐压的空室、排气口、安全阀、压力表和温度计等部件。用蒸汽、电热等加热。卧式热压灭菌器系全部用坚固的合金制成，带有夹层，顶部装有压力表两支，分别指示蒸汽夹层的压力和柜室内的压力。两压力表中间为温度表，底部装有排气口，在排管上装有温度表头以导线与温度表相连，柜内备有带轨道的灭菌车，车上有活动的铁丝网格架。另有可推动的搬运车，可将灭菌车推至搬运车上送至装卸灭菌物品的地点。

（2）使用方法　用前先作好柜内清理工作，然后开夹层蒸汽阀及回汽阀，使蒸汽通入夹套中加热，同时将待灭菌物品放置柜内，关闭柜门，旋紧门栓，此后应注意温度表，当温度上升至所需温度，即为灭菌开始时间，柜室压力表应固定在相应的压力。待灭菌时间到达后，先关闭总蒸汽和夹层进汽阀，再开始排气，待柜室压力降至零后，再全部打开柜门。有时为了缩短时间，也有对灭菌柜内的盛有溶液的容器喷冷却水，使其迅速冷却。对于灭菌后要求干燥又不易破损的物料，灭菌后立即放出灭菌柜内的蒸汽，以利干燥。

（3）**热压灭菌柜使用注意事项** ①必须使用饱和水蒸气；②必须将柜内的空气排净，否则压力表上所表示的压力是柜内蒸汽与空气二者的总压，而非单纯的蒸汽压力，温度不符；③灭菌时间必须从全部药液真正达到所要求的温度时算起。通常测定的温度是灭菌器内的温度，而非灭菌物内的温度，因此最好能设计直接测定被灭菌物内温度的装置或使用温度指示剂，目前生产上已采用灭菌温度和时间自动控制系统来监视和调节灭菌过程中的温度；④灭菌完毕后，必须使压力降到0，才能放出锅内蒸汽，使锅内压力和大气压相等后，稍稍打开灭菌锅，待 10～15min，再全部打开。

影响热压灭菌因素：①微生物的性质和数量：各种微生物对热的抵抗力相差较大，处于不同生长阶段的微生物，所需灭菌的温度与时间也不相同，繁殖期的微生物对高温的抵抗力要比衰老时期抵抗力小得多，芽胞的耐热性比繁殖期的微生物更强。在同一温度下，微生物的数量越多，则所需的灭菌时间越长。因此，在整个生产过程中应尽一切可能减少微生物的污染，尽量缩短生产时间，灌封后当日灭菌。②注射液的性质：注射液中含有营养性物质如糖类、蛋白质等，对微生物有一种保护作用，能增强其抗热性。另外，注射液的 pH 值对微生物的活性也有影响，一般微生物在中性溶液中耐热性最大，在碱性溶液中次之，酸性不利于细菌的发育。因此，注射液的 pH 值最好调节至偏酸性或酸性。③灭菌温度与时间：根据药物的性质确定灭菌温度与时间，一般说灭菌所需时间与温度成反比，即温度越高，时间越短。但温度增高，化学反应速度也增快，时间越长，起反应的物质越多。为此，在保证药物达到完全灭菌前提下，应尽可能地降低灭菌温度或缩短灭菌时间，如维生素 C 注射剂用流通蒸汽 100℃ 灭菌 15min。另外，一般高温短时间比低温长时间更能保证药品的稳定性。④蒸汽的性质：饱和水蒸汽热含量高，穿透力大，灭菌效力高。湿饱和水蒸气热含量较低、过热蒸汽与干热空气差不多，它们的穿透力均较差，灭菌效率低。

2. 流通蒸汽灭菌法 在常压下用 100℃ 流通蒸汽加热来杀灭微生物的方法，通常灭菌时间为 30～60min。但不能保证杀灭所有的芽胞，本法适用于消毒或不耐热制剂的辅助灭菌手段。

3. 煮沸灭菌法 把待灭菌物品放入沸水中加热灭菌的方法，通常煮沸 30～60min。本法灭菌效果差，常用注射器、注射针等器皿的消毒，必要时加入适当抑菌剂，如甲酚、氯甲酚、苯酚、三氯叔丁醇等，可杀死芽孢菌。

（三）辐射灭菌法

1. 紫外线灭菌法 用紫外线照射杀灭微生物的方法。一般波长 200～300nm 的紫外线可用于灭菌，灭菌力最强的是波长 254nm。同时空气受紫外线照射后产生微量臭氧，从而起共同杀菌作用。

紫外线是直线传播，其强度与距离平方成比例地减弱，并可被不同的表面反射，普通玻璃及空气中灰尘、烟雾均易吸收紫外线；其穿透较弱，作用仅限于被照射物的表面，不能透入溶液或固体深部，故只适宜于无菌室空气、照射物表面灭菌、纯化水的灭菌，装在玻璃瓶中的药液不能用本法灭菌。

紫外线对人体有一定的影响，照射时间过久，能产生结膜炎、红斑及皮肤烧灼等现象。为此，在操作前开灯 1~2h，操作时关闭。由于不同规格紫外线灯，均有一定使用期限规定，一般为 3000h，故使用时应记录开启时间，并定期检查灭菌效果。

2. 辐射灭菌法　以放射性同位素（^{60}Co）放射的 γ 射线杀菌的方法。其特点是可不升高产品的温度，穿透力强，所以适用于不耐热药物的灭菌，如维生素、抗生素、激素、肝素、羊肠线、重要制剂、医疗器械、高分子材料等。但辐射灭菌设备费用高，某些药品经辐射后，有可能效力降低或产生毒性物质且溶液不如固体稳定，操作时还须有安全防护措施。

3. 微波灭菌法　用微波照射产生热而杀灭微生物的方法。微波即频率在 300 兆赫~300 千兆赫之间的电磁波，可被水吸收，进而水分子转动、摩擦而生热。其特点是低温、省时、均匀、高效、保质期长、节约能源、不污染环境、操作简单、易维护。能用于水性注射液的灭菌。

（四）滤过除菌法

滤过除菌法系利用滤过方法除去微生物的方法。本法适用于很不耐热药液、气体、水的除菌。常用的滤器有 G_6 号垂熔玻璃漏斗、0.22μm 的微孔滤膜等。为保证无菌，采用本法时，必须配合无菌操作技术，并对成品进行无菌检查；所用滤器及接受滤液的容器均必须经 121℃ 热压灭菌。

四、化学灭菌法

化学灭菌法是指用化学药品直接作用于微生物而将其杀灭的方法。用于杀灭微生物的化学药品称为杀菌剂。以气体或蒸汽状态杀灭微生物的化学药品称为气体杀菌剂，一般用于无菌操作室或固体原料药物的灭菌用。化学杀菌剂不能杀死芽孢，仅对繁殖体有效。

（一）气体灭菌法

用化学消毒剂形成的气体进行杀菌的方法。可应用与粉末注射剂、不耐加热灭菌的医用器具设施、设备等。最常用的气体是环氧乙烷，常与 80%~90% 的惰性气体混合使用。其他可用气体如气态过氧化氢、甲醛、臭氧等。使用时需注意灭菌气体的可燃可爆性、致畸性和残留毒性。不适于对制品质量有损害的场合，注意灭菌后的残留气体的处理。

（二）药液消毒法

利用药液杀灭微生物的方法。常用的有 0.1%~0.2% 的苯扎溴铵溶液，2% 左右的酚或煤酚皂、75% 的乙醇等。本法常用于其他灭菌法的辅助措施，即手指、无菌设备和其他器具的消毒等。

五、无菌操作法

无菌操作法是整个过程控制在无菌条件下进行的一种操作方法。如无菌分装、无菌冻干、眼用溶液、眼用软膏、皮试液等的生产，均需采用无菌操作法进行生产。

无菌操作时应严密监控生产环境洁净度，根据需要在无菌控制的环境下进行过滤除菌。相关的设备、包装容器、塞子及其他物品应采用适当的方法进行灭菌，并防止被再次污染。如甲醛溶液加热熏蒸用于无菌操作室灭菌，安瓿、西林瓶等采用干热灭菌。操作人员应经过严格培训，按标准操作换上灭菌洁净服、鞋帽等，避免造成污染。

无菌操作法的无菌保证应通过培养基无菌灌装模拟试验验证。在生产过程中，应严密监控生产环境的无菌空气质量，操作人员的素质，各物品的无菌性。采用无菌操作法生产的工艺应定期进行验证，包括对环境空气过滤系统有效性验证及培养基模拟灌装试验。

六、无菌检查法

无菌检查法是检查制剂和辅料是否无菌的一种方法。制剂经灭菌或无菌操作法处理后，需经无菌检查法检验证实已无活的微生物存在后才能使用。法定的无菌检查法有直接接种法和薄膜过滤法，具体操作方法详见《中国药典》（2010 年版）（附录ⅪH）规定。无菌检查的全过程应严格遵守无菌操作，防止微生物污染，因此多在层流洁净工作台中进行。

任务四　空气净化技术

空气净化是以创造洁净空气环境为目的的空气调节措施。空气净化可分为工业洁净和生物洁净。工业洁净是除去空气中悬浮的尘埃，生物洁净不仅除去空气中的尘埃，而且除去微生物等以创造空气洁净的环境。

空气净化技术是一项综合性措施，不仅着重采用合理的空气净化方法，而且应该从建筑、室内布局、空调系统等方面采取相应的措施。其基本原则是满足制剂的质量要求。

一、洁净室的净化标准

洁净室系指应用空气净化技术，对空气的粒子和其他因素（如气流速度和方向、温度、湿度、压力、分子污染等）进行控制的一个密闭区域。洁净区是空气中微粒的数量控制在规定的洁净度等级范围内的特定区域。我国 2010 年版《药品生产质量管理规范》对药品生产受控环境提出基本要求。

无菌药品生产所需的洁净区可分为以下 4 个级别：

A 级：（相当于静态 100 级）高风险操作区，如：灌装区、放置胶塞桶、敞口安瓿瓶、敞口西林瓶的区域及无菌装配或连接操作的区域。通常用层流操作台（罩）来维持该区的环境状态。

B 级：（相当于动态 100 级）指无菌配制和灌装等高风险操作 A 级洁净区所处的背景区域。

C 级（相当于 10,000 级）和 D 级（相当于 100,000 级）指生产无菌药品过程中重要程度较低操作步骤的洁净区。

各洁净度级别对尘埃和微生物的限度要求如表 5 - 2，微生物监控的动态标准见表 5 - 3。

表5-2　药品生产洁净室（区）对悬浮离子的要求

洁净度级别	悬浮粒子最大允许数/立方米			
	静态		动态	
	$\geqslant 0.5\mu m$	$\geqslant 5.0\mu m$	$\geqslant 0.5\mu m$	$\geqslant 5.0\mu m$
A 级	3520	20	3520	20
B 级	3520	29	352 000	2 900
C 级	352 000	2 900	3 520 000	29 000
D 级	3 520 000	29 000	不作规定	不作规定

表5-3　药品生产洁净区（室）微生物监控的动态标准

级别	浮游菌	沉降菌（Φ90mm）	表面微生物	
	cfu/m³	cfu/4h	接触碟（Φ55mm）cfu/碟	5 指手套 cfu/手套
A 级	<1	<1	<1	<1
B 级	10	5	5	5
C 级	100	50	25	–
D 级	200	100	50	–

　　洁净室应保持正压，即高级洁净室的静压值高于低级洁净室的静压值；洁净室之间按洁净度的高低依次相连，并有相应的压差（压差≥10Pa）以防止低级洁净室的空气逆流到高级洁净室。

　　无菌制剂按照最终去除微生物的方法不同，分为可最终灭菌无菌药品和非最终灭菌无菌药品两类。无菌制剂生产环境的空气洁净度要求如下表5-4：

表5-4　各种药品生产环境的空气洁净度要求

洁净度级别	非最终灭菌产品生产操作示例
C 级背景下的局部 A 级	高污染风险的产品灌装（或灌封）
	产品灌装（或灌封）
C 级	高污染风险产品的配制和过滤
	滴眼剂、眼膏剂、软膏剂、乳剂和混悬剂的配制、灌装（或灌封）
	直接接触药品的包装材料和器具最终清洗后的处理
	轧盖
D 级	灌装前物料的准备
	产品配制和过滤（指浓配或采用密闭系统的稀配）
	直接接触药品的包装材料和器具的最终清洗
	产品灌装（或灌封）、分装、压塞、轧盖
	灌装前无法除菌过滤的药液或产品的配制
B 级背景下的 A 级	冻干过程中产品处于未完全密封状态下的转运
	直接接触药品的包装材料、器具灭菌后的装配、存放以及处于未完全密封状态下的转运
	无菌原料药的粉碎、过筛、混合、分装
B 级	冻干过程中产品处于完全密封容器内的转运
	直接接触药品的包装材料、器具灭菌后处于完全密封容器内的转运
C 级	灌装前可除菌过滤的药液或产品的配制
	产品的过滤
D 级	直接接触药品的包装材料、器具的最终清洗、装配或包装、灭菌

对于口服液体和固体制剂、腔道用药，表皮外用药品等非无菌制剂生产的暴露工序区域及其直接接触药品的包装材料最终处理的暴露工序区域，应当参照 D 级洁净区要求设置。

二、空气净化系统

空气净化系统是指能对空气滤尘净化，并进行加热或冷却、加湿或去湿等各种处理的系统。国外称为 heating ventilation and air conditioning，简称 HVAC 系统，我国 GMP 称为空调净化系统。HVAC 系统是制药工厂的关键系统，目的是提供清洁、安全的药品生产空间环境。HVAC 系统主要是对药品生产环境的空气温度、湿度、悬浮粒子、微生物等的控制和检测，确保环境参数符合药品质量要求，避免空气污染和交叉污染的发生，同时为操作人员提供舒适环境。另外药厂 HVAC 系统还可起到减少和防止药品在生产过程中对人造成的不利影响，并保护周围环境。

空气净化设施与设备可分为以下几类。

1. 空气过滤器　空气过滤器又称空气净化滤器，洁净室内的洁净程度的控制是依靠空气过滤器实现的。空气过滤器一般分为初效、中效、亚高效、高效等类别，主要有三级。

表 5 - 5　空气过滤器的分类

类别	用途	滤材
初效	滤除 5μm 以上的尘粒和异物	多孔泡沫塑料、涤纶无纺布、化纤组合滤料等滤材
中效	滤除 1~5μm 的悬浮尘粒	中、细孔泡沫塑料、无纺布及玻璃纤维
高效	滤除 0.3 μm 粒子	超细玻璃纤维滤纸或超细石棉纤维滤纸

高效过滤器用于控制送风系统的含尘量，并能滤除细菌，可将通过高效过滤器的空气视为无菌，一般放在通风系统的末端，即室内送风口上。由于高效过滤器价格昂贵，且不能再生，在洁净室中更换不便，因此，初、中、高效过滤器组合使用，可提高高效过滤器的使用寿命。

2. 空调系统　空调系统主要用于维持适宜的温湿度，并进行持续送风。按使用空气来源分类有直流型、再循环型两种。

洁净室（区）的温度和相对湿度应与药品生产工艺要求相适应。无特殊要求的，温度应控制在 18~26℃，相对湿度控制在 45%~65%。有特殊要求的药品，温度和湿度则要根据具体情况而定，例如血液制品的生产过程要求低温；各种易吸湿药品或包装材料有临界湿度要求时，相对湿度要低于 45%。

温湿度的控制是通过冷却器、加热器、增湿器和去湿器等来实现的。这些设施一般放置在初效过滤器、风机之后，中效过滤器之前（图 5 - 5）。

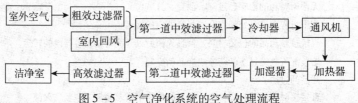

图 5 - 5　空气净化系统的空气处理流程

3. 气闸室　即缓冲室，是控制人、物进出洁净室时，避免污染空气进入的隔离室。一般采用无空气幕的气闸室，当洁净度要求高时，亦可采用有洁净空气幕的气闸室。空气幕是在洁净室入口处的顶板设置有中、高效过滤器，并通过条缝向下喷射气流，形成遮挡污染的气幕。

4. 空气吹淋室　空气吹淋室属于人身净化设备，并能防止污染空气进入洁净室。吹淋室可分三部分风机、电加热器及过滤器等；静压箱、喷嘴和配电盘间；吹淋间，底部为站人转盘，使人在吹淋过程中受到均匀的射流作用，且工作服产生抖动，除掉灰尘。吹淋室的门有联锁和自动控制装置。

5. 洁净工作台　又称超净工作台，属于局部净化设备，是在特定的局部空间造成洁净空气环境的装置，洁净工作台由静压箱体、粗效过滤器、风机、高效过滤器和洁净操作台等组成（图5-6）。

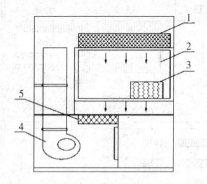

图5-6　垂直层流净化工作台示意图
1. 高效空气滤过器；2. 洁净区；3. 传递窗；4. 送风机；5. 预滤过器

三、空气净化技术特点

无菌室内空气的流动有两种情况：一种是层流的（即室内一切悬浮粒子都保持在层流层中运动）；另一种是乱流的（即室内空气的流动是紊流的）。装有一般空调系统的洁净室，室内空气的流动属于非层流（紊流），既可使空气中夹带的混悬粒子迅速混合，也可使室内静止的微粒重新飞扬，部分空气还可出现停滞状态。环境条件相当于B级，可通过空气紊流稀释来达到，但更高的动态要求如A级，则需要通过层流置换系统来达到。

层流洁净室具有以下特点：①层流的空气已经过高效过滤器滤过，达到无菌要求；②空气呈层流形式运动，使得室内所有悬浮粒子均在层流层中运动，可避免悬浮粒子聚结成大粒子；③室内新产生的污染物能很快被层流空气带走，排到室外；④空气流速相对提高，使粒子在空气中浮动，而不会积聚沉降下来，同时室内空气也不会出现停滞状态，可避免药物粉末交叉污染；⑤洁净空气没有涡流，灰尘或附着在灰尘上的细菌都不易向别处扩散转移，而只能就地被排除掉。

紊流即气流具有不规则的运动轨迹，习惯上也称乱流。这种洁净室送风口只占洁净室断面很小一部分，送入的洁净空气很快扩散到全室，含尘空气被洁净空气稀释后降低了粉尘浓度，达到空气净化的目的，因此也称为稀释设计。因此，室内洁净度与送风、回风的布置形式以及换气次数有关。

任务五　大容量注射剂生产技术

一、概述

　　大容量注射剂系指由静脉滴注输入体内的大剂量注射液，也称为静脉输液，以下简称输液。由于其用量大且直接进入血液，故质量要求、生产工艺均有其特点。以下主要以输液瓶生产线为例说明输液的生产工艺流程（图5-7）。

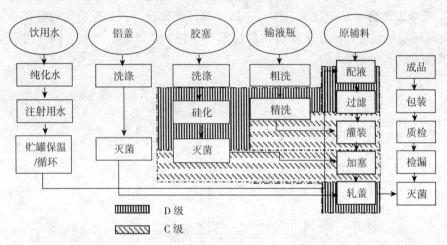

图5-7　大容量注射剂的生产工艺流程

1. 输液的种类

　　（1）电解质输液　用以补充体内水分和电解质，调节酸碱平衡等。常用的有等渗氯化钠、复方氯化钠注射液、碳酸氢钠注射液等。

　　（2）营养类输液　糖类及多元醇类输液（如葡萄糖注射液、甘露醇注射液等）、氨基酸类输液（如复方氨基酸注射液等）、脂肪类输液（如静脉脂肪乳注射液等）。

　　（3）胶体类输液（俗称血浆代用液）　这类输液是一种与血浆等渗的胶体溶液，可较长时间地保持在循环系统中，增加血容量和维持血压，但不能代替全血应用。如右旋糖酐、聚乙烯吡咯烷酮等。

　　（4）治疗性输液　含治疗性药物的输液，如肝病用氨基酸输液，常见的有支链氨基酸3H注射液、6合氨基酸注射液（肝醒灵）、肝安注射液、19复合氨基酸注射液等，主要用于急性、亚急性、慢性重症肝炎等。

2. 输液的质量要求

输液的质量要求与注射剂基本上是一致的，但由于输液一次注射量较大，故对无菌、无热原及可见异物的要求更为严格，pH值尽量与血浆接近，渗透压应等渗或稍偏高渗，含量、色泽也应合乎要求，不得添加抑菌剂。

　　静脉乳状液型注射液还必须符合下列要求：乳滴直径90%应在1μm以下，不得有大于5μm的液滴。

　　血浆代用液还应符合下列要求：不妨碍血型试验，不妨碍红细胞的携氧功能，在血液中能保留较长时间，易被机体吸收，不在脏器组织中蓄积中毒。

二、输液的容器和包装材料

输液的容器有玻璃瓶、塑料瓶、塑料袋三种。根据容器不同，生产线也分为三类，玻瓶生产线、塑瓶生产线和塑袋生产线。玻璃瓶要求瓶口内径符合要求，光滑圆整，大小合适，否则将影响密封程度，在贮存期间，可能污染长菌。输液用玻璃瓶同样应采用中性硬质玻璃制成，物理化学性质稳定，质量符合国家标准。塑料瓶为聚丙烯材质，耐水耐腐蚀，无毒、质轻、耐热性好、机械强度高、化学稳定性强等特点，可以热压灭菌。塑料袋为无毒聚氯乙烯（PVC）制成。现较为先进的软袋包装为用非 PVC 制成的双阀易折盖系统。

输液胶塞目前主要使用丁基胶塞，替代之前的普通胶塞，可不使用衬垫薄膜。使用前经清洗、硅化、灭菌、干燥。国外也使用聚异戊二烯胶塞。

三、输液的生产工艺

（一）输液的工艺过程和操作要点

1. 配制　原辅料的质量好坏，对输液质量影响较大。配液必须用新鲜的注射用水，注意控制注射水质量，特别是热原、pH 与铵盐，原料应选用优质注射用原料。配制时，根据处方按品种进行，必须严格核对原辅料的名称、重量、规格。通常加入 0.01% ~ 0.5% 的针用一级活性炭浓配，然后稀释至适量，活性炭分次加比一次加好。

2. 滤过　输液的滤过与安瓿注射剂相同，滤过多采用加压滤过法。为提高产品质量，目前生产多采用三级过滤：钛滤棒和超细聚丙烯纤维预滤膜进行预滤，微孔滤膜进行精滤。

3. 灌封　输液的灌封分为灌注药液、塞胶塞、轧铝盖等三步。采用局部层流，严格控制洁净度（A 级）。药液维持 50℃。大量生产多采用自动转盘式灌装机、自动加塞机和自动落盖轧口机等完成整个灌封过程。灌封过程中，应剔除轧口不紧松动的输液。

4. 灭菌　灌封后的输液应及时灭菌，从配液到灭菌以不超过 4h 为宜。根据药液中原辅料的性质，选择不同的灭菌方法和时间，一般采用 116℃ 热压灭菌 40min。因输液瓶大且厚，灭菌温度应逐渐升温，防止爆炸。按照热压灭菌柜的标准操作进行。塑料袋装的输液可以适当降低温度。但无论采用何种灭菌温度和时间参数，都必须证明所采用的灭菌工艺和监控措施在日常运行过程中能确保物品灭菌后的 $SAL \leqslant 10^{-6}$。F_0 一般不低于 8min。

（二）输液存在问题

输液生产中存在的主要问题是可见异物和微粒问题、染菌和热原反应。

1. 可见异物（澄明度）与微粒问题　注射液特别是输液中异物与微粒污染所造成的危害，已引起人们的普遍关注。较大的可造成局部循环障碍，引起血管栓塞；微粒过多，造成局部堵塞和供血不足，组织缺氧而产生水肿和静脉炎等。微粒包括炭黑、碳酸钙、氧化锌、纤维素、纸屑、黏土、玻璃屑、细菌、真菌等。微粒产生的原因是多方面的：①空气洁净度不够；②工艺操作中的问题；③胶塞与输液容器质量不好，在贮存期间污染药液；④原辅料质量影响。宜针对产生原因采取相应措施。

2. 染菌　染菌的输液会出现霉团、云雾状、混浊、产期等，也有外观上无任何变化。使用这种输液，会引起脓毒症、败血症、内毒素中毒甚至死亡。原因在于生产过程中严重污染、灭菌不彻底、瓶塞不严、漏气等。为此生产时要尽量减少制备过程中的污染、严格灭菌、严格包装。

3. 热原反应　热原污染途径及防止办法可详见热原项下。生产过程中进行全程控制。使用经灭菌的一次性全套输液器，有利于解决使用过程中热原污染。

四、输液的质量评价

1. 可见异物（澄明度）　输液澄明度按《中国药典》（2010 年版）二部（附录Ⅸ H）规定检查，灯检法采用目视检查，检查方法同小容量注射剂，但要求更高。生产时与小容量注射剂一样也可采用利用光散射原理的自动灯检仪进行逐瓶检测，以提高质量均一性，减少人为影响。

2. 不溶性微粒检查　肉眼只能检出 $50\mu m$ 以上的粒子，针对静脉用注射液、无菌粉末、注射用浓溶液等，在经过可见异物检查后，还需通过不溶性微粒检查。主要检查方法：一是将药物溶液用微孔滤膜滤过，然后在显微镜下测定微粒的大小及数目；另一种方法是采用光阻法。具体按《中国药典》二部（附录Ⅸ C）。

药典规定检查 100ml 或以上的静脉用的注射液，采用显微计数法检查时，除另有规定外，每 1ml 中含 $10\mu m$ 及以上的微粒不得超过 12 粒，含 $25\mu m$ 及以上的微粒不得超过 2 粒。采用光阻法检查时，除另有规定外，每 1ml 中含 $10\mu m$ 及以上的微粒不得超过 25 粒，含 $25\mu m$ 及以上的微粒不得超过 3 粒。

3. 其他　包括装量、澄明度、热原、无菌、pH 值以及含量测定等项，均应符合药典规定。

五、输液的处方实例

例 5-3　葡萄糖注射液

【处方】

葡萄糖（含结晶水）	50g
1% 盐酸	适量
注射用水	加至 1000ml

【制法】

取处方量葡萄糖投入煮沸注射用水中，使成 50% ~60% 的浓溶液；加盐酸调节 pH 为 3.8~4.0；加活性炭 0.1%（g/ml），混匀，煮沸 10min，冷至 40~50℃搅拌 10min，趁热滤过脱炭；滤液加注射用水至全量；测定含量、pH 合格后，滤至澄明；灌封，热压灭菌。

5% 葡萄糖注射液，具补充体液、营养、强心、利尿、解毒作用，用于大量失水、血糖过低等症。

注：（1）葡萄糖注射液有时产生云雾状沉淀，一般是由于原料不纯或滤过时漏炭等原因造成，解决办法是采用浓配法，滤膜滤过，加入适量盐酸，活性炭吸附滤过除去杂质。

（2）葡萄糖注射液易变黄和 pH 下降应注意严格控制灭菌温度与实践，调节溶液 pH 在 3.8~4.0

较为稳定。

任务六　注射用无菌粉末生产技术

一、概述

注射用无菌粉末系用无菌操作法将经过无菌精制的药物分（灌）装于无菌容器中，临用前再用灭菌的注射用溶媒溶解或混悬而制成的剂型，简称粉针。凡遇水、热不稳定的药物如青霉素 G、辅酶 A、胰蛋白酶、酶制剂等均需制成粉针。

根据制备方法不同，粉针分为注射无菌分装产品和注射用冻干制品两类。

注射用无菌粉末的质量要求与溶液型注射液基本一致，质量检查应符合《中国药典》注射用药物的各项规定及注射用无菌粉末的各项检查。

制备注射用冻干制品时，由于单独的药物溶液往往不易冻干，或蛋白质药物易变性等，故在冻干处方中常需加入冻干保护剂。冻干保护剂可改善冻干产品的溶解性和稳定性，或使冻干产品有美观的外形。优良的保护剂应在整个冻干过程中以及成品贮藏期间保护药物的稳定性。

常用的保护剂有如下几类：①糖类、多元醇，如蔗糖、海藻糖、乳糖、葡萄糖、麦芽糖、甘露醇等；②聚合物，如聚维酮（PVP）、聚乙二醇（PEG）、右旋糖酐等；③无水溶剂，如乙烯乙二醇、甘油、二甲亚砜（DMSO）、二甲基甲酰胺（DMF）等；④表面活性剂，如吐温 80 等；⑤氨基酸，如脯氨酸、L－色氨酸、谷氨酸钠、丙氨酸、甘氨酸、肌氨酸等；⑥盐和胺，如磷酸盐、醋酸盐、柠檬酸盐等。

二、注射用无菌粉末的容器和包装材料

注射用无菌粉末的容器主要采用中性硬质玻璃制成的玻璃瓶，俗称西林瓶。根据制法不同有模制瓶和管制瓶两种。模制瓶是直接模具制成，瓶壁较厚，外观粗糙；管制瓶是先拉成玻璃管，再用玻璃管做成瓶子，瓶壁薄，外观光亮。粉针剂的容器约 70% 使用模制瓶，其余大多用管制瓶。之前安瓿也有用于粉针剂，但已不多见。

西林瓶处理普遍采用立式转鼓式超声波洗瓶机清洗，350℃隧道灭菌。封口用丁基胶塞可在胶塞清洗机内完成清洗、硅化处理、灭菌、干燥。灭菌方法采用 125℃ 干热灭菌 2.5h 或热压灭菌后 120℃ 烘干。灭菌后的胶塞和西林瓶应在 24h 内使用。

三、注射用冻干制品的生产工艺

注射用冷冻干燥制品即冻干型粉针，是将药物制成无菌水溶液，进行无菌灌装，再经冷冻干燥，在无菌条件下封口制成的固体状制剂。

冻干制品具有以下优点：①可避免药品氧化或高热分解；②所得产品质地疏松，加水后能迅速溶解恢复药液原有特性；③含水量低，在 1% ~3% 内，干燥在真空下进行，不易氧化，有利于产品长期贮藏；④产品微粒物质较少，污染机会少；⑤剂量准确，外观优良。不足之处在于溶剂不能随意选择，需特殊设备，成本较高。

冻干制品的制备特殊之处在于采用冷冻干燥方法除去水。冷冻干燥是将药物溶液

先冻结成固体，然后再在一定的低温与真空条件下，将水分从冻结状态直接升华除去的一种干燥方法。

1. 冷冻干燥原理和设备 从水的三相图（图5-8）可知，在613.3Pa（46mmHg）下，0℃时水的冰、水、气三相可共存。当温度与压力低于该三相点时，水的物理状态只有冰和气，不存在液态的水，也就是说，不管温度如何变化，水只在固态与气态之间变化，固态的冰受热时可不经液相直接变为水蒸气（即升华过程）。

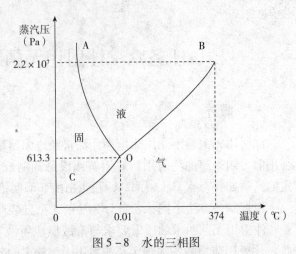

图5-8 水的三相图

冷冻干燥设备即冷冻干燥机，有不同的种类和规格，但其结构与工作原理大致相同，分别由制冷系统、真空系统、加热系统和控制系统四部分组成。按结构分，由冻干箱（或称干燥箱）、冷凝器（或称水汽凝集器）、冷冻机、真空泵和阀门、电气控制元件等组成（图5-9）。

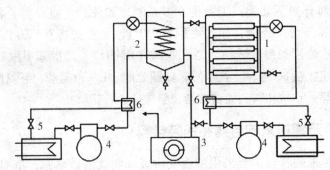

图5-9 冻干机组成示意图

1. 冻干箱；2. 冷凝器；3. 真空泵；4. 制冷压缩机；5. 水冷却器；6. 热交换器

2. 冻干制品的工艺过程与操作要点 新产品试制时，应先测出共熔点，以控制冷冻温度在低共熔点以下，以保证冷冻干燥顺利进行。低共熔点是在水溶液冷却过程中，冰和溶质同时析出结晶混合物时的温度。

（1）冻干前的操作 包括配液，活性炭处理，预滤，无菌过滤，分装进入西林瓶，半加塞（即胶塞一半插入瓶口，胶塞上的孔道使内外相通，既可防止异物落入，又可使冷冻干燥时的水分升华出来），最后将玻瓶放入冻干机中。

配液按注射剂的一般要求进行。当药物剂量较小时，自身体积不够大时，需要加填充剂增加容积，常用的填充剂有甘露醇、乳糖、右旋糖酐、山梨醇、明胶等。

分装时溶液厚度要薄些，这样水分升华就容易，分装容器的液面一般为1～2cm，冷冻干燥品不能加热灭菌，故在分装前利用无菌过滤等技术滤除细菌和微粒，从配液到压塞整个过程要在无菌环境下，严格按无菌操作进行。

（2）冷冻干燥 冷冻干燥过程包括预冻、升华、再干燥三个阶段。

由于制品升华必须在固体状态进行，因此预冻是冷冻干燥的重要环节。预冻温度一般是指产品在升华前必须达到的温度，应低于产品最低共熔点10~20℃，如不经过预冻而直接抽真空，易产生类似"沸腾"现象。如果制品在"沸腾"中冻结，部分制品可能冒出瓶外，造成药液损失或使制品凹凸不平。预冻方法有速冻法和慢冻法两种。前者是在制品进箱前，先将干燥箱温度降至-45~-40℃，再将制品送入箱内，以造成较大温度差，从而使致冷作用迅速，制品急速冷却。后者系每分钟降温1℃，形成的晶粒肉眼可见。预冻时间因品种不同而异，一般2~3h，有些品种需要更长时间。

升华干燥的操作常用有两种：一种是一次升华法，另一种为反复预冻升华法。前者系指制品一次冻结，一次升华即可完成干燥的方法，适用于共熔点在-20~-10℃的制品，结构单一、黏度和浓度均不大，装量厚度在10~15mm。后者适用于蜂蜜、蜂王浆等结构复杂、黏稠的产品，它们在升华过程中往往冻块软化，产生气泡，使制品表面形成黏稠状的网状结构，为了保证制品达到干燥，可将共熔点为-25℃的制品速冻至-45℃，然后升温至共熔点附近，维持30~40min，再降温至-40℃，如此反复处理，直到制品中水分不能使制品再溶为液态。

当升华干燥结束后，水分通常并未完全除去，故需进一步干燥，以除去残余水分，通常将制品温度缓慢升到0℃或0℃以上（干燥的温度具体应根据制品性质确定），保温一定时间，一般在0.5~5h不等。

（3）加塞、封口　冷冻干燥完毕，制品需在真空条件下进行箱内压塞，样品出箱后进行压盖。冻干周期一般在25~30h之间。

3. 注射用冻干制品易出现的问题

（1）含水量偏高　装液量过多、干燥时热量供应不足、真空度不够、冷凝器温度偏高等，均可造成含水量偏高。可采用旋转冻干提高冻干效率或用其他相应措施解决。

（2）喷瓶　预冻温度偏低，产品冻结不实；升华时供热过快，局部过热，造成少量液体存在，在高真空时少量液体喷出而形成"喷瓶"。因此，必须控制预冻温度在共熔点以下10~20℃，加热升华时温度不超过共熔点。

（3）产品外观不饱满或萎缩成团粒　药液浓度太高，已干外壳结构致密内部水蒸气阻力过大，已升华的水蒸气未能及时抽走与表面已干层接触时间较长使其逐渐潮解，从而体积萎缩，致外形不饱满。可在处方中加入填充剂如氯化钠、甘露醇或反复预冻升华，改善结晶状态与制品的通气性，使水蒸气顺利逸出，改善产品外观。

四、注射用无菌分装产品的生产工艺

注射用无菌分装产品是将精制的无菌药物粉末在无菌条件下直接分装于灭菌的西林瓶或安瓿中密封而成。青霉素类、头孢类等分装车间不得与其他抗生素分装轮换生产，要有独立的生产车间。在新产品试制时，要对药物的热稳定性、临界相对湿度、粉末的晶型和粉末松密度（比容）有充分的了解后再进行合理的工艺设计。

1. 注射用无菌分装产品工艺过程和操作要点

（1）原料无菌粉末的制备　无菌粉末可采用重结晶法制备，即利用药物和杂质在不同溶剂中和不同温度下溶解度的差异，选用适当的溶剂、溶解条件和结晶条件在无菌条件下进行重结晶精制。喷雾干燥法制备，必要时进行粉碎、过筛，以使粒度均匀，便于分装，均在无菌条件下完成。

（2）分装　分装必须在高度洁净的无菌室中按照无菌操作法进行。目前使用的分装设备有插管分装机、螺旋自动分装机、真空吸粉分装机等。分装好后的小瓶立即加塞并用铝盖密封，安瓿用火焰熔封。

（3）灭菌和异物检查　对于能耐热的品种如青霉素，可按前述条件进行补充灭菌，以保证安全。不耐热品种，必须严格无菌操作，产品不能灭菌。异物检查一般在传送带上，用目检视。

2. 注射用无菌分装产品存在问题

（1）装量差异　粉末吸潮导致流动性下降，粉末的粉体学性质如粒度、比容，机械设备性能等因素均可造成装量差异。

（2）可见异物（澄明度）问题　药物粉末经过一系列处理，以致污染机会增多，往往使粉末溶解后出现毛屑、小点，以致澄明度不合格。

（3）无菌问题　成品无菌检查合格，只能说明抽检样本合格，不能代表全部产品完全无菌。产品采用无菌操作法生产，极易受到污染，微量微生物肉眼不可见，危险性更大。为解决无菌操作过程中的污染问题，目前普遍采用单向流（层流）净化装置，人员不可进入，必要时通过手套箱进行操作，为高度无菌提供可靠保证。

（4）贮存过程中吸潮　胶塞透气导致吸潮，应选择性能好的胶塞，并选择铝盖压紧瓶口烫蜡，防止水气透入。

五、注射用无菌粉末的质量评价

1. 装量差异　注射用无菌粉末应检查装量差异，取供试品5瓶（支），除去标签、铝盖，容器外壁用乙醇擦净，干燥。开启时避免玻璃屑等异物落入容器内，分别迅速精密称定。倾出内容物，容器用水或乙醇洗净，在适宜条件下干燥后，再分别精密称定每一容器重量，求出每瓶装量与平均装量。

表5-6　注射用无菌粉末装量差异

平均重量或标示装量	装量差异限度
0.05g及0.05g以下	±15%
0.05g以上至0.15g	±10%
0.15g以上至0.50g	±7%
0.50g以上	±5%

2. 不溶性微粒检查　采用光阻法检查时，除另有规定外，每瓶含$10\mu m$及以上的微粒不得超过6000粒，含$25\mu m$及以上的微粒不得超过600粒。采用显微计数法时，除另有规定外，每瓶含$10\mu m$及以上的微粒不得超过3000粒，含$25\mu m$及以上的微粒不得超过300粒。具体参见《中国药典》（附录XI C）。

3. 其他　其他检查项目同小容量注射剂

六、注射用无菌粉末实例

例5-4　注射用盐酸阿糖胞苷

【处方】

盐酸阿糖胞苷	500g
5%氢氧化钠溶液	适量
注射用水	加至 1000ml

【制法】

在无菌操作室内称取盐酸阿糖胞苷 500g，置于适当无菌容器内，加无菌注射用水至 950ml，搅拌使溶，加入 5%氢氧化钠溶液调节 pH 至 6.3～6.7，补加灭菌注射用水至足量，然后加配制量的 0.02%活性炭，搅拌 5～10min，用无菌布氏漏斗铺二层灭菌滤纸过滤，再用经灭菌的 G_6 号垂熔漏斗精滤，滤液检查合格后，分装于 2ml 安瓿中，低温冷冻干燥约 26h 后，无菌熔封即得。

任务七　眼用制剂的生产技术

一、概述

眼用液体制剂是指供洗眼、滴眼或眼内注射用以治疗或诊断眼部疾病的液体制剂。按其用法可分为滴眼剂、洗眼剂和眼用注射剂三类。洗眼剂系指供临床眼部冲洗、清洁用的灭菌液体制剂。如生理氯化钠溶液，2%硼酸溶液等。眼用注射剂系指直接用于眼部注射用的无菌制剂，可用于结膜下、球后、前房及玻璃体内注射等局部给药，以提高眼内的药物浓度，增加疗效。滴眼剂是最为常用的眼用液体制剂，以下重点介绍滴眼剂。

滴眼剂系指药物与适宜辅料制成的供滴入眼内的无菌液体制剂，以水溶液为主，包括少数水性混悬液、油溶液、乳状液等。也有将药物做成片剂等固体形式，临用时再配成水溶液。滴眼剂常用作消炎杀菌、散瞳缩瞳、降低眼压、麻醉或诊断，也可用作润滑或代替泪液等。

滴眼剂虽是外用剂型，但质量要求类似注射剂，主要有：

（1）无菌　眼部有无外伤是滴眼剂无菌要求严格程度的界限。用于眼外伤的眼用制剂要求绝对无菌，包括手术后用药在内，而且不得添加抑菌剂。一般灭菌后立即使用，或采用单剂量包装。一般滴眼剂是多剂量剂型，要求无致病菌，需使用抑菌剂，且作用迅速。

（2）pH　滴眼剂的 pH 调节应兼顾药物的溶解度和稳定性的要求，以及机体适应性。滴眼剂的用量较小，由于泪液的稀释和缓冲作用，一过性刺激时间较短。正常眼睛可耐受的 pH 为 5.0～9.0，pH 为 6.0～8.0 无不适感，小于 5.0 或大于 11.4 则对眼有明显刺激性，甚至损伤眼角膜。

（3）渗透压　除另有规定外，滴眼剂与泪液等渗。眼球能适应的渗透压范围相当于浓度为 0.6%～1.5%的氯化钠溶液，超过 2%时就有明显的不适感。

（4）可见异物（澄明度）　滴眼剂的澄明度要求比注射剂低。溶液型滴眼剂应澄明，不得含有不溶性异物。混悬型滴眼剂应进行药物颗粒细度检查，大于 $50\mu m$ 颗粒不得 2 粒，并不得检出大于 $90\mu m$ 的粒子。

（5）黏度　适当增大滴眼剂的黏度可延长药物在眼内停留时间，从而增强药物的作用，减少刺激性。合适的黏度为 $4.0\sim5.0\text{cPa}\cdot\text{s}$ 之间。

二、滴眼剂的处方组成

滴眼剂的主药应无杂质、纯度高，最好用注射用原料，或在使用前进行精制，使所用原料应符合注射用标准。滴眼剂的处方中除主药外，还需加入滴眼剂的溶剂和附加剂。

滴眼剂的溶剂必须符合注射用要求，即选用注射用水、注射用非水溶剂等。

为达到滴眼剂的最佳疗效，同时减少滴眼剂的刺激性，因此考虑添加附加剂。

1. pH 调节剂　为避免过强的刺激性和使药物稳定，常用缓冲溶液来稳定药液的pH。常用的缓冲溶液有：

（1）磷酸盐缓冲液　以无水磷酸二氢钠 8g 配成 1000ml 溶液，无水磷酸氢二钠 9.47g 配成 1000ml 溶液，按不同比例配合得到 pH $5.9\sim8.0$ 的缓冲液，等量配合的 pH 6.8 最常用。

（2）硼酸盐缓冲液　配成 1.24% 的硼酸溶液及 1% 硼砂溶液，按不同量配合可得 pH $6.77\sim9.11$ 的缓冲液。

2. 渗透压调节剂　眼球对渗透压有一定的耐受范围，渗透压的调节不必很精密，但低渗溶液宜调至等渗。常用的调节剂有氯化钠、硼酸、硼砂等。

3. 抑菌剂　滴眼剂是多剂量剂型，在使用过程中无法始终保持无菌，故必须加入抑菌剂。作为滴眼剂的抑菌剂，不仅要求有效，还要求迅速，在 $1\sim2\text{h}$ 内发挥作用，即在病人两次用药的间隔时间内达到抑菌，并要求对眼无刺激，能符合这些要求的抑菌剂不多，常用的有几类：①有机汞类，如硝酸苯汞、醋酸苯汞、硫柳汞；②季铵盐类，如苯扎氯铵、苯扎溴铵等；③醇类，如三氯叔丁醇、苯乙醇；④酯类，如尼泊金乙酯；⑤酸类，如山梨酸。

单一的抑菌剂常因处方的 pH 不适合，或与其他成分有配伍禁忌，不能达到速效目的，故采用复合抑菌剂发挥协同作用，提高杀菌效能。

4. 黏度调节剂　适当增加滴眼剂的黏度，可降低滴眼剂的刺激性，延长药物在眼球内作用时间且减少流失量，从而提高药效。滴眼剂合适的黏度 $4.0\sim5.0\text{cPa}\cdot\text{s}$，常用的增黏剂有甲基纤维素 MC、聚乙烯醇 PVA、聚维酮 PVP 等，羧甲基纤维素钠 CMC-Na 不常用，因其与生物碱盐及洗必泰有配伍禁忌。

三、滴眼剂的生产技术

1. 滴眼剂的容器与处理　滴眼瓶有玻璃与塑料两种。现大多用塑料制，吹塑制成，即时封口，不易污染。一般处理可按安瓿喷射洗涤法进行。清洗时先切开封口，用真空灌装器将过滤后的注射用水灌入用于精洗。必要时用气体灭菌，避菌存放备用。

2. 药液的配制与灌装　滴眼剂要求无菌，小量配制可在避菌柜中进行。工厂大量生产，要按注射剂生产工艺要求进行。所用器具洗净后干热灭菌，或用杀菌剂浸泡灭菌，用前再用注射用水洗净。操作者的手宜用 75% 酒精消毒，或戴灭菌手套，以免细菌污染。

根据药物性质不同采用不同工艺：

（1）药物性质稳定

（2）主药不耐热的品种　全部无菌操作法制备。

（3）用于眼部手术或眼外伤的制剂，必须制成单剂量包装制剂。如用安瓿，按注射剂生产工艺进行，保证无菌。洗眼液按输液生产工艺制备，用输液瓶包装。

四、滴眼剂的质量检查

滴眼剂需进行可见异物、渗透压摩尔浓度、最低装量检查、主药含量检查等，并抽样检查铜绿假单胞杆菌及金黄色葡萄球菌。

五、滴眼剂举例

例 5-5　氯霉素滴眼液

【处方】

氯霉素	25g
硼酸	19g
硼砂	0.38g
硫柳汞	0.04g
灭菌纯化水加至	1000ml

【制法】

取注射用水适量，煮沸，加入硼酸、硼砂使溶解，冷至60℃，加入氯霉素，硫柳汞搅拌溶解，过滤，自滤器上添加一定量灭菌蒸馏水至1000ml，检查澄明度合格后，分装。

注：①氯霉素溶解度为1:400，0.25%溶液已达饱和，若配高浓度时，可加入适量吐温80为增溶剂。②氯霉素在中性或弱酸性时稳定，碱性时易分解，故调整 pH 在 5.8~6.5。因本品已为等渗，则无须再行调整。③氯霉素滴眼液在贮存过程中，效价常渐降低，故生产时应适当提高投料量，使在有效贮存期内，效价不至降低。

实训　维生素 C 注射液的生产

【实训目的】

（1）掌握注射剂（水针）的制备方法及工艺过程中的操作要点。

（2）熟悉注射剂的可见异物检查

（3）了解维生素 C 溶液的有关化学性质。

【实训场所】

实验室或制剂车间

【实训内容】

1. 维生素 C 注射液的制备

【处方】

维生素 C	104g
EDTA – Na$_2$	0.05g
碳酸氢钠	49g
亚硫酸氢钠	2g
注射用水	加到 1000ml

【制法】

在配制容器中，加配制量 80% 的注射用水，通二氧化碳饱和，加维生素 C 溶解，分次缓缓加入碳酸氢钠，搅拌使完全溶解，至无二氧化碳产生时，加入预先配好的 EDTA – Na$_2$ 溶液和亚硫酸氢钠溶液，搅拌均匀，调节药液 pH 至 6.0 ~ 6.2，加二氧化碳饱和的注射用水至足量，用钛滤棒和微孔滤膜过滤至澄明，在二氧化碳气流下灌封，用流通蒸气 100℃/15min 灭菌。

2. 小容量注射剂的可见异物检查

将安瓿外壁擦干净，1 ~ 2ml 安瓿每次拿取 6 支，于伞棚边处，手持安瓿颈部使药液轻轻翻转，用目检视，每次检查 18s。除特殊规定品种外，未发现有异物或仅带微量白点者作合格论。

【实训结果】

注射剂的质量检查结果（记录于下表）

总检数	废品数（支）							合格成品	成品
（支）	漏气	玻屑	纤维	白点	白块	焦头	其他	数（支）	率（%）
维生素 C 注射液									

目标检测

一、单选题

1. 有关注射剂的叙述错误的是（　　　）

   A. 注射剂车间设计要符合 GMP 的要求

   B. 注射剂按分散系统可分为溶液型、混悬型、乳浊型和注射用无菌粉末或浓缩液四类

   C. 配制注射液用的水应是蒸馏水，符合药典蒸馏水的质量标准

   D. 注射液都应达到药典规定的无菌检查要求

2. 有关输液的叙述错误的是（　　　）

   A. 输液从配制到灭菌以不超过 12h 为宜

   B. 输液澄明度合格后还要检查不溶性微粒

C. 输液灭菌时一般应预热 20 ~ 30min

D. 输液灭菌时间应在药液达到灭菌温度后计算

3. 将青霉素钾制成粉针剂的目的是（　　　）

    A. 防止光照降解　　　　　　　　　B. 防止氧化分解

    C. 防止水解　　　　　　　　　　　D. 免除微生物污染

4. 可加入抑菌剂的制剂是（　　　）

    A. 肌内注射剂　　　　　　　　　　B. 输液

    C. 眼用注射剂　　　　　　　　　　D. 手术用滴眼剂

5. 对生产注射剂使用的滤过器表述错误的是（　　　）

    A. 垂熔玻璃滤器化学性质稳定，但易吸附药物

    B. 板框式压滤机多用于粗滤

    C. 砂滤棒易于脱砂，难于清洗，有改变药液 pH 的情况

    D. 垂熔玻璃滤器 3 号多用于常压滤过，4 号可用于减压或加压滤过

6. 注射剂的制备中，洁净度要求最高的工序为（　　　）

    A. 配液　　　　　B. 过滤　　　　　C. 灌封　　　　　D. 灭菌

7. 常用于注射液的最后精滤的是（　　　）

    A. 砂滤棒　　　　　　　　　　　　B. 垂熔玻璃棒

    C. 微孔滤膜　　　　　　　　　　　D. 布氏漏斗

8. 注射剂最常用的抑菌剂为（　　　）

    A. 三氯叔丁醇　　　　　　　　　　B. 尼泊金乙酯

    C. 碘仿　　　　　　　　　　　　　D. 醋酸苯汞

9. 冷冻干燥工艺流程正确的为（　　　）

    A. 测共熔点→预冻→升华→干燥　　B. 测共熔点→预冻→干燥→升华

    C. 预冻→测共熔点→升华→干燥　　D. 预冻→测共熔点→干燥→升华

10. 注射剂质量要求的叙述中错误的是（　　　）

    A. 各类注射剂都应做可见异物检查

    B. 调节 pH 应兼顾注射剂的稳定性及溶解性

    C. 应与血浆的渗透压相等或接近

    D. 各类注射剂都应做不溶性微粒检查

11. 输液的灭菌应采用的灭菌法是（　　　）

    A. 辐射灭菌法　　　　　　　　　　B. 紫外线灭菌法

    C. 热压灭菌法　　　　　　　　　　D. 干热灭菌法

12. 无菌室空气可采用的灭菌方法是（　　　）

    A. 辐射灭菌法　　　　　　　　　　B. 紫外线灭菌法

    C. 热压灭菌法　　　　　　　　　　D. 干热灭菌法

13. 滴眼剂和注射剂质量要求上最大区别在于滴眼剂没有（　　　）要求

    A. 无菌　　　　　　　　　　　　　B. 无热原

    C. 可见异物　　　　　　　　　　　D. 渗透压

14. 多效蒸馏水器中的内螺旋水汽分离系统的作用是除去（　　　）

A. 热原　　　　　　　　　　　　B. 重金属离子

C. 细菌　　　　　　　　　　　　D. 废气

15. 滴眼液处方中加入甲基纤维素其作用是（　　　）

A. 调节等渗　　　　　　　　　　B. 抑菌

C. 调节黏度　　　　　　　　　　D. 医疗作用

16. 热压灭菌的 F_0 要求最低为（　　　）

A. 8　　　　　　B. 6　　　　　　C. 2　　　　　　D. 16

17. 注射用青霉素粉针，临用前应加入（　　　）

A. 酒精　　　B. 灭菌注射用水　　　C. 纯化水　　　D. 注射用水

18. 空气净化技术主要是通过控制生产场所中的（　　　）

A. 适宜的温度、湿度　　　　　　B. 空气中尘粒浓度适宜的湿度

C. 空气细菌污染水平　　　　　　D. 均是

19. 作为热压灭菌法可靠性参数的是（　　　）

A. F 值　　　B. F_0 值　　　C. D 值　　　D. Z 值

20. 注射于真皮和肌肉之间的软组织内，剂量为 1~2ml 的注射剂称为（　　　）

A. 静脉注射剂　　　　　　　　　B. 肌内注射剂

C. 皮内注射剂　　　　　　　　　D. 皮下注射剂

二、多选题

1. 关于注射剂配制正确的叙述是（　　　）

A. 可采用加压三级滤过　　　　　B. 采用注射用原辅料

C. 采用活性炭除热原　　　　　　D. 可采用浓配法或稀配法

2. 将药物制成注射用无菌粉末的目的是（　　　）

A. 防止药物潮解　　　　　　　　B. 防止药物挥发

C. 防止药物水解　　　　　　　　D. 防止药物遇热分解

3. 注射剂安瓿的材质要求是（　　　）

A. 足够的物理强度　　　　　　　B. 具有较高的熔点

C. 具有低的膨胀系数　　　　　　D. 具有高的化学稳定性

4. 注射剂中污染微粒的主要途径是（　　　）

A. 原辅料　　　　　　　　　　　B. 容器

C. 使用过程　　　　　　　　　　D. 环境空气

5. 生产注射剂时常加入适量的活性炭，其作用是（　　　）

A. 脱色　　　　　　　　　　　　B. 助滤

C. 吸附热原　　　　　　　　　　D. 吸附杂质

6. 关于注射用无菌粉末的叙述正确的是（　　　）

A. 对水不稳定药物可制成粉针剂　　B. 粉针剂为非最终灭菌药品

C. 粉针剂可采用冷冻干燥法制备　　D. 粉针剂的原料必须无菌

7. 输液的质量要求与一般注射剂相比，更应注意（　　　）

A. 无菌　　　　　　　　　　　　B. 无热原

    C. 可见异物　　　　　　　　　　　　D. pH 值

8. 注射用冷冻干燥制品的特点是（　　　）

    A. 可避免药品因高热而分解变质

    B. 可随意选择溶剂以制备某种特殊药品

    C. 含水量低

    D. 所得产品质地疏松

9. 关于注射剂质量要求的叙述正确的是（　　　）

    A. 注射剂不能含有任何肉眼可见的杂质

    B. 用于静脉滴注的注射剂需进行热原检查

    C. 注射剂不应含有任何活的微生物

    D. 注射剂一般应具有与血液相等或相近的 pH 值

10. 注射液机械灌封中可能出现的问题是（　　　）

    A. 药液蒸发　　　　　　　　　　　B. 出现鼓泡

    C. 焦头　　　　　　　　　　　　　D. 装量不正确

11. 输液的灭菌应注意（　　　）

    A. 从配液到灭菌在 4h 内完成　　　B. 经 115.5℃/30min 热压灭菌

    C. 从配液到灭菌在 12h 内完成　　D. 经 100℃/30min 流通蒸气灭菌

12. 注射剂配制时要求（　　　）

    A. 注射用水应用前经热压灭菌

    B. 配制方法有浓配法和稀配法，易产生澄明度问题的原料应用稀配法

    C. 对于不易滤清的药液，可加活性炭起吸附和助滤作用

    D. 所用原料必须用注射用规格，辅料应符合药典规定的药用标准

13. 有关注射剂灭菌的叙述中，错误的是（　　　）

    A. 从配液到灭菌在 12h 内完成

    B. 微生物耐热性在中性溶液中最大，酸性溶液中最小

    C. 滤过除菌法是最常用的灭菌方法

    D. 灌封后的注射剂必须在 12h 内进行灭菌

14. 使用热压灭菌柜应注意（　　　）

    A. 使用饱和水蒸气

    B. 排尽柜内空气

    C. 待柜内压力与外面相等时再打开柜门

    D. 灭菌时间应从全部药液达到灭菌温度时算起

15. 可以加入抑菌剂的制剂为（　　　）

    A. 滴眼剂　　　　　　　　　　　　B. 脊椎注射剂

    C. 静脉注射剂　　　　　　　　　　D. 肌内注射剂

三、问答题（综合题）

1. 注射剂应符合哪些质量要求？按分散系统可分为哪几类？举例说明。

2. 注射剂的附加剂有哪些？举例说明。

3. 注射剂的生产工艺流程怎样？输液的生产工艺流程怎样？比较两者异同。

4. 安瓿应符合哪些质量要求？

5. 注射液配制方法有几种？各自适用性怎样？

6. 注射剂的灌封包括哪几个步骤？灌封时应注意哪些问题？

7. 输液可分为哪几类？举例说明。目前存在哪些问题？怎样解决？

8. 输液的包装材料有哪些？应分别符合哪些质量要求？使用前应怎样处理？

9. 哪些药物宜制成粉针？举例说明。制备粉针的方法有哪些？有何特点？

模块三

固体制剂生产技术

项目六 | 散剂、颗粒剂生产技术

◎**知识目标**
1. 掌握粉碎、过筛、混合的方法和注意事项。
2. 掌握散剂、颗粒剂的定义、特点和制备方法。
3. 熟悉溶出速度的概念和影响溶出速度的因素。
4. 熟悉常用的制粒技术。
5. 熟悉影响粉体流动性的因素。
6. 熟悉散剂、颗粒剂的质量检查与储存。

◎**技能目标**
1. 会使用常用的粉碎、过筛、混合设备。
2. 能制备散剂、颗粒剂。
3. 能正确评价散剂、颗粒剂的质量。

固体制剂是以固体形态存在的各种制剂，临床常用剂型的有散剂、颗粒剂、胶囊剂、片剂、丸剂、膜剂等。与液体制剂相比，固体制剂的物理、化学稳定性好，生产成本较低，服用与携带方便。通过本项目的学习，明确粉体的粒径、分布与流动性对制剂制备操作、质量的重要性，掌握粉碎、过筛、混合三项固体制剂制备的基本操作，能进行散剂、颗粒剂的生产与质量管理岗位操作及能正确指导患者合理使用散剂和颗粒剂。

任务一　固体制剂简介

一、固体制剂的溶出

固体制剂的主要给药方式是口服，口服后药物不能立即与胃肠液接触，而要经过以下过程：固体制剂→崩解（或分散）→溶解→经生物膜吸收。固体制剂首先要崩解或分散成细小颗粒，药物再从颗粒中溶出进入胃肠液，经过胃肠道上皮细胞膜吸收后进入血液循环，然后才能发挥药效。药物从制剂中的溶出速度对药物起效的快慢、作用的强弱和维持时间的长短等有重要的影响。

（一）溶出速度

溶出速度是指单位时间内固体制剂中有效成分在特定的溶解介质中溶解的量。溶出过程包括两个连续的阶段，首先是药物从固体表面溶解出来，然后在扩散或对流的作用下进入整个溶液中。固体制剂中药物的溶出是吸收的前提，尤其是难溶性药物，溶出速度直接影响其吸收速度，因而与药效密切相关，是控制和评定药品质量的重要指标之一。

（二）影响溶出速度的因素

固体药物的溶出速度及其影响因素可以用 Noyes–Whitney 方程来描述：

$$dC/dt = KS（Cs – C）\tag{6–1}$$

式中，dC/dt 为药物的溶出速度，K 为溶出速度常数；S 为固体粒子的表面积，Cs 为固体药物的溶解度，C 为 t 时刻药物在总体溶液中的浓度。

在漏槽条件下，C→0，上式可以简化为：

$$dC/dt = KSCs\tag{6–2}$$

上式表明，药物从固体制剂中的溶出速度与溶出速度常数 K、固体药物粒子的表面积 S、药物的溶解度 Cs 成正比。故改善固体制剂溶出速度的有效方法是减小粒径、增加固体粒子的表面积和增加药物的溶解度。

二、粉体学

粉体（powder）是无数个固体粒子的集合体，粉体学（micromeritics）是研究粉体的基本性质及其应用的科学。粉体的本质是固体，但又具备液体和气体的某些性质，如具有流动性、充填性、压缩成形性等，因此常把粉体视为第四种物态来进行研究。粉体学是药剂学的基本理论之一，对制剂的处方设计、制备、质量控制、包装等都有重要的指导意义。

（一）粉体粒子的大小

粉体中粒子的大小范围很宽，制剂中常用的粒子范围在几微米到十几毫米之间，通常所说的"粉"、"粒"都属于粉体的范畴，小于 $100\mu m$ 的粒子通常叫"粉"，大于 $100\mu m$ 的粒子叫"粒"。粒子大小是决定粉体其他性质的最基本的性质，粒子大小不同，其溶解速度、吸附性、附着性以及粉体的密度、孔隙率、流动性等也会明显不同。

1. 粒子径　粒子大小可以用粒子径表示，由于粉体中各粒子形状很不规则，很难用描述规则物体的特征长度来表示其大小，为了适应生产和研究的需要，科学工作者根据测定方法的不同提出了一些表示粒径的方法，需要注意的是，测定方法不同，物理意义不同，测定值也不相同。

（1）几何学粒径（geometric diameter）　根据几何学尺寸定义的粒子径（图 6–1）。一般用显微镜法测定。近年来计算机的发展为几何学粒子径提供了快速、方便、准确的测定方法。

（2）筛分径（sieving diameter）　又称细孔通过相当径，是用筛分法测得的直径。当粒子通过粗筛网且被截留在细筛网时，粗细筛孔直径的算术或几何平均值称为筛分径。

（3）沉降速度相当径（settling velocity diameter）　亦称 Stocks 径或有效径（effect diameter），是用沉降法求得的粒径，用与被测粒子具有相同沉降速度的球形粒子的直径来表示。常用于测定混悬剂的粒径。

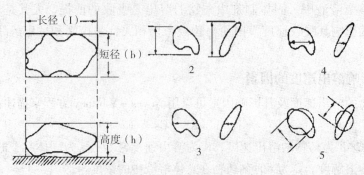

图6-1 几何学粒子径

1. 三轴径 2. 定方向接线径 3. 定方向最大径 4. 定方向等分径 5. 投影面积圆相当径

2. 粒度分布 研究粉体性质时不仅要知道粉体粒子的大小，还要了解某一粒径范围内粒子所占的百分率，这就是粒度分布，反映粒子大小的均匀程度。由于粒子大小是决定粉体其他性质的最基本的性质，粒子大小越均匀，粉体的性质就越均一，因此，了解粉体的粒度分布对制剂的制备和质量控制具有重要意义。粒子群的粒度分布可以用表格、绘图和函数等形式表示。

频率分布（frequency size distribution）与累积分布（cumulative size distribution）是粒度分布的常用表示方式。如果用图形的方式表示，频率分布是用一定粒度范围内粒子数目或重量的百分率（称频率）为纵坐标，粒径为横坐标，把一定粒度范围内粒子频率绘成直方图，根据直方图的高低，做平滑曲线，此曲线称频率分布图；累积分布是将小于或大于某粒径的粒子在全粒子群中所占的百分数为纵坐标，粒径为横坐标作图得到（图6-2）。

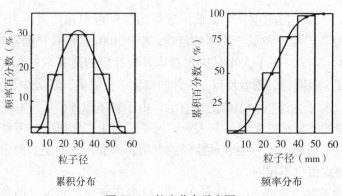

图6-2 粒度分布示意图

（二）粉体的流动性

流动性是粉体的重要性质之一。粉体的流动性对于散剂、颗粒剂分剂量的准确性以及胶囊剂、片剂等的重量差异影响较大，良好的流动性是保证产品质量的重要因素。

粉体流动性的表示方法有如下三种：

（1）**休止角**（angle of repose） 休止角是静止状态下粉体堆积层的自由斜面与水平面形成的夹角，用 θ 表示，如图6-3所示。θ 越小说明粉体粒子间摩擦力越小，即休止角越小，流动性就越好。一般认为 θ≤30° 时流动性好，θ≤40° 时可以满足生产过程中流动性的需求。虽然休止角是检验粉体流动性好坏的最简便方法，但测量方法不同所得数据有所不同，重现性较差，因此不能把它看作粉体的一个物理常数。

（2）流出速度（flow velocity） 流出速度是将一定量的粉体装入漏斗中，测定粉体从漏斗中全部流出所需的时间，流出时间越短，流动性越好。

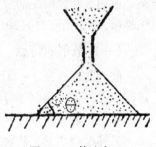

图6-3 休止角

（3）压缩度（compressibility index） 将一定量的粉体轻轻装入量筒后测量最初最松堆体积 V_0，采用轻敲法使粉体处于最紧状态，测量此时的堆体积 V_f，计算最松堆密度 ρ_0 与最紧堆密度 ρ_f，按照下列公式（6-3）计算出粉体的压缩度。

$$C = \frac{V_0 - V_f}{V_0} \times 100\% = \frac{\rho_f - \rho_0}{\rho_f} \times 100 \ （\%） \tag{6-3}$$

压缩度是粉体流动性的重要指标，其大小反映粉体的团聚性、松软状态。压缩度20%以下时流动性较好，压缩度增大时流动性下降，当压缩度达到40%～50%以上时粉体很难从容器中自动流出。

知识拓展

流动性的影响因素与改善方法

粒子间存在多种作用力如范德华力、黏着力、摩擦力、静电力等，这些作用阻碍粒子的自由流动，降低粉体的流动性，影响固体制剂的制备过程和质量控制。影响流动性的主要因素及改善措施有：

1. 粒子大小　一般粉状物料流动性差，颗粒状物料流动性好，这是因为粒径增大，粒子间接触点数减少，相互作用降低，因而流动性增加。在制剂生产中制粒是增大粒径，改善流动性的有效方法。

2. 粒子形态和表面粗糙度　各种形状的粒子中以球形粒子相互间接触点数最少，因而流动性较好。此外，粒子表面越粗糙，相互间摩擦力越大，流动性越差，可以通过加入适量助流剂如滑石粉、微粉硅胶等加以改善，助流剂多为细腻的粉末，可以填入粒子粗糙表面的凹面形成光滑表面，减少阻力，提高流动性。

3. 含湿量　粉体的吸湿作用会使粒子表面吸附一定量的水分，增加粒子间的黏着力，通过适当的干燥有利于减少这种作用力，改善流动性。

任务二　散剂生产技术

一、概述

散剂（powders）系指药物与适宜辅料经粉碎、均匀混合制成的干燥粉末状制剂，可供内服或外用。中药散剂系指药材或药材提取物经粉碎、混合均匀制成的粉末状制剂。散剂是我国传统剂型之一，虽然西药散剂应用越来越少，但中药散剂仍广泛应用于临床，《中国药典》（2010 年版）一部收载中药散剂 50 多种。

（一）散剂的特点

散剂的优点在于：①粒径小，比表面积大，易分散、起效快；②外用覆盖面积大，可同时发挥保护和收敛等作用；③剂量容易控制，方便婴幼儿使用；④制备工艺简单；⑤贮存、运输、携带方便。

另外也要注意，药物粉碎后比表面积增大，其臭味、刺激性及化学活性也相应增加，且某些挥发性成分易散失，所以，一些腐蚀性强、易吸湿变质的药物一般不宜制成散剂。

（二）散剂的分类

1. 按用途分类 可分为内服散剂和外用散剂。内服散剂一般溶于或混悬于水或酒中服用，也可直接用水冲服，发挥全身治疗作用，如蛇胆川贝散、口服补液盐等；外用散剂主要用于皮肤、口腔、咽喉、眼、腔道等疾病的治疗，一般撒在局部患处，如痱子粉、冰硼散等。

2. 按组成分类 可分为单散剂和复方散剂。由一种药物组成的称单散剂，由两种或两种以上药物组成的称复方散剂。

3. 按剂量分类 可分为分剂量散剂和不分剂量散剂。分剂量散剂系将散剂按一次服用量单独包装，一般为内服散剂；不分剂量散剂系以多次应用的总剂量形式包装，由患者按医嘱分取剂量使用，一般为外用散剂。

二、粉碎

粉碎（crushing）是借助于机械力将大块固体物料粉碎成适宜程度的碎块或细粉的操作过程。

（一）粉碎目的

粉碎的目的主要在于减小粒径，增加比表面积。在制剂生产中无论是主药还是辅料一般均需进行粉碎，粉碎操作对制剂过程有一系列的意义：①提高难溶性药物的溶出速度；②有利于固体各成分的均匀混合；③提高固体药物在液体、半固体、气体中的分散度；④有利于药材中有效成分的浸出。但需要注意，粉碎过程也有可能带来不良影响，如晶型转变、热分解、黏附和吸湿性的增大、粉尘飞扬、爆炸等。

（二）粉碎机制

物质依靠其分子间的内聚力而集结成一定形状的块状物。粉碎过程主要靠外加机械力的作用破坏物质分子间的内聚力来实现。粉碎过程常用的外加力有：冲击力（impact）、压缩力（compression）、剪切力（cutting）、弯曲力（bending）、研磨力（rubbing）等（图 6 - 4）。被粉碎物料的性质、粉碎程度不同，所需施加的外力也有所不同。脆性物质采用冲击力、压缩力和研磨力效果较好，纤维状物料用剪切力更有效；粗碎以冲击力和压缩力为主，细碎以剪切力、研磨力为主；要求粉碎产物能产生自由流动时，用研磨法较好。实际上多数粉碎过程是上述的几种力综合作用的结果。

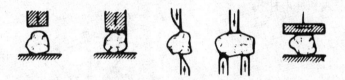

图 6-4　粉碎用外加力
1. 冲击力　2. 压缩力　3. 剪切力　4. 弯曲力　5. 研磨力

（三）粉碎方法

1. 单独粉碎　系将处方中性质特殊的药物或按处方要求分别单独粉碎。如氧化性、还原性较强的药物必须单独粉碎，否则可引起爆炸；贵重药物、剧毒药和刺激性药物也应单独粉碎，这样可减少损耗和便于劳动保护。

2. 混合粉碎　两种或两种以上的物料同时粉碎的操作称为混合粉碎。混合粉碎可避免一些黏性物料或热塑性物料在单独粉碎时粘壁以及物料间的复聚现象，又可使粉碎与混合操作同时进行。混合粉碎时各物料的硬度、密度、要求等相近，才能达到产品粒度的一致性。

3. 干法粉碎　干法粉碎是在干燥状态下进行的粉碎，如果药物含水量过大，需要适当干燥（一般不宜超过80℃），使含水量降低至5%以下，再进行粉碎。

4. 湿法粉碎　湿法粉碎是指在物料中加入适量的水或其他液体进行磨碎的方法。由于液体对物料有一定的渗透力和劈裂作用而有利于粉碎，可降低能量消耗，提高粉碎效率，同时还可避免粉碎时的粉尘飞扬。根据粉碎时加入的液体种类和量的不同，又可分为水飞法和加液研磨法。

（1）水飞法　水飞法是将药物与水共置于研钵或球磨机中一起研磨，使细粉漂浮于液面或混悬于水中，然后将此混悬液倒出，余下的粗料加水反复操作，至全部物料研磨完毕，所得的混悬液合并，沉降，倒出上清液，将湿粉干燥，可得极细粉。有些难溶性药物如炉甘石、珍珠等，要求特别细度时，一般是用水飞法粉碎。

（2）加液研磨法　加液研磨法是指药物中加入少量挥发性液体（如乙醇）进行研磨粉碎的方法，液体量以能润湿药物成糊状为宜。如樟脑、冰片、薄荷脑、牛黄等可加入乙醇进行粉碎。

5. 低温粉碎　低温粉碎是利用物料在低温状态下脆性增加而进行的粉碎。可采用物料先行冷却、物料与干冰或液氮混合粉碎或粉碎机壳通低温冷却水等方式进行。低温粉碎适用于高温下不稳定的药物及软化点、熔点低、具有热可塑性等常温下粉碎困难的物料。

（四）粉碎设备

1. 研钵　一般用瓷、玻璃、玛瑙制成，以瓷研钵和玻璃研钵最为常用，主要用于小剂量药物的粉碎和实验室小剂量制剂制备，瓷研钵内壁粗糙，吸附作用大，贵重或毒剧药用玻璃研钵为宜。

2. 万能粉碎机　万能粉碎机以冲击力为主，粉碎能力大，适用于脆性、韧性物料以及中碎、细碎、超细碎等，应用广泛，因此有"万能粉碎机"之称，但粉碎过程易发热，故不适用于高温下不稳定的药物及遇热易软化的药物。万能粉碎机根据其结构不同可分为锤击式和冲击柱式。

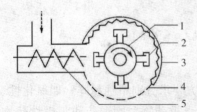

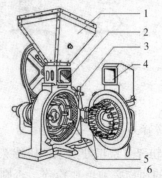

图6-5 锤击式粉碎机结构示意图
1. 圆盘 2. 钢锤 3. 衬板
4. 筛板 5. 加料器

图6-6 冲击柱式粉碎机结构示意图
1. 加料斗 2. 抖动装置 3. 环状筛板
4. 入料口 5. 冲击柱 6. 出粉口

锤击式粉碎机（俗称榔头机）的结构如图6-5所示，当物料从料斗进入到粉碎室时，由于高速旋转的锤头的冲击和剪切作用以及被抛向衬板的撞击等作用而被粉碎，细料通过筛板出料，粗料继续被粉碎。

冲击柱式粉碎机（转盘式粉碎机）结构如图6-6所示，主要由带有钢齿的圆盘和环状筛板构成。机器运转时，转盘上的冲击柱随转盘高速旋转，与固定盖上静止的冲击柱形成相对运动，物料由加料斗经抖动装置和入料口均匀地进入机内粉碎室。由于离心力的作用，物料被甩向转动柱和固定柱之间，并通过柱的撞击、剪切和研磨作用而粉碎。细料通过底部的环状筛板，经出粉口落入粉末收集袋中，粗料则留下继续粉碎。

3. 球磨机　球磨机是由不锈钢或陶瓷制成的圆柱筒内装一定数量和不同大小的钢球或瓷球构成的，其外形如图6-7所示。当球罐在电动机带动下旋转时，罐内的钢球和物料在离心力的作用开始运动，钢球逐渐上升至一定高度，然后落下，物料在钢球的撞击和研磨作用下得到粉碎。

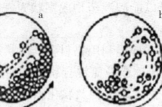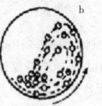

图6-7 球磨机

图6-8 球磨机转速示意图
a. 转速太慢 b. 转速适当 c. 转速太快

球磨机的粉碎效果与圆筒的转速有很大关系，当球磨机的转速过慢时，如图6-8a，因离心力较小，球体和物料上升到一定高度就会滑落下来，此时主要是研磨作用，粉碎效果较差；当球磨机的转速适宜时，如图6-8b，离心力作用可以使球体升到较高处，直到球体的重力径向分力大于离心力时，球体沿抛物线落下，此时球体对物料的冲击和研磨作用最大，粉碎效果最好；若继续增加转速，如图6-8c，则产生更大的离心力，球体和物料会随着球磨机一起旋转，则不能粉碎物料。适宜的转速为临界转速的 0.5 ～ 0.8 倍, 临界转速是球体在离心力的作用下能够随圆筒做旋转运动的最小速度。粉碎的影响因素除了与罐体的转速有关外, 还与罐体球以及物料的装量、球的重量、直径等有关。

球磨机结构简单, 密闭操作, 粉尘少, 常用于毒剧药、贵重药品和吸湿性药物的粉碎, 还可用于无菌粉碎、湿法粉碎。缺点是粉碎效率低, 粉碎时间较长。

4. 气流粉碎机 (流能磨) 气流粉碎机常用结构有圆盘形和椭圆形两种, 如图 6 -9 所示。将经过净化和干燥的压缩空气通过喷嘴进入粉碎室, 形成高速气流, 在其带动下物料相互间及物料与粉碎室器壁间发生剧烈的撞击、冲击、研磨而粉碎, 压缩空气夹带细粉由出料口进入旋风分离器或袋滤器进行分离, 较大的颗粒由于离心力的作用继续在粉碎室内重复粉碎过程。

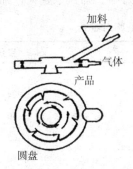
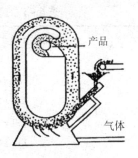

图 6 - 9 气流粉碎机结构示意图

1. 圆盘形 2. 椭圆形

由于粉碎过程中高压气流膨胀吸热, 产生明显的冷却作用, 可以抵消粉碎产生的热量, 尤其适用于抗生素、酶、低熔点及不耐热物料的粉碎, 粉碎后的物料可达到微米级, 因而又具有"微粉机"之称, 但粉碎费用较其他粉碎机高。

5. 胶体磨 胶体磨又称分散磨, 是使液流及细颗粒高速进入磨内窄小的空隙, 液流产生强大剪切力使聚合体的颗粒分散为单位颗粒, 或使轻度粘连的颗粒聚合体分散于液相中以及将液体分散为粒度约为 $1\mu m$ 的液滴。胶体磨的粉碎效率较高, 但只能用于湿法粉碎。

图 6 - 10 胶体磨示意图

三、过筛

过筛是指粉碎后的物料借助筛网将粗粉与细粉进行分离的操作, 又称筛分。

(一) 过筛的目的

物料粉碎后得到的粉末粒径是不均匀的, 过筛的目的主要是将这种粉末按照粒径大小加以分等, 以获得较均匀的粒子群, 这对药品质量的控制以及制剂生产过程的顺利进行都有直接的意义。如颗粒剂、散剂等制剂都有药典规定的粒度要求, 粒度的均匀性对药物的混合均匀度、粒子的流动性、填充性等都有明显的影响。此外, 多种物料一起过筛还兼有混合作用。

（二）药筛的类型及规格

药筛按照制作方法不同可分为编织筛和冲制筛。编织筛是用不锈钢丝、铜丝、尼龙丝、绢丝等编织而成，优点是单位面积上筛孔多，筛分效率高，可用于细粉的筛选。冲制筛是在金属板上冲出圆形的筛孔，其筛孔坚固，不易变形，多用作粉碎机上的筛板或中药丸剂等粗颗粒的筛选。

药筛的孔径大小用筛号表示，我国有药典标准和工业标准。《中国药典》（2010 年版）按筛孔内径大小（μm）规定了 9 种筛号，一号筛孔内径最大，九号筛孔内径最小，如表 6 - 1。工业标准用"目"表示筛号，以每英寸（2.54cm）长度上的筛孔数目表示，如每英寸上有 100 个孔的筛号标记为 100 目筛，筛目数越大，筛孔内径越小。

表 6 - 1　药典筛与工业筛对照表

筛号	筛孔内径（平均值）μm	目号
一号筛	2000 ± 70	10
二号筛	850 ± 29	24
三号筛	355 ± 13	50
四号筛	250 ± 9.9	65
五号筛	180 ± 7.6	80
六号筛	150 ± 6.6	100
七号筛	125 ± 5.8	120
八号筛	90 ± 4.6	150
九号筛	75 ± 4.1	200

粉末按照能通过相应规格的药筛分成不同的等级，《中国药典》（2010 年版）规定了六种粉末等级，见表 6 - 2。

表 6 - 2　粉末等级

等级	分等标准
最粗粉	指能全部通过一号筛，但混有能通过三号筛不超过 20% 的粉末
粗粉	指能全部通过二号筛，但混有能通过四号筛不超过 40% 的粉末
中粉	指能全部通过四号筛，但混有能通过五号筛不超过 60% 的粉末
细粉	指能全部通过五号筛，并含能通过六号筛不少于 95% 的粉末
最细粉	指能全部通过六号筛，并含能通过七号筛不少于 95% 的粉末
极细粉	指能全部通过八号筛，并含能通过九号筛不少于 95% 的粉末

（三）过筛设备

筛分设备的种类很多，选用时应根据粉末粗细的要求、性质和数量而定。

1. 摇动筛　摇动筛由摇动装置和药筛两部分组成，如图 6 - 11 所示。药筛按从大孔径到小孔径上下排列，最上层是筛盖，最下层是接收器，此种筛可用动力带动，处理量少时可用手摇。将物料放入最上部的筛上，盖上盖，固定在摇动台进行摇动和振荡数分钟，即可完成对物料的分级。常用于粒度分布的测定或少量、毒剧、刺激性药物、轻质药物的筛分。

图 6-11 摇动筛示意图

图 6-12 旋振筛示意图

2. 旋振筛 图 6-12 为旋振筛的示意图。此筛的振荡方向有三维性，既能产生水平圆周运动又能发生垂直方向运动。将物料加到筛网中心部位，通过筛网的旋转振荡作用，粗细物料得以分离，筛上的粗料从上部排出口排出，筛下细料从下部排出口排出。振荡筛具有分离效率高，单位筛面处理能力大，占地面积小，重量轻等优点，被广泛应用。

（四）过筛操作的注意事项

影响过筛的因素很多，为了提高过筛效率，需注意以下几点：

1. 加强振动 加强振动可以使粉末在筛网上产生滑动和跳动两种运动形式，跳动时粉末的运动方向几乎与筛网成直角，筛孔能够充分暴露，滑动时粉末的运动方向几乎与筛网平行，能增加粉末与筛孔的接触机会，因此，加强振动能够提高筛分的效率，但要注意振动的速度，过快或过慢都会降低过筛的效率。

2. 粉末应干燥 粉末的湿度越大，越容易黏结成团而堵塞筛孔，故需过筛的物料应控制其含水量，必要时先进行干燥。

3. 粉层厚度应适中 药筛内的粉层太薄影响过筛效率，但堆积太厚，有无法让粉末有足够的余地在较大范围内移动，也不利于过筛，因此要控制好每次过筛的加料量。

四、混合

混合是把两种或两种以上的物质均匀混合的操作，混合以各组分分布均匀、含量均匀一致为主要目的。混合方法包括搅拌混合、研磨混合和过筛混合。

（一）混合设备

生产中多采用搅拌方式或容器旋转方式使物料产生移动，以实现均匀混合的目的。

1. V 型混合机 V 型混合机由两个圆筒成 V 型交叉结合而成，如图 6-13 所示。物料在圆筒内旋转时，分开和汇合反复进行，在较短时间内即能混合均匀。本机混合速度快，混合效果好，应用广泛。操作中适宜转速为临界转速的 30% ~ 40%；适宜充填量为 30%。

图 6 - 13　V 形混合机

图 6 - 14　三维运动混合机

2. 三维运动混合机　如图 6 - 14，筒体可以做自转、公转和翻转的三向复合运动，混合效率高，混合时间短，物料无离心力作用，不受混合物料密度差的影响，物料装率大（最高可达 80%，普通混合机仅为 40%），混合均匀度高，是目前较理想的一种混合机。

3. 槽型混合机　如图 6 - 15，主要由混合槽、搅拌桨和水平轴组成，物料在搅拌桨的作用下不停地上下、左右、内外的各个方向运动，从而达到均匀混合，混合槽可以绕水平轴转动以便于卸料，这种混合机除了用于干燥物料的混合外，亦可用于湿物料的捏合（制软材）操作。

4. 双螺旋锥型混合机　双螺旋锥型混合机是一种新型混合装置，如图 6 - 16 所示，由锥形容器和两个螺旋推进器所组成。由锥体上部加料口进料，物料在双螺旋的快速自转下自底部上升，又在公转的作用下在全容器内旋转，从而产生涡旋和上下循环运动，混合完毕打开底阀出料。其混合特点是：混合速度快、混合度高、混合比较大时也能达到均匀混合，也是常用的捏合设备。

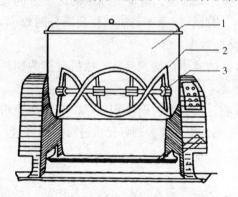

图 6 - 15　槽型混合机

1. 混合槽　2. 搅拌桨　3. 固定轴

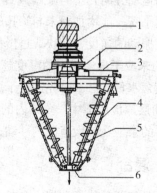

图 6 - 16　双螺旋锥形混合机

1. 减速器　2. 转臂　3. 加料口
4. 筒体　5. 螺旋杆　6. 出料口

（二）影响混合均匀性的因素

1. 各组分的混合比例　各组分比例相近时较易混匀，如果比例相差过大则难以混合均匀，此时应该采用等量递加混合法（又称配研法）进行混合，即量小药物研细，加入等体积量大的组分混匀，然后再加入与此混合物等体积的量大组分混匀，如此倍量增加混合至全部混匀。此法尤其适用于含毒性药物、贵重药物和小剂量药物的混合。

2. 各组分的密度与粒度 密度和粒径差异较大的组分在混合时，容易出现密度小的、粒径大的组分浮于上面，密度大的、粒径小的沉于底部而不易混匀。混合时一般宜将质轻的、粒径大的组分先加入混合容器中，质重的、粒径小的后加，这样可以避免混合不均的现象。

3. 各组分的黏附性与带电性 有的药物粉末对混合器械具有黏附性，影响混合也造成损失，一般应将量大或不易吸附的药粉或辅料垫底，量少或易吸附者后加入。混合时摩擦起电的粉末不易混匀，通常加少量表面活性剂或润滑剂加以克服，如硬脂酸镁、十二烷基硫酸钠等具有抗静电作用。

4. 含液体或易吸湿成分的混合 如处方中含有液体组分时，可用处方中其他固体组分或吸收剂吸收该液体至不润湿为止。若某组分的吸湿性很强（如胃蛋白酶等），则可在低于其临界相对湿度条件下，迅速混合并密封防潮；若混合引起吸湿性增强，则不应混合，可分别包装。

5. 含低共熔成分 两种或两种以上的药物按一定比例混合时，可在室温条件下出现润湿或液化，这种现象称为低共熔现象。可发生低共熔现象的常见药物有水合氯醛、樟脑、麝香草酚等，如果低共熔后药理效应增强如氯霉素与尿素，灰黄霉素与聚乙二醇 6000 等，则先进行低共熔混合，再用其他成分将此液体吸收后混匀；如果低共熔后药理效应减弱，则应将低共熔组分分别与其他药物或辅料混合后再相混合；如果药理效应几乎无变化，则两种方式都可以。

6. 混合时间 混合时间太短，物料混合不均，但如果混合时间过长，又会使已经混匀的组分分离，尤其是密度、粒径等差别较大的组分，因此混合时间应适当。

五、散剂生产工艺

散剂的制备工艺是制备其他固体剂型的基础，散剂的一般制备工艺流程如下：

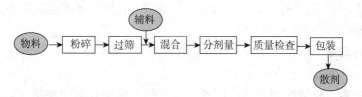

图 6-17 散剂的制备工艺流程图

（一）粉碎与过筛

制备散剂所用的原辅料，除细度已达到要求外，均需进行粉碎与过筛。药物粉碎的粒度应根据药物的性质、作用及给药途径而定。在内服散剂中，易溶于水的药物不必粉碎得太细，在胃中不稳定的药物、有不良臭味的药物及刺激性强的药物也不必粉碎得太细；难溶性药物为加速其溶解和吸收，需要粉碎成极细粉或微粉；用于皮肤或伤口的外用散剂，一般要求粉碎成最细粉，以减轻对组织或黏膜的机械刺激作用。

粉碎时，可根据物料的性质、状态、粉碎程度等，选择合适的粉碎设备和粉碎方法，并及时过筛，保证产品的细度和均匀度。

（二）混合

混合是散剂制备的重要工艺过程之一，其目的是使散剂中各组分分散均匀，色泽一致，以保证剂量准确，用药安全有效。混合时要注意设备能力、加料顺序、混合时间等，保证混合效率。当混合比例相差悬殊的组分时，应使用等量递增混合法，以保证混合的均匀性。

"倍散"系指在小剂量的剧毒药中添加一定量的填充剂制成的稀释散。稀释倍数由剂量而定：剂量 0.1~0.01g 可配成 10 倍散（即 9 份稀释剂与 1 份药物混合），0.01~0.001g 配成 100 倍散，0.001g 以下应配成 1000 倍散。常用的稀释剂有乳糖、糖粉、淀粉、糊精、沉降碳酸钙、磷酸钙、白陶土等惰性物质，一般采用配研法制备，称量时应正确选用天平，为便于观察混合是否均匀，可加入少量色素。

（三）分剂量

分剂量是将均匀混合的散剂，按需要的剂量分成等重的份数的过程。常用的分剂量方法有目测法、重量法和容量法。

1. 目测法（又称估分法） 系将一定重量的散剂，以目测分成若干等份的方法。此法操作简便，但准确性差。药房临时调配少量普通药物散剂时可用此方法。

2. 重量法 系用衡器（主要是天平）逐份称重的方法。此法分剂量准确，但操作麻烦，效率低，难以机械化。主要用于含毒剧药物、贵重药物散剂的分剂量。

3. 容量法 系用固定容量的容器进行分剂量的方法。此法效率高，但准确性不如重量法。目前生产上多采用容量法。

六、散剂质量检查与包装贮存

（一）散剂的质量检查

除另有规定外，散剂应进行以下相应检查。

1. 粒度 除另有规定外，局部用散剂照下述方法检查，粒度应符合规定。

取供试品 10g，精密称定，置七号筛。照粒度和粒度分布测定法检查，精密称定通过筛网的粉末重量，应不低于 95%。

2. 外观均匀度 取供试品适量，置光滑纸上，平铺约 5cm²，将其表面压平，在亮处观察，应色泽均匀，无花纹与色斑。

3. 干燥失重 除另有规定外，取供试品，照干燥失重测定法测定，在 105℃ 干燥至恒重，减失重量不得过 2.0%。

4. 装量差异 单剂量包装的散剂，照下述方法检查，应符合规定。

取散剂 10 包（瓶），除去包装，分别精密称定每包（瓶）内容物的重量，求出内容物的装量与平均装量。每包（瓶）装量与平均装量（凡无含量测定的散剂，每包装量应与标示装量比较）相比应符合规定，超出装量差异限度的散剂不得多于 2 包（瓶），并不得有 1 包（瓶）超出装量差异限度 1 倍。

表 6 – 3　散剂装量差异限度要求

标示装量	装量差异限度
0.1g 或 0.1g 以下	±15%
0.1g 以上至 0.5g	±10%
0.5g 以上至 1.5g	±7.5%
1.5g 以上至 6.0g	±5%
6.0g 以上	±3%

凡规定检查含量均匀度的散剂，一般不再进行装量差异的检查。

5. 装量　多剂量包装的散剂，照最低装量检查法检查，应符合规定。

6. 无菌　用于烧伤或创伤的局部用散剂，照无菌检查法检查，应符合规定。

7. 微生物限度　除另有规定外，照微生物限度检查法检查，应符合规定。

（二）散剂的包装与贮藏

散剂的分散度大，吸湿性显著，散剂吸湿可出现潮解、结块、变色、霉变等一系列不稳定现象，影响散剂质量和用药安全，因此，散剂包装与贮存的重点在于防止吸潮。

1. 包装材料　散剂的包装应根据其吸湿性强弱采用不同的包装材料，常用的包装材料有：

（1）聚乙烯塑料薄膜袋　质软透明，但在低温下久贮会脆裂，有透气透湿性。

（2）铝塑复合膜袋　防透气透湿性好，硬度较大，密封性、避光性好，目前应用广泛。

（3）玻璃瓶（管）　密闭性好，特别适用于含芳香挥发性成分和吸湿性成分的散剂。

2. 贮藏　散剂在贮存过程中，关键是防潮，此外还要注意温度、光线等对散剂质量的影响。除另有规定外，散剂应密闭贮存，含挥发性药物或易吸潮药物的散剂，应密封贮存。

任务三　颗粒剂生产技术

一、概述

颗粒剂（granules）系指药物与适宜的辅料制成具有一定粒度的干燥颗粒状制剂。颗粒剂是口服制剂，可以冲入水中饮用，也可以直接嚼服。颗粒剂可分为可溶颗粒（通称为颗粒）、混悬颗粒、泡腾颗粒、肠溶颗粒、缓释颗粒和控释颗粒等。

颗粒剂临床使用广泛，其特点有：①飞散性、附着性、团聚性、吸湿性等均较散剂少；②口感好，服用方便，根据需要可制成色、香、味俱全的颗粒剂；③必要时包衣，可使颗粒具有防潮性、缓释性或肠溶性等。

但多种颗粒混合时由于颗粒大小不均或密度差异较大易导致剂量不准确。

二、颗粒剂处方组成

颗粒剂中常用的辅料有稀释剂、润湿剂与黏合剂、矫味剂、着色剂等。本节主要介绍前两类，其他辅料见液体制剂。

三、颗粒剂生产技术

颗粒剂的制备方法大致可分为两大类，湿法制粒和干法制粒，其中湿法制粒是目前制备颗粒剂的主要方法，其生产工艺流程如下：

图6-18 颗粒剂的生产工艺流程图（湿法制粒）

无论采用何种制粒方法，药物一般都要首先进行前处理，即粉碎、过筛、混合，这些操作与散剂的制备过程完全相同。

四、捏合

捏合（kneading）系指在大量固体粉末中加入少量液体混合均匀，制成具有一定塑性物料的操作，也称"制软材"，其本质就是固体和液体的混合过程。

湿法制粒的关键技术是制软材，而制软材的关键是润湿剂或黏合剂的加入量是否合适，加入量过多，物料黏性过强，制备颗粒时易形成长条状或黏在一起无法制粒；液体加入量过少，结合力弱，不易成粒。软材质量一般依靠经验判断，即"手握成团，轻压即散"。

目前在我国制药工业中应用最多的捏合设备是槽型混合机，除此之外，双螺旋锥型混合机和立式搅拌混合机的应用也日益广泛。

五、制粒

制粒是把物料进行处理、制成具有一定形态和大小的粒状物的操作过程。对于粉状物料来说，制粒的目的在于：①改善流动性；②防止由于粒度、密度的差异而引起的分离现象；③防止粉尘飞扬及黏附器壁；④制粒后压片，减少松片、裂片等现象。制粒是颗粒剂、胶囊剂、片剂等固体制剂生产中重要的单元操作，制粒方法大致分为两大类：湿法制粒和干法制粒。

湿法制粒是在原辅料粉末中加入液体的润湿剂或黏合剂制备颗粒的方法。由于湿法制粒的颗粒具有外形美观、流动性好、耐磨性较强、压缩成形性好等优点，是医药工业中应用最为广泛的方法，但热敏性、湿敏性、极易溶性等物料不适用此方法。

（一）湿法制粒方法及设备

1. 挤压制粒方法及设备 先将药物粉末与辅料混合均匀，加入黏合剂制软材，然后将软材用强制挤压的方式通过具有一定大小的筛孔制成颗粒，其原理如图6-19所示。目前生产上多用摇摆式颗粒机。

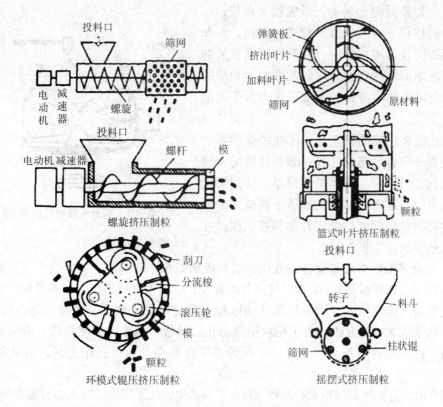

图 6 - 19 挤压制粒原理示意图

摇摆式颗粒机如图 6 - 20 所示。加料斗的底部与一个半圆形的筛网相连，筛网内有一六角形滚筒，做往复摆动，其上固定有梯形刮粉轴，对物料的挤压与剪切作用，使物料通过筛网而成粒。摇摆式制粒机结构简单、操作容易，也可用于整粒，目前国内药厂中应用很广泛，但生产能力低，筛网易破损。

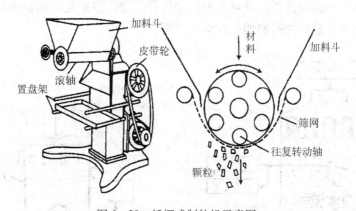

图 6 - 20 摇摆式制粒机示意图

2. 高速搅拌制粒方法与设备 高速搅拌制粒机如图 6 - 21 所示，又称快速混合制粒机，其结构主要由容器、搅拌桨、切割刀所组成，靠高速旋转的搅拌桨和切割刀的作用迅速完成混合、切割、滚圆并制成颗粒的方法。将粉状原辅料加入容器中，开动底部混合桨充分混匀后，再加入适量黏合剂，在搅拌桨的作用下使物料混合、翻动、分散甩向器壁后向上运动，形成较大颗粒；在切割刀的作用下将大块颗粒绞碎、切割，并和搅拌桨的搅拌作用相呼应，使颗粒得到强大的挤压、滚动而形成致密且均匀的颗粒。粒度的大小由外部破坏力与颗粒内部团聚力所平衡的结果而定。

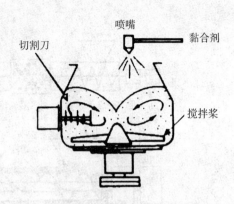

图6-21　高速搅拌制粒机示意图

高速搅拌制粒的特点是：①在一个容器内进行混合、捏合、制粒过程；②和传统的挤压制粒相比，具有省工序、操作简单、快速等优点；③可制备致密、高强度的适于胶囊剂的颗粒，也可制备松软的适合压片的颗粒，因此在制药工业中的应用非常广泛。

3. 流化床制粒方法与设备　流化床制粒机如图6-22所示，主要结构有容器、气体分布装置（如筛板等）、喷嘴、气固分离装置、空气进口和出口、物料排出口等。流化床制粒采用流化技术，用热气流使固体粉末保持流态化状态，再喷入黏合剂溶液，使粉末结聚成颗粒的方法。由于粉粒呈流态化在筛板上翻滚，如沸腾状，所以又称沸腾制粒。此方法可将混合、制粒、干燥等工序合并在一台设备中完成，故又称一步制粒。

操作时，首先将药物粉末与各种辅料置于容器中，从床层下部吹入适宜温度的气流，使物料在流化状态下混合均匀，黏合剂溶液由喷嘴均匀喷入，此时粉末被润湿，发生凝聚形成颗粒，然后提高空气进口的温度进行颗粒的干燥，继续喷雾和干燥，当颗粒的大小符合要求时停止喷雾，形成的颗粒继续在床层内送热风干燥，出料，即得成品。

流化床制粒制得的颗粒粒密度小，粒子强度小，颗粒的溶解性、流动性、压缩成形性较好，与挤压法制粒相比，具有简化工艺、设备简单、减少原料消耗、减轻劳动强度、避免环境和药物污染，并可实现自动化等优点。但流化床制粒法能量消耗较大，此外，对密度相差悬殊的物料的制粒不太理想。

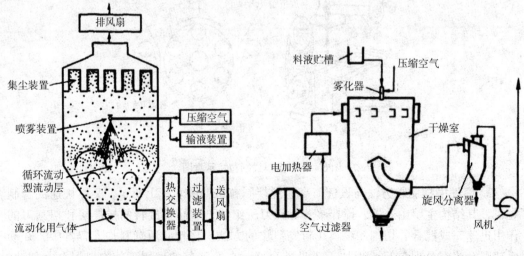

图6-22　流化床制粒机示意图　　　　图6-23　喷雾干燥制粒机示意图

4. 喷雾制粒方法与设备 喷雾干燥制粒机的结构如图 6-23 所示，主要包括料液贮槽、雾化器、干燥室、风机、加热器、旋风分离器等组成，喷雾制粒是将药物溶液或混悬液喷雾于干燥室内，雾滴在热气流中迅速蒸发干燥得到近球形的细颗粒的方法。用喷雾干燥方法制出的颗粒大小均匀，流动性和可压性均佳。

该法将液体状物料分散成小液滴，在数秒钟即完成药液的浓缩与干燥，可避免产品因受热时间较长而分解变质，因此适用于热敏性物料的制粒。

（二）干法制粒方法及设备

干法制粒是将固体辅料及药物的混合粉末用较大压力压制成较大的粒状或片状物后再破碎成大小适宜的颗粒的操作。该法不加入任何液体，靠压缩力使粒子间产生结合力，必要时加入干黏合剂，方法简单、省工省时。干法制粒常用于热敏性物料、遇水易分解的药物以及容易压缩成形的药物的制粒，干法制粒有滚压法和重压法两种。

1. 滚压法 系利用转速相同的两个滚动轮之间的缝隙，将粉末滚压成一定形状的板状物，然后通过颗粒机破碎成一定大小的颗粒。干法制粒机结构如图 6-20 所示，其工作原理是加入料斗中的粉料被送料螺杆推送到两挤压轮上，被挤压成硬条片，再落入粉碎机中打碎、筛分，然后压片。操作时将原料粉末投入料斗中，用加料器将粉末送至滚筒进行压缩，由滚筒压出的固体片坯落入料斗，被粗粉碎机破碎成块状物，然后进入具有较小凹槽的滚碎机进一步粉碎制成粒度适宜的颗粒，最后进入整粒机加工而成颗粒。

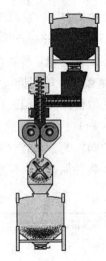

2. 重压法 重压法又称大片法，系利用重型压片机将固体粉末压成直径为 20~25mm 的片坯，然后再破碎成所需粒度的颗粒。重压法需要较大的压力，机器损耗较大，没有滚压法应用广。

图 6-24 干法制粒示意图（滚压法）

六、干燥

制得的湿颗粒应立即进行干燥，以防止结块或受压变形。干燥温度由原料性质而定，一般为 60~80℃，含挥发性或遇热不稳定的药物应控制在 60℃ 以下干燥，对热稳定的药物，干燥温度可提高至 80~100℃，以缩短干燥时间。常用的方法有厢式干燥法、流化床干燥法等。厢式干燥法属于静态干燥，颗粒的大小和形状不易改变，但是颗粒间容易粘连，干燥时间长，效率低。流化干燥是动态干燥，湿颗粒悬浮于热空气中，热交换充分，干燥速度快，颗粒不易粘连，但颗粒易碎。

在干燥过程中，某些颗粒可能发生粘连、甚至结块。所以必须通过整粒以制成一定粒度的均匀颗粒。一般采用过筛的方法整粒和分级。

七、颗粒剂质量检查与包装贮存

（一）质量检查

除另有规定外，颗粒剂应进行以下相应检查：

1. 粒度 除另有规定外，照粒度和粒度分布测定法（双筛分法）检查，不能通过一号筛与能通过五号筛的总和不得超过供试量的 15%。

2. 干燥失重 除另有规定外，照干燥失重测定法测定，于 105℃ 干燥至恒重，含糖颗粒应在 80℃ 减压干燥，减失重量不得过 2.0%。

3. 溶化性 除另有规定外，可溶颗粒和泡腾颗粒照下述方法检查，溶化性应符合规定。

可溶颗粒检查法取供试品 10g，加热水 200ml，搅拌 5min，可溶颗粒应全部溶化或轻微浑浊，但不得有异物。

泡腾颗粒检查法 取单剂量包装的泡腾颗粒 3 袋，分别置盛有 200ml 水的烧杯中，水温为 15～25℃），应迅速产生气体而成泡腾状，5min 内颗粒均应完全分散或溶解在水里。

混悬颗粒或已规定检查溶出度或释放度的颗粒剂，可不进行溶化性检查。

4. 装量差异 单剂量包装的颗粒剂，按下述方法检查，应符合规定。

检查法取供试品 10 袋（瓶），除去包装，分别精密称定每袋（瓶）内容物的重量，求出每袋（瓶）内容物的装量与平均装量。每袋（瓶）装量与平均装量相比较（凡无含量测定的颗粒剂，每袋（瓶）装量应与标示装量比较），超出装量差异限度的颗粒剂不得多于 2 袋（瓶），并不得有 1 袋（瓶）超出装量差异限度 1 倍。

表 6-4 颗粒剂的装量差异限度要求

平均装量或标示装量	装量差异限度
1.0g 或 1.0g 以下	±10%
1.0g 以上至 1.5g	±8.0%
1.5g 以上至 6.0g	±7.0%
6.0g 以上	±5%

凡规定检查含量均匀度的颗粒剂，一般不再进行装量差异的检查。

5. 装量 多剂量包装的颗粒剂，照最低装量检查法检查，应符合规定。

（二）包装贮存

颗粒剂的包装、贮存基本与散剂相同。多选用质地较厚的塑料薄膜袋或铝塑包装，除另有规定外，颗粒剂应密封，置干燥处贮存，防止受潮。

实训 维生素 C 颗粒剂的制备

【实训目的】

（1）掌握颗粒剂的制备方法。

（2）熟悉颗粒剂的质量检查方法。

【实训场所】

实验室

【实训内容】

1. 维生素 C 颗粒剂的制备

【处方】

维生素 C	1.5g	酒石酸	0.15g
糊精	15.0g	50%乙醇（体积分数）	适量
糖粉	13.5g	共制成 15 包	

【制法】

将维生素 C、糊精、糖粉分别过 100 目筛，按等量递增法将维生素 C 与辅料混匀，再将酒石酸溶于 50%乙醇（体积分数）中，一次加入上述混合物中，混匀，制软材，过 16 目尼龙筛制粒，60℃以下干燥，整粒后用塑料袋包装，每袋 2g，含维生素 C 100mg。

2. 质量检查

（1）外观　颗粒剂应干燥，粒径应均一，色泽一致，无吸潮、软化、结块、潮解等现象。

（2）粒度　取维生素 C 颗粒剂 5 袋，称定重量，置药筛中，保持水平状态过筛，左右往返，边筛边拍打 3min。不能通过 1 号筛（孔径 2000μm）和能通过 5 号筛（孔径 180μm）的颗粒和粉末总和不得超过供试量的 15%。

（3）溶化性　取维生素 C 颗粒 10g，加热水 200ml，搅拌 5min，颗粒应全部溶化，或有轻微浑浊，但不得有异物。

（4）装量差异　取维生素 C 颗粒 10 袋，除去包装，分别精密称定每袋内容物的重量，每袋装量与标示量相比较，超出装量差异限度的不得多于 2 袋（瓶），并不得有 1 袋（瓶）超出装量差异限度 1 倍。

【实训结果】

颗粒剂的质量检查结果（记录于下表）

制剂	外观	粒度	溶化性	装量差异
维生素 C 颗粒剂				

目标检测

一、单选题

1. 当组分的比例量相差悬殊时，宜用（　　）
   A. 搅拌混合　　　　　　B. 过筛混合
   C. 研磨混合　　　　　　D. 等量递增法混合

2. 欲得 5μm 以下的微粉，宜用（　　）粉碎

  A. 研钵   B. 流能磨

  C. 球磨机   D. 万能粉碎机

3. 制软材可用（ ）设备

  A. 流化干燥设备   B. 喷雾干燥制粒机

  C. 槽形混合机   D. 摇摆式颗粒机

4. 与散剂相比，（ ）是颗粒剂必须进行的质量检查项目

  A. 外观   B. 水分

  C. 溶化性   D. 装量差异

5. 根据 Stock's 方程计算所得的直径（ ）

  A. 定方向径   B. 等价径

  C. 体积等价径   D. 有效径

6. 我国药典标准筛下列哪种筛号的孔径最大（ ）

  A. 一号筛   B. 二号筛

  C. 三号筛   D. 四号筛

7. 一步制粒机可完成的工序是（ ）

  A. 粉碎→混合→制粒→干燥   B. 混合→制粒→干燥→整粒

  C. 混合→制粒→干燥→压片   D. 混合→制粒→干燥

8. 在一定的液体介质中，单位时间药物从片剂等固体制剂中溶出的量称为（ ）

  A. 硬度   B. 脆碎度

  C. 崩解度   D. 溶出速度

9. 散剂在储存过程中的关键是（ ）

  A. 防潮   B. 防止微生物污染

  C. 控制温度   D. 避免光线照射

10. 粉体的流动性可用下列哪项评价（ ）

  A. 接触角   B. 休止角

  C. 吸湿性   D. 释放速度

11. 一般颗粒剂的制备工艺（ ）

  A. 原辅料混合→制软材→制湿颗粒→干燥→整粒与分级→装袋

  B. 原辅料混合→制湿颗粒→制软材→干燥→整粒与分级→装袋

  C. 原辅料混合→制湿颗粒→干燥→制软材→整粒与分级→装袋

  D. 原辅料混合→制软材→制湿颗粒→整粒与分级→干燥→装袋

12. 颗粒剂的粒度检查中，不能通过 1 号筛和能通过 5 号筛的颗粒和粉末总和不得过（ ）

  A. 5%   B. 8%

  C. 10%   D. 15%

二、多选题

1. 关于散剂特点的叙述，正确的是（ ）

  A. 易分散，奏效快   B. 剂量可随意调整

C. 制法简便　　　　　　　　D. 成本较高

E. 刺激性强的药物不宜制成散剂

2. 粉体的流动性的评价方法正确的是（　　）

A. 休止角是粉体堆积层的自由斜面与水平面形成的最大角，常用其评价粉体流动性

B. 压缩度是评价粉体流动性的重要指标

C. 休止角越大，流动性越好

D. 流出速度是对物料全部加入漏斗中所需时间的描述

E. 休止角大于40度可以满足生产流动性的需要

3. 在药典中收载了颗粒剂的质量检查项目，主要有（　　）

A. 外观　　　　　B. 粒度　　　　　C. 干燥失重

D. 溶化性　　　　E. 融变时限

4. 湿法制粒方法有（　　）

A. 挤出制粒　　　B. 一步制粒　　　C. 沸腾制粒

D. 搅拌制粒　　　E. 喷雾制粒

5. （　　）可作为稀释剂

A. 淀粉　　　　　B. 糊精　　　　　C. HPC

D. CMC－Na　　　E. 乳糖

三、问答题（综合题）

1. 影响混合均匀度的因素有哪些？
2. 简述粉碎方法及适用范围。
3. 通过比较散剂和颗粒剂的制备，分析它们的作用特点。

项目七 | 胶囊剂生产技术

随着全自动胶囊填充机的出现，胶囊剂已成为使用广泛的口服剂型之一，许多国家胶囊剂的产量、产值仅次于片剂和注射剂居第三位。本项目主要介绍各类胶囊剂概念、生产工艺、质量要求等，通过学习使学生能进行胶囊剂合格品的判断。

任务一 胶囊剂基础知识介绍

一、胶囊剂的定义和特点

胶囊剂（capsules）系指药物或加有辅料充填于空心胶囊或密封于软质囊材中的固体制剂。主要供口服用，也可用于其他部位，如：直肠、阴道、植入等。其中，构成上述硬质空心胶囊或软质胶囊壳的材料称为囊材，其填充内容物称为囊心物。

胶囊剂具有如下特点：

1. 能掩盖药物的不良嗅味、提高药物的稳定性 因药物装在胶囊壳中与外界隔离，避开了水分、空气、光线的影响，对具有不良嗅味、不稳定的药物有一定程度的遮蔽、保护与稳定作用。

2. 药物在体内起效快、生物利用度高 胶囊剂可不加黏合剂和压力，所以在胃肠液中分散快、吸收好、生物利用度高，一般情况下其起效快于片剂、丸剂等剂型。如服吲哚美辛胶囊后血中达高峰浓度的时间较同等剂量的片剂早 1h。

3. 液态药物的固体剂型化　含油量高的药物或液态药物难以制成丸剂、片剂等，但可制成软胶囊，将液态药物以个数计量，服药方便。

4. 可延缓药物的释放和定位释药　可将药物制成缓释颗粒装入空胶囊中，以达到缓释延效作用，如布洛芬缓释胶囊、康泰克胶囊即属此种类型；制成肠溶胶囊剂可将药物定位释放于小肠；亦可制成直肠给药或阴道给药的胶囊剂，使其定位在这些腔道释药；对在结肠段吸收较好的蛋白质、多肽类药物，可制成结肠靶向胶囊剂。

5. 可使胶囊具有各种颜色或印字，利于识别且外表美观　由于胶囊剂囊材的主要组成成分是明胶，具有脆性和水溶性，故下列情况不适宜制成胶囊剂：①能使胶囊壁溶解的液体药剂，如药物的水溶液或稀乙醇溶液，以防囊壁溶化；②易溶性及小剂量的刺激性药物，因其在胃中溶解后局部浓度过高会刺激胃黏膜；③容易风化的药物，可使胶囊壁变软；④吸湿性强的药物，可使胶囊壁变脆；⑤液体药物 pH 超过 $2.5 \sim 7.5$ 范围的，因酸性液体会使明胶水解，碱性液体会使明胶鞣质化，影响溶解。但若采取相应的措施，如加入少量惰性油与吸湿性药物混匀后，可延缓或预防囊壁变脆，也可能制成胶囊剂。

二、胶囊剂的分类

胶囊剂分为硬胶囊、软胶囊（胶丸）、肠溶胶囊、缓释胶囊和控释胶囊。根据囊壳的差别，通常将胶囊剂分为硬胶囊和软胶囊两大类。硬胶囊（hard capsules）系指采用适宜的制剂技术，将药物或加适宜辅料制成粉末、颗粒、小片、小丸、半固体或液体等，充填于空心胶囊中的胶囊剂。软胶囊（soft capsules）系指将一定量的液体药物直接包封，或将固体药物溶解或分散在适宜赋形剂中制备成溶液、混悬液、乳状液或半固体，密封于球形或椭圆形的软质囊材中的胶囊剂。缓（控）释胶囊系指将药物与缓释材料制成骨架型的颗粒或小丸，或将药物制成包有缓释材料、在胃肠液中能缓慢释药的微孔型包衣小丸，再装入空心胶囊中所成的胶囊剂。具有缓释长效的特点。肠溶胶囊系指硬胶囊或软胶囊用适宜的肠溶材料制备而得，或经肠溶材料包衣的颗粒或小丸充填于胶囊而制成的胶囊剂。适用于一些具辛嗅味、对胃有刺激性、遇酸不稳定或需在肠中释药的药物制备。

任务二　硬胶囊的生产技术

硬胶囊剂的生产过程包括空心胶囊的制备、填充药物及辅料的制备、填充、封口及打光等。

一、空胶囊的组成和制备

制备空心胶囊的主要囊材为明胶，呈淡黄色、黄色半透明固体，能够吸水膨胀呈胶体状。胶质的来源不同明胶的物理性质各异，如以骨骼为原料制得的骨明胶质地坚硬、性脆、透明度差；以猪皮为原料制得的猪皮明胶可塑性、透明度较好。为兼顾囊壳的强度和塑性，采用骨、皮混合制得的明胶较为理想。

胶液的组成：除明胶外，为增加空心胶囊的韧性与可塑性，一般加入增塑剂（＜5％），如甘油、山梨醇、CMC－Na、HPC 等；为减小流动性、增加胶冻力，可加入增稠剂，如琼脂；对光敏感药物，可加遮光剂二氧化钛（2% ~ 3%）；为美观和便于识别，可加食用色素等着色剂；为防止霉变，可加防腐剂尼泊金等。

空胶囊的制备：空心胶囊呈圆筒形，由囊体和囊帽两节套合而成，有普通型和锁口型两类，锁口型又分单锁口和双锁口两种。空心胶囊的制备采用栓模法（图 7 - 1），即将不锈钢制的胶囊模浸入胶液中而形成囊壁。空胶囊的制备工艺由六道工序组成：

溶胶→蘸胶→干燥→拔壳→切割→整理

空胶囊一般由专门的工厂生产，操作环境的温度应为 10 ~ 25℃，相对湿度为 35% ~ 45%，空气净化度应达到 B 级。为便于识别，空胶囊壳上还可用食用油墨印字。

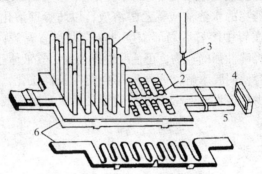

图 7 - 1　胶囊模
1. 模杆　2. 模杆孔　3. 凹槽　4. 压紧圈　5. 手把　6. 固定板

空胶囊的规格：空胶囊共有 8 种规格，000、00、0、1、2、3、4、5 号，常用的为 0 ~ 5 号，随着号数由小到大，容积由大到小，见表 7 - 1。小容积胶囊可用于儿童用药或填充贵重药品。一般按药物剂量所占容积来选用最小空胶囊。

表 7 - 1　空胶囊号数和容积的关系

空胶囊号数	0	1	2	3	4	5
容积（ml）	0.75	0.55	0.40	0.30	0.25	0.15

二、囊心物的制备

硬胶囊可根据制剂技术制备不同形式的内容物充填于空心胶囊中，如粉末、颗粒、小片、小丸等。若纯药物粉碎至适宜粒度就能满足硬胶囊剂的填充要求，即可直接填充；但多数药物由于流动性差等原因需加适宜的辅料如稀释剂（淀粉、微晶纤维素、蔗糖、氧化镁等）、润滑剂（硬脂酸镁、硬脂酸、滑石粉、二氧化硅等）、助流剂（微粉硅胶）等制成均匀粉末、颗粒或小片进行填充。

此外，可将普通小丸、速释小丸、缓释小丸、控释小丸或肠溶小丸单独或混合后填充；将药物制成包合物、固体分散体、微囊或微球进行填充；溶液、混悬液或乳状液也可采用特质灌囊机填充于空心胶囊中密封。

三、胶囊的填充

硬胶囊的填充方法有手工填充和机械填充。其填充操作间应保持温度 18 ~ 26℃，相对湿度 45% ~ 65%，温湿度过高可使胶囊软化、变形，影响产品质量。

1. 手工填充　小量制备硬胶囊时可采用模具进行手工填充药物，用有机玻璃制成
胶囊分装器（图7-2），其面板上具有比
囊身直径稍大一些的数个圆孔，孔数按
需要而定。操作时可将底扳两侧的活动
槽向里移，盖上面板（使插入底板插孔
里）将囊身插入面板的模孔中，使胶囊
口与面板保持平齐，然后将药物分布于
所有囊口上，并手持胶囊分装器左右摇

图7-2　硬胶囊分装器

摆振荡，待药物填满囊身后，扫除多余的药粉，然后将两侧的活动槽向外移，使面板
落在底板上，底板即将囊身顶出，套上囊帽即成，把装好的胶囊倒在筛里，筛出多余
药粉，拭净即得。手工填充药物的主要缺点是药尘飞扬严重，装量差异大，返工率高，
生产效率低。

2. 机械填充　目前，硬胶囊的机械填充主要
使用全自动胶囊填充机（图7-3）。其特点是全
自动密闭式操作，可防止污染；装量准确，当物
料斗里的料量低于极限值时可自动停机，防止出
现不合格产品；机内有检测装置及自动排除废胶
囊装置。

本机主要部件包括机座和回转台，胶囊送进
组件，胶囊分离组件，颗粒填充组件，粉剂填充
组件，废胶囊排除组件，胶囊联结封合组件，胶
囊排射组件及清洁组件。

胶囊填充机填充胶囊的工作过程如下（图
7-4）。

（1）胶囊的供给、整理与分离　由进料斗送
入的胶囊，在整理排列定位后被送进套筒内，在
此处利用真空把胶囊帽和胶囊体分开。

（2）在胶囊体中填充物料　装有胶囊体的套
筒向外移动，接受药粉、小丸、片剂或液体的
填充。

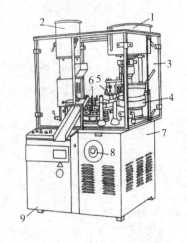

图7-3　全自动胶囊填充机
1. 料斗及搅拌器　2. 空胶囊盛装罐
3. 玻璃门防护罩　4. 药粉填充粉盒
5. 填充器　6. 回转台
7. 机座与传动组件　8. 手轮　9. 控制箱

（3）胶囊的筛选　损坏或不能分离的胶囊，在筛选工位被排除，由一个特制的推
杆把它们送到一回收容器中。

（4）帽体重新套合　装有囊体的套筒向内移动，回到最初被打开的位置，此时胶
囊帽和胶囊体排列成直线，使用可调控的机械指令，把胶囊精密地套合。

（5）胶囊成品排出机外　相应的椎杆把套合好的胶囊顶出，经滑槽送至成品桶。

（6）套筒的清洁　用压缩空气喷头，吹出胶囊帽套筒和胶囊体套筒里残余的药粉，
这些药粉由吸气管收集。

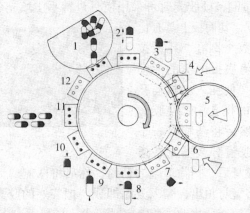

图 7-4 胶囊填充机操作示意图

1. 胶囊排序入模　2. 囊体、囊帽分离　3. 囊心物填料站　4. 装填物料　5、6. 计量与装填
7. 剔除未分离胶囊　8、9. 帽体重合　10. 套合胶囊　11. 成品顶出　12. 清理

知识拓展

硬胶囊囊体中填充药物的形式

硬胶囊囊体中填充药物的形式有粉末及颗粒的充填、固体药物的充填、液体药物的充填。其中，粉末及颗粒的充填方式有 4 种类型，见图 7-5：a. 由螺旋钻压进物料；b. 由柱塞上下往复动作压进药物；c. 药物自由流入；c. 在填充管内的捣棒将药物压成块状单位量，再填充于胶囊中。从填充原理看，a、b 型填充机对物料的要求不高，只要物料不易分层即可；c 型填充机要求物料具有良好的流动性，常需要制粒才能达到；d 型适用于流动性差但混合均匀的物料，如针状结晶药物、易吸湿药物等。

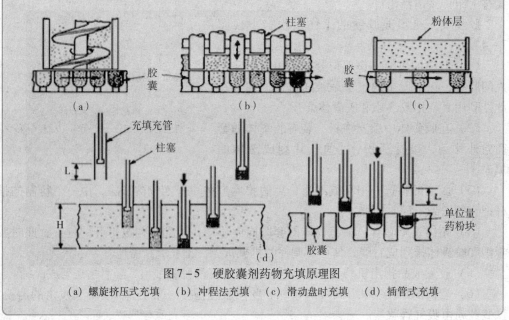

图 7-5 硬胶囊剂药物充填原理图

（a）螺旋挤压式充填　（b）冲程法充填　（c）滑动盘时充填　（d）插管式充填

四、胶囊的封口与打光

为防止非锁口型胶囊中的药物泄漏，在完成填充、套合工序后，可进行封口，封

口是一道重要工序，同时增强了硬胶囊剂的强度。工厂填充胶囊后常采用明胶液（含明胶20%、水40%、乙醇40%）封口；保持胶液温度50℃，使封腰部分浸在胶液内，旋转时带上定量胶液，在囊体和囊帽套合处封上胶液，融合在一起，然后干燥即得；也可直接用酒精或明胶液于接缝处浸润封口。

带状封口可增加胶囊强度，防止空气的渗入，有助于内容物的稳定，且胶囊不易打开，增加了用药安全性；亦有用PVP（M4000）2.5份，聚乙烯聚丙二醇共聚物0.1份，乙醇97.5份或苯乙烯－马来酸共聚物2.5份，乙醇97.5份的混合液封口，也有用超声波封口。对于锁口型胶囊壳，填充药物后，囊体与囊帽相互咬合锁口即完全密封，药物不易泄漏。

填充后的硬胶囊表面会粘有药粉，必要时可清洁处理，在胶囊打光机里喷洒适量液状石蜡打光，使胶囊清洁光亮。

任务三 软胶囊的生产技术

软胶囊是软质囊材包裹液态物料而成。其大小和形态有多种，如球形、椭圆形、长方形、筒形等，可根据临床需要制成内服或外用的不同品种，软质囊壳的弹性大，故又称胶丸。

（一）胶皮和囊心物的组成

1. 胶皮的性质和组成 软胶囊壳较硬胶囊壳厚，且弹性大，可塑性强，它由明胶、增塑剂、水构成，其重量比例通常为干明胶∶干增塑剂∶水＝（1∶0.4～0.6∶1）。而明胶与增塑剂的干品重量决定胶壳的硬度。常用的增塑剂有甘油、山梨醇或二者的混合物。根据需要还可添加适量的防腐剂、遮光剂、着色剂等组分。胶壳处方中各种物料的配比是根据药物的性质和要求来确定的。所以在选择软质囊材硬度时应考虑所填充药物性质及囊材与药物之间的相互影响。在选择增塑剂时亦应考虑药物的性质。

2. 囊心物的性质 软胶囊剂中可以填充各种油类液体药物、药物溶液、混悬液等液体，也可填充半固体药物。

药物本身是油类的，只需加入适量抑菌剂，或再添加一定数量的玉米油（或PEG400），混匀即得。液体药物中若含水量在5%以上或为水溶性、挥发性、小分子有机物，如乙醇、丙酮、酸、酯类等，能使软胶囊壳软化或溶解；醛类药物可使明胶变性，以上种类的药物一般均不宜制成软胶囊剂。

在填充液体药物时，pH值应控制在2.5～7.5，否则易使明胶水解或变性，导致泄漏或影响崩解和溶出，可选用磷酸盐、乳酸盐等缓冲液调整。药物若是固态，首先将其粉碎至少过80目筛，再与玉米油混合，经胶体磨研匀，或用低速搅拌加玻璃砂研匀，使药物以极细腻的质点形式均匀的悬浮于玉米油中。

软胶囊内容物应具有：稳定性高、疗效好、易于生产及填充物所占容积尽可能小的优点，但填充药物必须达到所需治疗量。从方便生产及减小填充物所占容积两方面来看，低熔点的药物最适宜制成软胶囊。在室温下呈液体或半固体状的低熔点药物，若制成固体剂型，需经固体吸附剂处理，仅吸附剂一项，就使填充的容积加大，如将此类药物制成软胶囊剂，则药物不论以原形或用适当基质溶解或制成混悬液，均能使成品达到小型化的目的，且贮存中药物亦不会析出。

制备软胶囊剂除少数液体药物（如鱼肝油等）外，药物均需用适宜的液体辅料溶解或混合，常用的辅料有：植物油、PEG400、芳香烃酯类、有机酸、甘油、异丙醇以及表面活性剂等。将药物用适当的油脂或非油性辅料溶解或制成混悬剂，可提高有效成分的生物利用度，同时也增加药物稳定性。

（二）制备方法

软胶囊剂的制备方法主要有滴制法与压制法两种。其中，由滴制法生产出来的软胶囊剂呈球形，且无缝，称为无缝胶丸；压制法生产出来的软胶囊剂中间有压缝，可根据模具的形状来确定软胶囊的外形，如：椭圆形、橄榄形、鱼形等，称为有缝胶丸。

1. 滴制法 滴制法制备软胶囊由具有双层喷头的滴丸机完成（图7-6）。将油状药液加入药液贮槽，明胶液加入胶液贮槽中，并保持一定温度；冷却管中放入冷却液（常为液体石蜡），根据每一胶丸内含药量多少，调节好出料口和出胶口。利用明胶液与油状药液为两相，明胶液、药液先后以不同的速度从同心管出口滴出，其中，明胶液在外层、药液从中心管喷出，使一定量的明胶液将定量的药液包裹后，滴入与明胶液不相混溶的冷却液中，由于表面张力作用而使之形成球形，并逐渐冷却、凝固而形成无缝胶丸。

收集胶丸后用冷风吹4h使其干燥，经石油醚洗涤两次，再用95%乙醇洗净附着在胶丸上的液状石蜡，最后在30~35℃烘干即得。

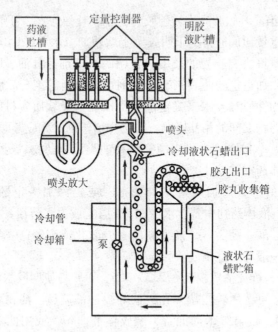

图7-6 滴丸机滴制软胶囊示意图

为保证胶丸的质量应掌握好以下条件：

①明胶液中明胶、甘油及水的比例在1∶（0.3~0.4）∶（0.7~1.4）为宜，否则胶丸将过软或过硬；②胶液的黏度应为3~5E；③适当调节药液、胶液及冷却液三者的密度，以免影响胶丸在冷却液中沉降速度和形成；④控制好温度：胶液、药液贮液槽保温60℃，喷头保温75~80℃，冷却器温度维持在13~17℃；⑤冷却液必须安全无害，

与明胶不相混溶，一般为液体石蜡、植物油、硅油等。

滴制法制备软胶囊成品率高，装量差异小，产量大，成本低。

2. 压制法 大量生产软胶囊时常采用自动旋转轧囊机进行生产，其原理如图7-7所示。首先制备药液（或药粉），放入贮液槽内待用。同时配制明胶液，放入铺展箱内。开启机器后，胶液在滚筒（空气冷却的）上流过，形成一定厚度的胶带，再经过送料滚筒进入楔形注入器与冲模滚筒之间，同时调节好胶带的厚度和均匀度。与此同时，待装药液经定量灌装泵，楔形注入器（底部有小孔），灌入冲模滚筒上呈半封闭状的胶丸，随着冲模滚筒的相对旋转，胶囊闭合成型，并从胶带上分离。成型的软胶囊被输送到定型干燥滚筒用洁净冷风干燥。冲模滚筒各凹槽外剩余的胶带边角部分被切割分离成网状，俗称胶网。

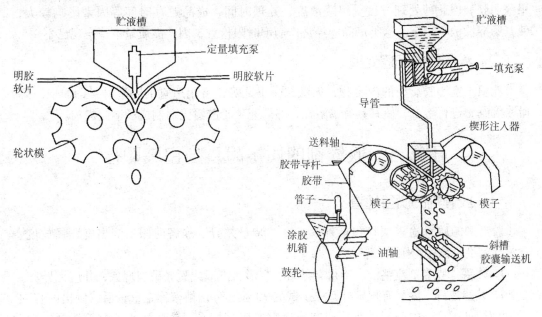

图7-7 自动旋转轧囊机模压示意图

自动旋转轧囊机的模具形状可为椭圆形、球形或其他形状。压制法生产软胶囊产量大，自动化程度高，成品率也较高，计量准确，适合于工业化大生产。

目前，软胶囊制剂在国外发展很快，世界上年产量超过600亿粒，品种多达3600余种。我国在近30年来软胶囊制剂快速发展，有很多厂家开发出了很多软胶囊品种，如复方丹参软胶囊、藿香正气软胶囊、深海鱼油软胶囊等。

任务四 肠溶胶囊的生产

肠溶胶囊（enteric capsules）系指硬胶囊或软胶囊用适宜的肠溶材料制备而得，或用经肠溶材料包衣的颗粒或小丸充填胶囊而制成的胶囊剂，如奥美拉唑肠溶胶囊。肠溶胶囊不溶于胃液，但能在肠液中崩解而释放活性成分。

凡药物具有刺激性或臭味，或遇酸不稳定及需要在肠内溶解而发挥疗效的，均可制成在胃内不溶到肠内崩解、溶化的肠溶胶囊，其制备有以下几种处理方法：

一、囊壳的肠溶处理

1. 以肠溶材料制成空心胶囊 把溶解好的肠溶性高分子材料直接加入明胶液中，制成混合胶液，然后加工成肠溶性空胶囊，常用的肠溶材料有肠溶型Ⅱ号、Ⅲ号聚丙烯酸树脂系列。

2. 用肠溶材料作外层包衣 先用明胶（或海藻酸钠）制成空胶囊，然后在明胶壳表面包裹肠溶材料，如用 PVP 作底衣层，然后用蜂蜡等作外层包衣，也可用丙烯酸树脂Ⅱ号、CAP、邻苯二甲酸羟丙甲纤维素等溶液包衣，其肠溶性均较稳定。

3. 甲醛浸渍法 明胶经甲醛处理，发生胺缩醛反应，使明胶分子互相交联，形成甲醛明胶。但此种处理方法受甲醛浓度、处理时间、成品贮存时间等因素影响较大，使其肠溶性极不稳定。这类产品应经常作崩解时限检查，因产品质量不稳定现已不用。

二、囊心物的肠溶处理

充填于空心胶囊中的内容物，如颗粒、小丸等，可用适宜的肠溶材料，如聚乙烯吡咯烷酮，进行包衣，使其具有肠溶性，然后充填于胶囊壳而制成肠溶胶囊剂。

任务五 胶囊剂的质量检查与包装贮存

一、胶囊剂的质量检查

胶囊剂的质量检查项目包括外观检查、装量差异、崩解时限、溶出度、释放度、含量均匀度、微生物限度等。

1. 外观 胶囊剂应整洁，不得有黏结、变形、渗漏或囊壳破裂现象，并应无异臭。

2. 装量差异 除另有规定外，取供试品 20 粒，分别精密称定重量后，倾出内容物（不得损失囊壳），硬胶囊用小刷或其他适宜的用具拭净，软胶囊用乙醚等溶剂洗净，置通风处使溶剂挥尽，再分别精密称定囊壳重量，求出每粒内容物的装量与平均装量。每粒装量与平均装量相比较，超出装量差异限度的不得多于 2 粒，并不得有 1 粒超出限度的 1 倍，见表 7 - 2。

表 7 - 2 胶囊剂装量差异限度

平均装量	装量差异限度
0.30g 以下	±10%
0.30g 及 0.30g 以上	±7.5%

凡规定检查含量均匀度的胶囊剂，一般不再进行装量差异的检查。

3. 崩解时限 硬胶囊剂或软胶囊剂的崩解时限，除另有规定外，取供试品 6 粒，按片剂的装置与方法检查。硬胶囊应在 30min 内全部崩解，软胶囊应在 1h 内全部崩解。如有 1 粒不能完全崩解，应另取 6 粒复试，均应符合规定。

肠溶胶囊剂按上述装置与方法，先在盐酸溶液（9→1000）中检查 2h，每粒的囊壳均不得有裂缝或崩解现象，继将吊篮取出，用少量水洗涤后，每管加入挡板，再按上述方法，改在人工肠液中进行检查，1h 内应全部崩解。如有 1 粒不能完全崩解，应另取 6 粒复试，均应符合规定。

凡规定检查溶出度或释放度的胶囊剂，可不进行崩解时限的检查。

4. 溶出度与释放度　溶出度系指活性药物从片剂、胶囊剂或颗粒剂等制剂在规定条件下溶出的速度或程度。除另有规定外，胶囊剂的溶出度按 2010 年版《中国药典》（附录Ⅹ C）溶出度测定法进行。

释放度系指药物从缓释制剂、控释制剂、肠溶制剂及透皮贴剂等在规定条件下释放的速度和程度。除另有规定外，胶囊剂的释放度按 2010 年版《中国药典》（附录Ⅹ D）释放度测定法进行。

5. 含量均匀度　除另有规定外，硬胶囊剂每粒标示量不大于 25mg 或主药含量不大于每粒重量 25% 者；内容物非均一溶液的软胶囊，均应检查含量均匀度。

6. 微生物限度检查　微生物限度检查项目包括细菌数、霉菌数、酵母菌数及控制菌（口服给药制剂为大肠埃希菌）检查。

二、胶囊剂的包装与贮存

由胶囊剂的囊材性质所决定，包装材料与储存环境对胶囊剂的质量有明显的影响，因此，必须选择适当的包装容器与贮存条件。通常采用密闭性良好的玻璃瓶、塑料瓶、泡罩式或窄条式包装。

除另有规定外，胶囊剂应密封贮存，其存放环境温度不高于 30℃，相对湿度 < 60%，防止受潮、发霉、变质。

实训 一　吲哚美辛胶囊的制备

【实训目的】

（1）掌握硬胶囊剂的制备方法。

（2）掌握硬胶囊剂生产工艺过程中的操作要点。

（3）熟悉硬胶囊剂的常规质量检查方法。

【实训场所】

实验室

【实训内容】

1. 吲哚美辛胶囊的制备

【处方】

吲哚美辛	5g
淀粉	50g
共制成胶囊	1000 粒

【制法】

（1）填充内容物的制备　淀粉干燥，过 120 目筛，与吲哚美辛最细粉按等量递加法混合，过两次 120 目筛，充分混合均匀，即得。

（2）胶囊的填充　采用硬胶囊分装器对药物进行手工填充：

将硬胶囊分装器底扳两侧的活动槽向里移，盖上面板（使插入底板插孔里）将囊身插入面板的模孔中，使空心胶囊口与面板保持平齐，然后将药物分布于所有囊口上，并手持胶囊分装器左右摇摆振荡，待药物填满囊身后，扫除多余的药粉，然后将两侧的活动槽向外移，使面板落在底板上，底板即将囊身顶出，套上囊帽即成，把装好的胶囊倒在筛里，筛出多余药粉，拭净即得。

2. 对填充好的硬胶囊剂进行装量差异检查　先将 20 粒胶囊分别精密称定重量，再将内容物完全倾出，硬胶囊壳用小刷或其他适宜的用具拭净，再分别精密称定囊壳重量，求出每粒内容物的装量与平均装量，将每粒装量与平均装量进行比较，超出装量差异限度的不得多于 2 粒，并不得有 1 粒超出限度的 1 倍。

【实训结果】

吲哚美辛胶囊的质量检查结果（记录于下表）

胶囊锁口质量	胶囊外观质量	胶囊装量差异	
		超出装量差异限度（粒）	超出限度的 1 倍（粒）

实训 二　维生素 AD 胶丸的制备

【实训目的】

（1）掌握软胶囊剂的制备方法。

（2）掌握软胶囊剂生产工艺过程中的操作要点。

（3）熟悉软胶囊剂的常规质量检查方法。

【实训场所】

实验室

【实训内容】

1. 维生素 AD 胶丸的制备

【处方】

维生素 A	3000U
维生素 D	300U
明胶	100 份
甘油	55～56 份
玉米油	适量
纯化水	120 份

【制法】

将维生素 A、维生素 D 溶于玉米油中，调整浓度使每丸含维生素 A 为标示量的 90.0%～120.0%，含维生素 D 为标示量的 85.0% 以上，作为药液待用；另取甘油、纯化水加热至 70～80℃，加入明胶，搅拌溶化，制成胶浆，保温 1～2h，除去上浮的泡沫，过滤，加入滴丸机，以液状石蜡为冷却剂，用滴制法制备，收集冷凝的胶丸，用纱布拭去黏附的冷却剂，室温下冷风吹 4h，放于 25~35℃ 下烘干 4h，再经石油醚洗涤两次（每次 3~5min），除去胶丸外层液状石蜡，用 95% 乙醇洗涤一次，最后经 30~35℃，2h 烘干，筛选，质检，包装即得。

2. 对制备好的软胶囊剂进行装量差异检查 先将 20 粒胶囊分别精密称定重量，倾出内容物（不得损失囊壳），软胶囊壳用乙醚等溶剂洗净，置通风处使溶剂挥尽，再分别精密称定囊壳重量，求出每粒内容物的装量与平均装量，将每粒装量与平均装量进行比较，超出装量差异限度的不得多于 2 粒，并不得有 1 粒超出限度的 1 倍。

【实训结果】
维生素 AD 胶丸的质量检查结果（记录于下表）

胶囊外观质量				胶囊装量差异	
变形	黏结	渗漏	破裂	超出装量差异限度（粒）	超出限度的 1 倍（粒）

目标检测

一、单选题

1. 关于胶囊剂的特点叙述错误的是（   ）
   1. 可掩盖药物的不良苦味　　　　　B. 提高药物的稳定性
   C. 可定时定位释药　　　　　　　　D. 生物利用度较片剂、丸剂低

2. 宜制成胶囊剂的药物是（   ）
   A. 对光敏感的药物　　　　　　　　B. 水溶性的药物
   C. 易溶性的药物　　　　　　　　　稀乙醇溶液的药物

3. 胶囊剂不需要检查的项目是（   ）
   A. 装量差异　　　　　　　　　　　B. 崩解时限
   C. 硬度　　　　　　　　　　　　　D. 水分

4. 当硬胶囊内容物为易风化药物时，将使硬胶囊壳（   ）
   A. 分解　　　　　　　　　　　　　B. 软化
   C. 变脆　　　　　　　　　　　　　D. 变色

5. 软胶囊的胶皮处方，较适宜的重量比是干增塑剂：干明胶：水为（   ）
   A.1：（0.4~0.6）：1　　　　　　B.1：1：1
   C.0.5：1：1　　　　　　　　　　D.（0.4~0.6）：1：1

6. 用于制备空胶囊壳的主要原料为（   ）
   A. 糊精　　　　　　　　　　　　　B. 明胶
   C. 淀粉　　　　　　　　　　　　　D. 阿拉伯胶

7. 在制备胶囊壳的明胶液中加入甘油的目的是（   ）
   A. 增加可塑性　　　　　　　　　　B. 遮光

    C. 增加胶冻力   D. 增加空心胶囊的光泽

8. 含油量高的药物适宜制成的剂型是（   ）

    A. 溶液剂   B. 片剂

    C. 硬胶囊剂   D. 软胶囊剂

9. 硬胶囊壳中不含（   ）

    A. 着色剂   B. 遮光剂

    C. 崩解剂   D. 表面活性剂

10. 凡规定检查含量均匀度的胶囊剂，一般不再进行（   ）的检查

    A. 释放度   B. 溶出度

    C. 崩解度   D. 装量差异

11. 硬胶囊壳的主要制备流程如下（   ）

    A. 溶胶→蘸胶→拔壳→干燥→切割→整理

    B. 溶胶→蘸胶→干燥→拔壳→切割→整理

    C. 溶胶→干燥→蘸胶→拔壳→切割→整理

    D. 溶胶→拔壳→干燥→蘸胶→切割→整理

二、多选题

1. 下列可用作硬胶囊壳增塑剂的有（   ）

    A. 山梨醇   B. HPC

    C. CMC – Na   D. 甘油

2. 下列不宜制成软胶囊的情况有（   ）

    A. 油性药物   B. 挥发性药物

    C. 水溶性药物   D. 小分子有机物

3. 胶囊填充过程中可能发生的质量问题有（   ）

    A. 锁口过紧   B. 装量差异超限

    C. 胶囊破裂   D. 含水量过高

4. 影响滴制法制备软胶囊的因素有（   ）

    A. 胶液组分比例   B. 药液的滴制速度

    C. 胶液、药液、冷却剂的温度   D. 药液、胶液、冷却剂的密度

5. 下列关于硬胶囊壳的叙述错误的是（   ）

    A. 囊壳含水量高于 15% 时囊壳太软

    B. 加入二氧化钛使囊壳易于识别

    C. 制囊壳时加入山梨醇作抑菌剂

    D. 囊壳编号数值越大，其容量越大

三、问答题（综合题）

1. 哪些性质的药物不宜制成胶囊剂。

2. 药物填入胶囊的方法主要有哪几种？

3. 软胶囊剂的制备工艺有哪些种类，简述其工艺过程。

项目八 | 片剂生产技术

学习目标

◎ **知识目标**

1. 掌握片剂的概念、分类及特点、质量要求。
2. 掌握片剂处方组成及制备工艺。
3. 掌握片剂包衣的目的、种类和方法。
4. 熟悉糖衣和薄膜衣的工艺和材料。

◎ **技能目标**

1. 能进行片剂的制备。
2. 能使用常用的片剂制备设备。
3. 会对片剂、包衣片进行质量检查。

片剂是比较常用的药物剂型之一，在世界各国的制剂生产中占有重要地位，在《中国药典》(2010 年版) 二部收载的制剂中，片剂共有 460 多种。片剂属于固体制剂，在生产过程中涉及到固体制剂的基本单元操作粉碎、过筛与混合，涉及到干燥等。本项目主要介绍片剂的处方组成、制备工艺、片剂包衣的目的及工艺，通过学习使学生掌握片剂的制备、会对片剂、包衣片进行质量检查。

任务一 片剂生产基础知识介绍

一、概述

片剂 (tablets) 是药物与适宜的辅料混匀压制而成的圆片状或异形片状的固体制剂。其特点如下。

(1) 质量稳定、分剂量准确、含量均匀。

(2) 体积小，携带、使用方便。

(3) 片剂便于机械化生产，产量高、成本低、应用广泛。

(4) 片剂可通过特殊的制剂工艺制成缓释、控释等类型，以满足多种治疗用药的需要。

(5) 片剂的缺点　如幼儿及昏迷病人不易吞服；贮存过程往往使片剂变硬，崩解时间延长；有些片剂的溶出度和生物利用度相对较低等。

二、片剂的分类

片剂以口服普通片为主，另有含片、舌下片、口腔贴片、咀嚼片、分散片、可溶片、泡腾片、阴道片、阴道泡腾片、缓释片、控释片与肠溶片等。

1. 含片 系指含于口腔中缓慢溶化产生局部或全身作用的片剂。含片中的药物应是易溶性的，主要起局部消炎、杀菌、收敛、止痛或局部麻醉作用。

2. 舌下片 系指置于舌下能迅速溶化，药物经舌下黏膜吸收发挥全身作用的片剂。舌下片中的药物与辅料应是易溶性的，主要适用于急症的治疗。

3. 口腔贴片 系指粘贴于口腔，经黏膜吸收后起局部或全身作用的片剂。口腔贴片应进行溶出度或释放度检查。

4. 咀嚼片 系指于口腔中咀嚼后吞服的片剂。咀嚼片一般应选择甘露醇、山梨醇、蔗糖等水溶性辅料做填充剂或黏合剂。咀嚼片的硬度应适中。

5. 分散片 系指在水中能迅速崩解并均匀分散的片剂。分散片中的药物应该是难溶性的。分散片可加水分散后口服，也可将分散片含于口中吮服或吞服。

6. 可溶片 系指临用前能溶解于水的非包衣片或薄膜包衣片剂。可溶片应溶解于水中，溶液可呈轻微乳光。可供口服、外用、含漱等用。

7. 泡腾片 系指含有碳酸氢钠和有机酸，遇水可产生气体而呈泡腾状的片剂。泡腾片中的药物应是易溶性的，加水产生气泡后应能溶解。有机酸一般用枸橼酸、酒石酸、富马酸等。

8. 阴道片与阴道泡腾片 系指置于阴道内应用的片剂。阴道片和阴道泡腾片的形状应易置于阴道内，可借助器具将阴道片送入阴道。阴道片为普通片，在阴道内应易溶化、溶散或融化、崩解并释放药物，主要起局部消炎杀菌作用。性激素类药物也可制成此类剂型。具有局部刺激性的药物，不得制成阴道片。阴道片的融变时限应符合规定，阴道泡腾片的发泡量应符合规定。

9. 缓释片 系指在规定的释放介质中缓慢地非恒速释放药物的片剂。缓释片应符合缓释制剂的有关要求，并应进行释放度检查。

10. 控释片 系指在规定的释放介质中缓慢地恒速或接近恒速释放药物的片剂。控释片应符合控释制剂的有关要求，并应进行释放度检查。

11. 肠溶片 系指用肠溶性包衣材料进行包衣的片剂。为防止药物在胃内分解失效、防止药物对胃的刺激或控制药物在肠道内定位释放，可对片剂包肠溶衣；为治疗结肠部位等疾病，可对片剂包结肠定位肠溶衣。

三、片剂的质量要求

为了保证和提高片剂的治疗效果，各国药典对收载的片剂均有严格的质量规定。《中国药典》(2010 年版) 二部制剂通则要求片剂的生产与贮藏期间应符合下列规定。

（1）原料药与辅料混合均匀。含药量小或含毒、剧药物的片剂，应采用适宜方法使药物分散均匀。

（2）凡属挥发性或对光、热不稳定的药物，在制片过程中应遮光、避热，以避免成分损失或失效。

（3）压片前的物料或颗粒应控制水分，以适应制片工艺的需要，防止片剂在贮存期间发霉、变质。

（4）含片、口腔贴片、咀嚼片、分散片、泡腾片等根据需要可加入矫味剂、芳香剂和着色剂等附加剂。

（5）为增加稳定性，掩盖药物的不良气味、改善片剂的外观等，可对片剂进行包衣。必要时，薄膜包衣片剂应检查残留溶剂。

（6）片剂外观应完整光洁，色泽均匀，有适宜的硬度和耐磨性，以免包装、运输过程中发生磨损或破碎。除另有规定外，对于非包衣片，应符合片剂脆碎度检查法的要求。

（7）片剂的溶出度、释放度、含量均匀度、微生物限度应符合要求。

（8）除另有规定外，片剂应密封贮存。

四、处方组成

片剂由两大类物质构成：一类是发挥治疗作用的药物，也就是我们所说的主药。另一类是没有生理活性的一些物质，即辅料。辅料所起的作用主要是填充、黏合、崩解和润滑，有些辅料还起到着色、矫味及美观等作用。辅料的选用直接影响片剂的制备和质量，选择辅料的一般原则是：惰性（无活性、不影响药效、不干扰含量测定、无相互作用）物质、性能突出、价格低廉等。因此，应当根据主药的理化性质和辅料的性质，结合具体的生产工艺，通过体内外实验，选用适宜的辅料。根据它们所起作用的不同，常将辅料分成以下四大类。

（一）填充剂（稀释剂与吸收剂）

填充剂是稀释剂（diluents）和吸收剂（labsorber）的总称，其主要作用是增加片剂的重量或体积。为了应用和生产方便，片剂的直径一般不小于 6mm，片剂总重一般都大于 50mg，所以当药物的剂量低于 50mg 时，常需加入填充剂方能成型。当片剂的药物含有油性组分时，需加入吸收剂吸收油性物，使保持"干燥"状态，以利于制成片剂。填充剂大致可分为：

1. 淀粉 是较常用的片剂辅料。常用玉米淀粉，它的性质稳定，与大多数药物不起作用，价格也比较便宜，吸湿性小、外观色泽好。淀粉的压缩成型性不好，若单独使用，会使压出的药片过于松散，故常与可压性较好的糖粉、糊精混合使用。

2. 糖粉 是结晶性蔗糖经低温干燥粉碎后而成的白色粉末，黏合力强，可用来增加片剂的硬度，并使片剂的表面光滑美观。但吸湿性较强，长期贮存会使片剂的硬度过大，崩解或溶出困难，除口含片或可溶性片剂外，一般不单独使用，常与淀粉、糊精配合使用。

3. 糊精 是淀粉水解中间产物的总称，水溶物约为 80%，在冷水中溶解较慢，较易溶于热水，不溶于乙醇。具有较强的黏性，使用不当会使片面出现麻点、水印或造成片剂崩解或溶出迟缓。

4. 乳糖 是一种优良的片剂填充剂，由牛乳清中提取制得，在国外应用非常广泛。无吸湿性、可压性好、性质稳定，与大多数药物不起化学反应，压成的药片光洁美观。但因价格较贵，在国内应用的不多。一般用淀粉、糊精、糖粉（7∶1∶1）的混合物代替，称为代乳糖。由喷雾干燥法制得的乳糖为非结晶乳糖，其流动性、可压性良好，可供粉末直接压片使用。

5. 可压性淀粉 亦称预胶化淀粉，我国于 1988 年研制成功，现已大量供应市场。国产可压性淀粉是部分预胶化的产品（全预胶化淀粉又称为 α－淀粉）。本品是多功能辅料，可作填充剂，具有良好的流动性、可压性、自身润滑性和干黏合性，并有较好的崩解作用。亦可用于粉末直接压片。

6. 微晶纤维素（MCC） 是纤维素部分水解而制得的聚合度较小的结晶性纤维素，具有良好的可压性，有较强的结合力，可作为粉末直接压片的干黏合剂使用。国产微晶纤维素已在国内得到广泛应用，但其质量有待于进一步提高，产品种类也有待于丰富，片剂中含20%微晶纤维素时崩解较好。

7. 无机盐类 常用的是无机钙盐，如硫酸钙、磷酸氢钙及药用碳酸钙（由沉降法制得，又称为沉降碳酸钙）等。其中较常用的是硫酸钙，硫酸钙性质稳定，无臭无味，微溶于水，与多种药物均可配伍使用，制成的片剂外观光洁，硬度、崩解均好，对药物也无吸附作用，但本品可干扰四环素的吸收。

8. 甘露醇 是无臭的白色粉末或可自由流动的细颗粒，其甜度约为蔗糖的一半并与葡萄糖相当，在口中溶解时吸热，因而有凉爽感，同时兼具一定的甜味，在口中无砂砾感，因此较适于制备咀嚼片，价格稍贵，常与蔗糖配合使用。

填充剂在使用过程中要注意吸湿性对制剂的影响，若填充剂使用量较大且容易吸湿，则既影响片剂的成型，又影响其分剂量，贮存期质量也难得到保证。在实际生产过程中，要根据制剂工艺的需要选择合适的填充剂。

（二）润湿剂和黏合剂

润湿剂（moistening agent）本身无黏性，但可润湿原辅料并诱发其黏性从而制成颗粒的液体。当原料本身无黏性或黏性不足时，需加入黏性物质以便于制粒，这些黏性物质称为黏合剂（adhesives）；黏合剂可以用其溶液，也可以用其细粉（干燥黏合剂），即与片剂中的药物和稀释剂等混匀，然后加入润湿剂诱发黏性。常用的润湿剂和黏合剂如下。

1. 常用的润湿剂

（1）水 一般应采用蒸馏水或纯化水。当原辅料有一定黏性时，例如中药浸膏或含具有黏性物质的配方，加入水即可制成性能符合要求的颗粒。应用时由于物料往往对水的吸收较快，易发生润湿不均匀的现象，最好采用低浓度的淀粉浆或乙醇代替，以克服上述不足。

（2）乙醇 当药物遇水能引起变质，或用水为润湿剂制成的软材太黏以致制粒困难，或制成的干颗粒太硬时，可选用适宜浓度的乙醇为润湿剂。随着乙醇浓度的增大，湿润后所产生的黏性降低，因此，醇的浓度要视原辅料的性质而定，一般为30%～70%。用中药浸膏制粒压片时，应注意迅速操作，以免乙醇挥发而产生强黏性团块。

2. 常用的黏合剂

（1）淀粉浆 是将淀粉混悬于冷水中，加热使糊化（煮浆法），或用少量冷水混悬后，再加沸水使糊化（冲浆法）而制成的。常用的浓度是8%～15%，并以10%淀粉浆最为常用。若物料可压性较差，可再适当提高淀粉浆的浓度到20%。也可根据需要适当降低淀粉浆的浓度，如氢氧化铝片即用5%淀粉浆作黏合剂。淀粉浆的制法主要有煮浆和冲浆两种方法，都是利用了淀粉能够糊化的性质。糊化后，淀粉的黏度急剧增大，从而可以作为片剂的黏合剂使用。

（2）糖浆　是指蔗糖的水溶液，其黏性随浓度不同而改变，常用浓度为50% ~ 70%（g/g）。本品有时与淀粉浆合用，以增强黏结力，有时也可将蔗糖粉末与原料混合后，再加水润湿制粒。

（3）羧甲基纤维素钠（CMC‑Na）　是纤维素的羧甲基醚化物，不溶于乙醇、氯仿等有机溶剂，是常用的黏合剂。本品的取代度和聚合度适宜时，兼有促进片剂崩解的作用。用作黏合剂的浓度一般为1% ~ 2%，其黏性较强，常用于可压性较差的药物，但应注意是否造成片剂硬度过大或崩解超限。

（4）羟丙基纤维素（HPC）　是纤维素的羟丙基醚化物，其性状为白色粉末，易溶于冷水，加热至50℃可发生胶化或溶胀。本品既可做湿法制粒的粘合剂，也可作为粉末直接压片的干燥黏合剂。

（5）羟丙基甲基纤维素（HPMC）　是一种最为常用的薄膜衣材料，因其溶于冷水成为粘性溶液，故亦常用其2% ~ 5%的溶液作为粘合剂使用，压成的片剂外观、硬度均好，特别是药物的溶出度好。

（6）甲基纤维素（MC）和乙基纤维素（EC）　二者分别是纤维素的甲基或乙基醚化物。甲基纤维素具有良好的水溶性，可形成黏稠的胶体溶液而作为粘合剂使用。但应注意当蔗糖或电解质达到一定浓度时本品会析出沉淀。乙基纤维素不溶于水，但在乙醇等有机溶剂中的溶解度较大，并因其浓度的不同而产生不同强度的黏性，可作为对水敏感药物的黏合剂。乙基纤维素对片剂的崩解和药物的释放有阻滞作用，利用这一特性，可通过调节乙基纤维素或水溶性黏合剂的用量改变药物的释放速度，用作缓、控释制剂的黏合剂。

（7）聚维酮（PVP）　根据分子量不同而分为若干种规格，可根据需要选择。可溶于水，常用其适宜浓度水溶液作为黏合剂，其用量常占片剂总重的0.5% ~ 2%。也可溶于乙醇，并可用其醇溶液为润湿剂，因此较适于对水敏感的药物。也适用于疏水性药物，既有利于润湿药物易于制粒，又因改善了药物的润湿性而有利于药物溶出。

（8）其他黏合剂　5% ~ 20%明胶水溶液，其黏性强，适于不宜制粒的原料，但本品使用不当易使制成的片剂崩解缓慢。阿拉伯胶、海藻酸钠、聚乙二醇等也可用作黏合剂，近年由于新的优质黏合剂的推广应用，此等辅料已较少使用。

（三）崩解剂

崩解剂（disinteg rants）是使片剂在胃肠液中迅速裂碎成细小颗粒的物质，除了缓、控释片以及某些特殊用途的片剂以外，一般的片剂中都应加入崩解剂。由于它们具有很强的吸水膨胀性，能够瓦解片剂的结合力，使片剂从一个整体的片状物裂碎成许多细小的颗粒，实现片剂的崩解，所以十分有利于片剂中主药在体内的溶解和吸收。

（1）干淀粉　是最常用的一种崩解剂，含水量在8%以下，用量一般为配方总量的5% ~ 20%，其崩解作用较好。因其压缩成型性不好，故本品用量不宜太多。对不溶性药物或微溶性药物较适用。有些药物如水杨酸钠、对氨基水杨酸钠可使淀粉胶化，故可影响其崩解作用。在生产过程中一般采用外加法、内加法或内外加法来达到预期的效果。

（2）羧甲基淀粉钠（CMS-Na）　由淀粉经醚化而制成，常用其钠盐。本品为白色至类白色的粉末，流动性良好，有良好的吸水性，吸水后其体积大幅度增大，具有良好的崩解性能。对改善片剂质量起到很好的作用，既适用于不溶性药物，也适用于水溶性药物的片剂。具有较好的压缩成型性，既可用内加法，也可用外加法加入。

（3）低取代羟丙基纤维素（L-HPC）　这是国内近年来应用较多的一种崩解剂。由于具有很大的表面积和孔隙率，所以有很好的吸水速度和吸水量，其吸水溶胀性较淀粉强。崩解后颗粒也比较细小，故而有利于药物的溶出，远优于淀粉。一般用量为2%~5%。

（4）交联羧甲基纤维素钠（CCNa）　是交联化的纤维素羧甲基醚（大约有70%的羧基为钠盐型）。虽为钠盐，因为有交联键的存在，不溶于水，但可吸水并有较强的膨胀作用，其崩解作用优良。当与羧甲基淀粉钠合用时，崩解效果更好，与干淀粉合用时崩解作用会降低。

（5）交联聚维酮（PVPP）　即交联聚乙烯吡咯烷酮，是乙烯基吡咯烷酮的高分子量交联物。为白色易流动的粉末，在水中不溶，但可以迅速溶胀，吸水速度快，为性能优良的崩解剂。用作崩解剂时，崩解时间受压片力的影响较小。

（6）泡腾崩解剂　是专用于泡腾片的特殊崩解剂，由碳酸氢钠和有机酸组成，最常用的酸是枸橼酸。遇水时，能连续不断地产生二氧化碳气体，使片剂在几分钟之内迅速崩解。含有这种崩解剂的片剂，应妥善包装，避免受潮造成崩解剂失效。

（7）其他崩解剂　海藻酸钠及海藻酸的其他盐类都有较强的吸水性，也有崩解作用。可压性淀粉为多功能辅料，处方中含量较多时，制成的片剂可快速崩解。离子交换树脂也可作崩解剂。表面活性剂可以改善疏水性片剂的润湿性，使水易于渗入片剂，因而可以加速某些含有疏水性药物片剂的崩解。常用的表面活性剂有泊洛沙姆、蔗糖脂肪酸酯、十二烷基硫酸钠以及吐温80等。其中十二烷基硫酸钠对黏膜有刺激作用，吐温80为液态，加入量应控制并应先用固体粉末吸收或与润湿剂混溶后制粒。

（四）润滑剂

在药剂学中，润滑剂（lubricants）是一个广义的概念，是助流剂、抗黏剂和润滑剂（狭义）的总称。助流剂能降低粒子间的摩擦力从而改善粉末（颗粒）的流动性，在片剂生产中一般均需在颗粒中加入适宜的助流剂以改善其流动性，保证片重差异合格。润滑剂（狭义）能降低药片与冲模孔壁之间摩擦力，改善力的传递与分布，使压片时压力分布均匀，并使片剂的密度均匀。抗黏剂能防止原辅料黏着于冲头和冲模表面，保证片剂表面的光洁度。常用的润滑剂有：

（1）硬脂酸镁　为常用的疏水性润滑剂，易与颗粒混匀，附着性好，压片后片面光洁美观。但助流性较差，用量为0.1%~1%。用量大时，由于其具有疏水性，会造成片剂的崩解或溶出迟缓。另外，本品因含有碱性杂质，不宜与乙酰水杨酸、某些抗生素药物及多数有机盐类药物合用。

（2）滑石粉　国内最常用的助流剂，它可将颗粒表面的凹陷处填满补平，减低颗粒表面的粗糙性，从而降低颗粒间的摩擦力、改善颗粒流动性。与多数药物不起作用，价格低廉，但其附着力差且比重大，易与颗粒分离，用量一般为0.1%~3%，最多不超过5%。

（3）微粉硅胶　又称胶态二氧化硅，是由四氯化硅经气相水解而制得，可用作粉末直接压片的助流剂，为优良的片剂助流剂。流动性好，亲水性强，对药物有吸附作用，特别适宜于油类和浸膏类药物。其助流作用及用量与其比表面积有关，常用量为0.1%～0.3%。因其价格较贵，在国内的应用尚不够广泛。

（4）氢化植物油　本品是以喷雾干燥法制得的粉末，是润滑性能良好的润滑剂。应用时，将其溶于轻质液体石蜡或己烷中，然后将此溶液喷于颗粒上，以利于均匀分布。凡不宜用碱性润滑剂的品种，都可用本品代替。

（5）聚乙二醇（PEG）和月桂醇硫酸镁　二者皆为水溶性润滑剂的典型代表。前者主要使用聚乙二醇4000和6000（皆可溶于水），制得的片剂崩解溶出不受影响。月桂醇硫酸镁为目前正在开发的新型水溶性润滑剂。

润滑剂一般于制粒后压片前加入。润滑剂的加入方法有三种：一是直接加到待压的干颗粒中，此法不能保证分散混合均匀；二是用60目筛筛出颗粒中部分细粉，与润滑剂充分混匀后再加到干颗粒中混匀；三是将润滑剂溶于适宜的溶剂中或制成混悬液或乳浊液，喷入颗粒中混匀后将溶剂挥发，液体润滑剂常用此法。

任务二　片剂生产技术

片剂的制备工艺一般是将药物与辅料混合后，将其填充于一定形状的模孔内，经加压而制成片状的过程。根据制粒方法和对物料处理方法不同分可为制粒压片、直接压片和空白颗粒压片。为了能顺利地压出合格的片剂，原料一般都需要经过预处理或加工，使其具有良好的流动性和可压性。

一、湿法制粒压片

湿法制粒压片工艺，适用于受湿和受热不起变化的药物。整个过程一般可分为下面几个步骤：

1. 原辅料的预处理　压片过程中所用的原、辅料均应符合有关标准，在使用前必须经过鉴定、含量测定、干燥、粉碎、过筛等处理。要求原辅料粉末细度一般在80～100目左右，对毒剧药、贵重药及有色泽的原料则要求更细，以便于混合均匀。片剂的疗效与片剂中药物的溶出度有关，对于溶解度很小的药物，必要时可经微粉化处理使粒径减小（如<5μm）以提高溶出度。片剂的疗效也与晶型等有关，必要时应检定其晶型等，多数药用辅料是高分子材料，应选择合适的型号和规格，例如纤维素衍生物的取代度、黏度等。由于片剂生产过程主要为物理过程，因此应控制某些辅料例如助流剂、润滑剂等的物理性质，如粒度和粒度分布等。处方中各组分用量差异大时，应采用等量递加法或溶剂分散法以保证混合均匀。

2. 称量与混合　根据处方量分别称取原辅料。由于粉末的色泽、粗细和比重的不同，可采用适宜的方法使之充分混合。毒剧药或微量药物应取120～150目的细粉，用等量递加法进行混合。处方中的一些挥发性药物或挥发油应在颗粒干燥后加入，以免受热损失。大量生产可采用混合机、混合筒或气流混合器进行混合。

3. 制颗粒　压片前一般应将原、辅料混合均匀并制成颗粒，其主要目的是保证片剂各组分处于均匀混合状态。制成密度均一的细颗粒，使其具有良好的流动性和可压性，以保证片剂的重量差异符合要求且具有足够的硬度。制粒的方法分为干法制粒与湿法制粒，详细见颗粒剂的制粒。

4. 颗粒的干燥　湿颗粒的质量要求和检查方法：湿颗粒的粗细和松紧须视具体品种加以考虑。如磺胺嘧啶片片形大，颗粒应粗大些。核黄素片片形小，颗粒应细小。吸水性强的药物如水杨酸钠，颗粒宜粗大而紧密。凡在干颗粒中需加细粉压片的品种，其湿颗粒宜紧密，如复方阿司匹林片。凡用糖粉、糊精为辅料的产品其湿颗粒宜较松细。湿颗粒的检查目前尚无科学方法，亦多凭经验检查，通常以湿颗粒置于手掌簸动应有沉重感，细粉少、湿颗粒大小整齐、色泽均匀，无长条者为宜。

湿颗粒制成后，应尽快干燥，放置过久湿颗粒易结块或变形。干燥温度一般以 50 ~ 60℃为宜，如洋地黄、含碘喉症片等温度过高可引起颗粒变色和药物变质。对热稳定的药物如磺胺嘧啶等干燥温度可适当提高到 80 ~ 100℃，以缩短干燥时间。一些含结晶水的药物，如硫酸奎宁等的干燥温度不宜高，时间不宜长，以免失去过多结晶水，使颗粒松脆而造成压片困难。

颗粒干燥时，常用烘盘。烘盘底上铺一层纸或布，将湿颗粒铺于其上，颗粒铺的厚度以不超过 2cm 为宜。

干燥设备的类型较多，生产中常用的有烘箱（图 8 - 1）、烘房及沸腾干燥床。

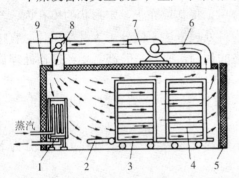

图 8 - 1　热风循环烘箱示意图与实物图

1. 热源　2. 定位管　3. 烘车　4. 烘盘　5. 门　6. 风管　7. 风机　8. 调节机构　9. 隔热层

根据目前的生产实践经验，流化床干燥法可以用于一般湿颗粒的干燥，但有些片剂要求干颗粒坚实完整，故此法不适用。与烘箱干燥相比较，流化床干燥法的干颗粒中细颗粒比例高一些，但细粉比例并不高。

干颗粒的质量要求：干颗粒的质量与原辅料的物理性状、处方组成或压片设备等有关。通常有以下要求：①干颗粒在压片前应根据其含量测定方法进行含量测定并符合要求；②干颗粒的含水量对片剂成型及质量有很大影响，通常干颗粒中含水分控制在 1% ~ 3%，过多过少均不利于压片，不少生产单位用快速水分测定仪测定颗粒中水分含量；③干颗粒的松紧度与压片时片重差异和片剂物理外观也有关系。硬颗粒在压片时容易产生麻面，松颗粒容易出现松片现象。一般经验认为，以颗粒用手捻能碾碎并有粗糙感为宜；④颗粒的大小应适当。颗粒大小应根据片重及药片直径选用，大片可用较大的颗粒或小颗粒进行压片；但对小片来说，必须用小颗粒，若小片用大颗粒，则片重差异较大。同时干颗粒还应含有一定比例的细颗粒，在压片时细颗粒填充于大颗粒间，使片重和含量准确。但细粉和细颗粒不宜过多，否则压片时易产生裂片、松片、边角毛缺及粘冲等现象。细粉一般控制在 20% ~40% 左右。

5. 整粒与总混　干颗粒在压片前还需要进行如下处理：

（1）整粒　在干燥过程中，一部分湿颗粒彼此粘连结块，需过筛整粒，使成为适于压片的均匀干颗粒。

（2）加挥发油及挥发性药物　若在颗粒中加挥发油，如薄荷油、桂皮油、冬绿油、八角茴香油等，最好加于润滑剂与颗粒混匀后筛出的部分细颗粒中，混匀后，再与全部干颗粒混匀。或将挥发油及挥发性药物溶于乙醇溶液中，用喷雾的方法加入干颗粒中，密闭数小时，使混合均匀。

（3）加入润滑剂与崩解剂　一般将润滑剂用细筛筛过，常在过筛整粒过程中加入。崩解剂先干燥过筛，然后加入干颗粒中，充分混匀，抽样检验合格后再压片。

6. 压片　混好的颗粒，经质量检查合格，计算片重即可压片，片重的计算方法主要有如下两种：

（1）测定主药含量以确定片剂的理论片重，按下式计算：

$$片重 = \frac{每片主药含量（标示量）}{颗粒混合物中主药的含量（\%）} \times 主药含量允许误差范围$$

上式适用于投料时未考虑制粒过程中主药的损耗量。

（2）按颗粒重量计算片重

$$片重 = \frac{干颗粒重 + 压片前加的辅料量}{应压片数}$$

按照上式计算片重，投料时应考虑制粒过程中主药的损耗量。

二、直接压片

干法压片有粉末直接压片、结晶药物直接压片和干法制粒压片。其优点是：生产工序少、设备简单，有利于自动化连续生产，尤其适合于对湿热敏感的药物制片。

1. 粉末直接压片　是指药物的粉末与适宜的辅料混合后，不经过制粒而直接压片的方法。此方法的基本条件是必须有性能优良的辅料，辅料应有良好的流动性和可压性。当片剂中药物的剂量不大，药物在片剂中占的比例较小时，混合物的流动性和可压性主要决定于直接压片所用辅料的性能。为改善流动性和可压性，就必须选用优质助流剂（如微粉硅胶）和添加适宜的可改善物料可压性的辅料（如 MCC）。

粉末直接压片的制备工艺比较简单。主药经粉碎、过筛，加入处方中的辅料，混合均匀后，直接压片即得。

粉末直接压片时，还需在压片机的加料斗中装上电磁振荡器，使药粉能定量地填入模孔。另外，要求刮粉器与模台紧密接合，增加预压过程，减慢车速，延长受压时间等措施来克服粉末压片的不足。

2. 结晶直接压片　具有适当流动性和可压性的结晶性药物，如氯化钠、溴化钠、氯化钾等无机盐及维生素 C 等有机物质，其流动性较好并有较好的可压性，经过干燥并过筛后加入适当的辅料，混合后即可直接压片。

直接压片虽有优点，在国外应用较多，但在国内难以推广，其原因是：①缺乏优质辅料，现有的几种辅料如微晶纤维素、可压性淀粉等均为细粉末，生产中粉尘多，急待研究和开发优质直接压片用辅料，如复合辅料。②现有辅料直接压成的片剂外观不光洁。③压片机的精度不理想，有漏粉现象等。

三、空白颗粒压片

若片剂中含有对湿热不稳定而剂量又较小的药物时，可将辅料以及其他对湿热稳定的药物先用湿法制粒，干燥并整粒后，再将不耐湿热的药物与颗粒混合均匀后压片。如醋酸氢化可的松片，可先将处方中的乳糖48g，淀粉110g用7%的淀粉浆制成空白颗粒，将醋酸氢化可的松20g与硬脂酸镁1.6g混匀，将其混合物与空白颗粒混合均匀后再压片，每片含主药20mg。

四、压片机

压片所使用的设备为压片机。常用的压片机按其结构分为单冲压片机（一般实验室用）和旋转压片机。按压制时压缩次数有一次压制和二次压制。旋转压片机有多种型号，按冲数分为16冲、19冲、27冲、33冲、55冲、77冲等。按流程分为单流程和双流程两种，单流程仅有一套上、下压轮，旋转一周每个模孔仅压出一个药片；双流程有两套上、下压轮，旋转一周每个模孔可压出两个药片。

旋转压片机的饲粉方式合理、片重差异小，由上下冲同时加压，片剂内部压力分布均匀，生产效率高。如55冲的双流程压片机的生产能力高达50万片/小时。目前国外发展的封闭式高速压片机最高产量达300万片/小时。新型的全自动旋转压片机除能将片重差异控制在一定范围外，对缺角、松裂片等不良片剂也能自动鉴别并剔除。

旋转式压片机主要工作部分有机台、压轮、片重调节器、加料斗、饲粉器等部分组成（图8-2）。

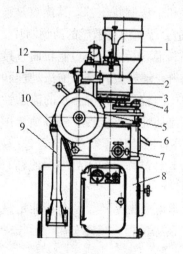 

图8-2 旋转式压片机示意图及实物图

1. 进料斗　2. 机架　3. 机台　4. 刮粉器　5. 手转　6. 出料口　7. 充填调节器　8. 机座　9. 附属吸尘器　10. 片厚调节器　11. 上压轮调节摆杆　12. 上压轮罩

知识拓展

压片机的冲模

压片机的一副冲模分别由一个上冲杆、一个下冲杆和一个中模组成。根据所用的冲模模型不同，可以压制各种形状的片剂，如圆形、椭圆形、心形、星形、三角形等各种异型冲模（图8-3）。

图8-3 异形冲模

五、压片过程中可能出现的问题及解决办法

1. 裂片 片剂发生裂开的现象叫裂片，如果裂开的位置发生在药片的顶部（或底部），习惯上称为顶裂，它是裂片中最常见的形式。压力分布的不均匀以及由此而带来的弹性复原率的不同，是造成裂片的主要原因。解决裂片问题的关键是换用弹性小（复原率小）、塑性大的辅料，从整体上降低物料的弹性复原率。另外，颗粒中细粉太多、颗粒过干、车速过快、压力太大、黏合剂的黏性弱或用量不足、片剂过厚以及加压过快也可造成裂片。

2. 松片 片剂的硬度不够，受震动后易松散成粉末的现象或将片剂置中指与示指间，用拇指轻轻加压即碎裂。解决的方法是根据药物本身的性质（脆性、可塑性、弹性等）控制颗粒的含水量不要过高、选择合适黏合剂或润湿剂、加大压力等。另外在放置过程中注意控制环境的湿度，避免药片吸水膨胀。

3. 粘冲 片剂的表面被冲头粘去一薄层或一小部分，造成片面粗糙不平或有凹痕的现象。如果片剂的边缘粗糙或有缺痕，则可相应地称为粘模。造成粘冲的主要原因有：颗粒不够干燥或物料易于吸湿、润滑剂选用不当或用量不足以及冲头表面锈蚀或刻字粗糙不光等，应根据实际情况加以解决。

4. 崩解迟缓 片剂崩解时限超过药典规定的要求。崩解迟缓原因主要是：黏合剂黏性太强或用量太多、润滑剂的疏水性太强或用量太多、崩解剂选择不当或用量不足、压力太大等。

5. 叠片 指两个片剂叠压在一起的现象。其原因有出片调节器调节不当、上冲粘片、加料斗故障等，如不及时处理，会因压力过大而损坏机器，故应立即停机检修。可调换冲头、用砂纸擦光或检修调节器解决。

6. 片重差异超限 片剂重量差异超过药典规定限度的。主要原因如下：加料器不平衡、颗粒粗细相差悬殊、加料器内颗粒过多过少、塞冲或塞模。

7. 变色或表面花斑 系指片剂表面的颜色变化或出现色泽不一的斑点，导致外观不符合要求。产生的原因如下：颜色差异大的物料混合不均匀、颗粒太硬、上冲油垢过多、易引湿的药品如阿司匹林片等在潮湿情况下与金属接触则容易变色。可根据实际情况加以解决。

8. 麻点 片剂表面产生许多小点，可能是润滑剂和黏合剂用量不当、颗粒受潮、颗粒大小不匀、冲头表面粗糙或刻字太深、有棱角及机器异常发热等引起的，可针对原因处理解决。

9. 卷边 指冲头与模圈碰撞，使冲头卷边，造成片剂表面出现半圆形的刻痕，需立即停车，更换冲头和重新调节机器。

任务三　片剂的包衣技术

一、概述

包衣是指在片剂（常称为片芯、素片）的外表面均匀地包裹上一定厚度的衣膜，它是制剂工艺中的一种单元操作，有时也用于颗粒或微丸的包衣，主要目的是：

（1）改善片剂的外观。包衣层中可着色，最后抛光，可显著改善片剂的外观。

（2）增强片芯中药物的稳定性。有的片剂易吸潮，有的药物易氧化变质，有的药物对光敏感，选用适宜的隔湿、遮光等材料包衣后，可显著增强其稳定性。

（3）掩盖片剂中药物的不良臭味。

（4）控制药物的释放部位和释放速度。例如在胃液中被胃酸或胃酶破坏的药物，对胃有刺激性并影响食欲，甚至引起呕吐的药物都可包肠溶衣，使药物安全的通过胃，在肠中溶解释放药物。近几年还用包衣法实现定位给药，例如结肠给药。

（5）可将两种有配伍禁忌的药物分别置于片芯和衣层，避免配伍变化。

包衣的种类一般分成糖衣和薄膜衣两大类，其中薄膜衣又分为胃溶性、肠溶性及水不溶性三种。无论包制何种衣膜，都要求片芯具有适宜的硬度，以免在包衣过程中破碎或缺损，同时也要求片芯具有适宜的厚度、弧度，以免片剂互相粘连或衣层在边缘部断裂。

二、包衣方法与设备

常用的包衣方法有滚转包衣法、流化床包衣法、埋管式包衣法及压制包衣法等。

1. 滚转包衣法（锅包衣法） 包衣锅（图8-4），一般用导热性能良好、性质稳定的不锈钢或紫铜衬锡材料制成。包衣锅有莲蓬形和荸荠形等。包衣锅的轴与水平的夹角为30°~45°，以使片剂在包衣过程中既能随锅的转动方向滚动，又能沿轴向运动，使混合作用更好。包衣锅的转动速度应适宜，以使片剂在锅中能随着锅的转动而上升到一定高度，随后作弧线运动而落下为度，使包衣材料能在片剂表面均匀地分布，片与片之间又有适宜的摩擦力。近年多采用可无级调速的包衣锅。

在普通包衣锅的底部装有可通入包衣溶液、压缩空气和热空气的埋管（图8-5）。包衣时，该管插入包衣锅中翻动着的片床内，包衣材料的浆液由泵打出，经气流式喷头连续地雾化，直接喷洒在片剂上，干热压缩空气也伴随雾化过程同时从埋管吹出，穿透整个片床进行干燥，湿空气从排出口引出，经集尘过滤器过滤后排出。此法既可包薄膜衣也可包糖衣，可用有机溶剂也可用水性混悬浆液溶解衣料。由于雾化过程是连续进行的，故包衣时间缩短，且可避免包衣时粉尘飞扬，适用于大规模生产。

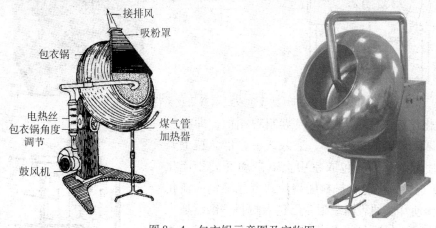

图 8-4 包衣锅示意图及实物图

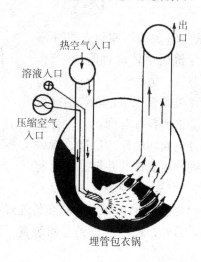

图 8-5 包衣锅内空气走向示意图

2. 高效包衣机 高效包衣机（图 8-6），从热交换形式上可分为有孔包衣机和无孔包衣机。有孔包衣机热交换效率高，主要用于中西药片剂、较大丸剂等的有机薄膜衣、水溶薄膜衣和缓、控释包衣。无孔包衣机热交换效率较低，常用于微丸、小丸、滴丸、颗粒制丸等包制糖衣、有机薄膜衣、水溶薄膜衣和缓、控释包衣。高效包衣机从生产规模上分为生产型高效包衣机和实验型高效包衣机。生产型高效包衣机是一种高效、节能、安全、洁净、符合 GMP 要求的机电一体化设备，为药品生产的包衣新工艺提供了可靠的设备保障，在提高药品质量和延长有效期方面发挥了重要作用。

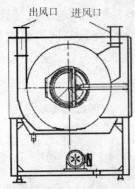

图 8-6 高效包衣机示意图及实物图

3. 流化床包衣法 与流化喷雾制粒相似，即将片芯置于流化床（图 8-7）中，通入气流，借急速上升的空气流使片剂悬浮于包衣室中上下翻动并处于流化（沸腾）状态，另将包衣材料的溶液或混悬液输入流化床并雾化，使片芯的表面黏附一层包衣材料，继续通入热空气使干燥，如法包若干层，直至达到规定要求。本法主要用于包薄膜衣。

4. 压制（干压）包衣法 常用的压制包衣机（图 8-8），是将两台旋转式压片机用单传动轴配成一套。包衣时，先用压片机压成片芯后，由一专门设计的传递机构将片芯传递到另一台压片机的模孔中，在传递过程中需用吸气泵将片外的细粉除去，在片芯到达第二台压片机之前，模孔中已填入部分包衣物料作为底层，然后片芯置于其上，再加入包衣物料填满模孔并第二次压制成包衣片。该设备还采用了一种自动控制装置，可以检

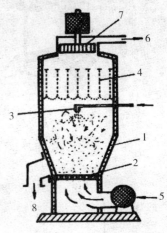

图 8-7 流化床包衣示意图
1. 容器 2. 筛板 3. 喷嘴 4. 袋滤器
5. 空气进口 6. 空气排除口
7. 排风机 8. 物料出口

查出不含片芯的空白片并自动将其抛出，如果片芯在传递过程中被粘住不能置于模孔中时，则装置也可将它抛出。另外，还附有一种分路装置，能将不符合要求的片子与大量合格的片子分开。

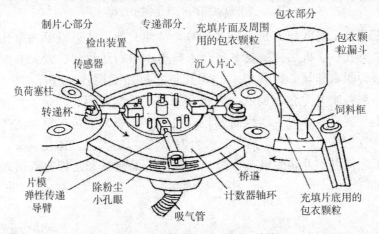

图 8-8 压制包衣机的主要结构

三、包衣的材料及工艺

无论采用何种方法进行包衣，都需要包衣材料，包衣工序又取决于包衣材料。例如：包糖衣时，需要糖浆和滑石粉等包衣材料，但其工艺费时、复杂；包薄膜衣时，常采用羟丙基甲基纤维素（HPMC）等包衣材料，其工艺较为快速、简单。下面我们将根据包衣层的不同，分别介绍包衣的材料及其工艺。

（一）糖衣

指以蔗糖为主要包衣材料的包衣。糖衣有一定防潮、隔绝空气的作用；可掩盖不良气味、改善外观、易于吞服。吞服后，糖衣层可迅速溶解，对片剂崩解影响不大，是目前广泛应用的一种片剂包衣方法。

包糖衣工艺过程：隔离层→粉衣层→糖衣层→有色糖衣层→打光。

1. 隔离层 指在片芯外包的一层起隔离作用的衣层。对于大多数片剂一般不需要包隔离层，但有些含有酸性、水溶性或吸潮性等成分的片剂必须包隔离层，隔离层的作用是防止包衣液中水分透入片芯或酸性药物对糖衣层的影响。常用的隔离层材料有10%玉米朊乙醇溶液、15%~20%虫胶乙醇液、10%醋酸纤维素酞酸酯的（CAP）乙醇溶液、10%~15%明胶浆或30%~35%阿拉伯胶浆，但后两者的防潮效果不够理想。选用CAP时应控制好此层的厚度，否则会影响在胃中的崩解（因为CAP是肠溶性的），因此最好采用玉米朊包制隔离层。因为隔离层使用的是有机溶剂，所以应注意防爆防火，采用中等干燥温度（40~50℃），每层的干燥时间约为30min，一般包3~5层。

2. 粉衣层 包完隔离层后再包粉衣层，对不需包隔离层的片剂可直接包粉衣层。包粉衣层的目的是为了尽快消除片剂原有的棱角。操作时一般采用高浓度的糖浆（65%~75%g/g）和100目的滑石粉，洒一次浆、撒一次粉，然后热风干燥20~30min（40~50℃），重复以上操作15~18次，直到片剂的棱角消失。为了增加糖浆的黏度，也可在糖浆中加入10%的明胶或阿拉伯胶。

3. 糖衣层 包好粉衣层的片子表面比较粗糙、疏松，因此应该再包糖衣层使其表面光滑、细腻坚实。具体操作与包粉衣层基本相同，包衣物料只用稍稀的糖浆而不用滑石粉。糖浆在低温（40℃）下缓缓干燥，形成了细腻的蔗糖晶体衣层，增加了衣层的牢固性和甜味，一般要包10~15层。

4. 有色糖衣层 包有色糖衣层与上述包糖衣层的工序基本相同，目的是使片剂有一定的颜色，增加美观，便于识别或起到遮光作用（在糖浆中加入食用色素和二氧化钛）。包有色糖衣层时，糖浆浓度应由浅到深，并注意层层干燥，以免产生花斑。一般约包制10~15层。

5. 打光 打光是包衣的最后工序，其目的是使糖衣片表面光亮美观，兼有防潮作用。操作时，将川蜡细粉加入包完色衣的片剂中，由于片剂间和片剂与锅壁间的摩擦作用，使糖衣表面产生光泽。如在川蜡中加入2%硅油（称保光剂）则可使片面更加光亮。

取出包衣片干燥24h后即可包装。

（二）薄膜衣

薄膜衣是指在片芯的外面包一层比较稳定的高分子聚合物衣膜。片剂包薄膜衣的作用在于保护片剂不受空气中湿气、氧气等作用，增加稳定性，并可掩盖不良气味，且比糖衣的不良影响小。

1. 胃溶型 胃溶性成膜材料指在水或胃液中可以溶解的材料，适用于一般的片剂包衣。

（1）羟丙基甲基纤维素（HPMC） 是目前应用最广泛的薄膜包衣材料。其优点是可溶于某些有机溶剂和水，易在胃液中溶解，对片剂崩解和药物溶出的不良影响小；其成膜性较好，形成的膜强度适宜，不易脆裂等。本品在国外有 3 种型号，并根据粘度不同而分为若干规格，其低黏度者可用于薄膜包衣。市场上既有 HPMC 原料出售，也有配成包衣材料的复合物（加入色素、遮光剂二氧化钛及增塑剂等），用前加溶剂溶解（混悬）后包衣。

（2）羟丙基纤维素（HPC） 常用本品的 2% 水溶液包制薄膜衣，操作简便，可避免使用有机溶剂，缺点是干燥过程中产生较大的黏性，影响片剂的外观，并且有一定的吸湿性。

（3）丙烯酸树脂Ⅳ 本品是丙烯酸与甲基丙烯酸的共聚物，与国外著名产品 Eudragit E 的性状相当（EudragitL 型和 EudragitS 型是肠溶性的），是目前国内较为常用的胃溶型薄膜衣材料，可溶于乙醇、丙酮、二氯甲烷等，不溶于水，形成的衣膜无色、透明、光滑、平整、防潮性能优良，在胃液中能迅速溶解。

（4）聚乙烯吡咯烷酮（PVP） 本品性质稳定、无毒，能溶于水及多种溶剂，可形成坚固的膜。但本品有较强的吸湿性，常将 5% PVP 溶液、2% PEG 6000 及 5% 甘油单醋酸酯混合使用。

2. 肠溶衣 肠溶衣是指在胃中保持完整而在肠道溶解的衣料。包肠溶衣是由药物性质和使用目的来决定的。主要用于下述情况：①遇胃液能起化学反应、变质失效的药物；②对胃黏膜具有较强刺激性的药物；③有些药物如驱虫药、肠道消毒药等希望在肠内起作用，在进入肠道前不被胃液破坏或稀释；④有些药物需要在肠道保持较长的时间以延长其作用。常用的肠溶型成膜材料如下：

（1）虫胶 不溶于胃液，但在 pH 6.4 以上的溶液中能迅速溶解，可制成 15% ~ 30% 的乙醇溶液包衣，并加入适宜的增塑剂如蓖麻油等。本品因来源不同，其性能有差异，近年应用已较少。

（2）醋酸纤维素酞酸酯（CAP） 可溶于 pH 6.0 以上的缓冲液中，是目前国际上应用较广泛的肠溶型包衣材料。本品为酯类，应注意贮存，否则易水解，水解后产生游离酸及醋酸纤维素，在肠液中也不溶解。

（3）丙烯酸树脂Ⅱ号和Ⅲ号 肠溶型的丙烯酸树脂在国内已有生产，是甲基丙烯酸－甲基丙烯酸甲酯的共聚物，因两者比例不同而分为Ⅱ号（Eudragit L100 型）和Ⅲ号（Eudragit S100 型）。此类树脂在胃中均不溶解，但在 pH 6 或 7 以上缓冲液中可以溶解，安全无毒。

（4）羟丙基甲基纤维素酞酸酯（HPMCP） 不溶于酸性溶液，但可溶于 pH 5 ~ 5.8 以上的缓冲液中。成膜性能好，膜的抗张强度大，安全无毒，其稳定性较 CAP 好，可在小肠上端溶解。

（5）醋酸羟丙基甲基纤维素琥珀酸酯（HPMCAS） 为优良的肠溶型成膜材料，

稳定性较 CAP 及 HPMCP 好。

3. 水不溶型　是指在水中不溶解的高分子薄膜衣材料。

（1）乙基纤维素　不溶于水，易溶于乙醇、丙酮等有机溶剂，成膜性良好，主要是利用膜的半透性来控制药物的释放，因而广泛用于缓控释制剂（既可用作控释性包衣材料，也可作为阻滞性骨架材料使用）。

（2）醋酸纤维素　本品与乙基纤维素类似，不溶于水，易溶于三氯甲烷、丙酮等有机溶剂，成膜性良好。包衣后，衣膜具有半透性，是渗透泵控释制剂最常用的包衣材料。亦可以通过加致孔剂的方法来控制药物的释放达到缓控释的效果。

除了以上各类薄膜衣材料以外，在包制薄膜衣的过程中，尚须加入其他一些辅助性的物料，如增塑剂、遮光剂、着色剂等。常用增塑剂有丙二醇、蓖麻油、聚乙二醇、硅油、甘油、邻苯二甲酸二乙酯或二丁酯等。常用的遮光剂主要是二氧化钛；常用的色素主要有苋菜红、胭脂红、柠檬黄及靛蓝等食用色素。

另外，通过薄膜包衣不仅可以达到传统包糖衣的所有目的，并且可以达到缓释、控释的目的。

知识拓展

薄膜衣片将逐渐取代糖衣片

包衣技术中长期沿用传统落后的糖浆包衣工艺，把以滑石粉、蔗糖、明胶为主的多种与药物治疗毫无关系的辅料，附加在药物片芯的表层，致使糖衣片有效药物片芯额外增重达到 50%～100%，因此，长期服用会对人体造成危害，尤其是糖尿病患者。同时，糖浆包衣生产过程中也难以避免粉尘飞扬、污染环境，化糖、化胶、添加色素、晾片、物料存放均需占用车间较大空间。且生产工艺复杂，操作过程中大多依赖操作者的经验和手感控制包衣质量，与药品生产质量管理规范（GMP）大相径庭。由于糖浆包衣过程中的不可控因素较多，糖衣片在生产和存放过程中，会经常性地出现裂片、花斑、霉点、崩解超时、含量下降、吸湿性强、不易保存、生产时间和晾片时间长等诸多缺陷。

薄膜衣片在质量与成本有其不少优点：生产时间短，操作自动化，由于包衣过程中，包衣锅一直处于负压状态下，不易产尘，不污染环境，生产过程全部处在设备和人工可控状态下，符合 GMP 生产管理规范要求。节省物料，薄膜衣片辅料的增重仅为片芯的 2%～4%，薄膜衣料是由高分子化合物构成，无毒无味，长期服用无明显副作用。根据高分子物料的性质，还可分别制成胃溶、肠溶、缓释、控释、靶向制剂等多种薄膜包衣物料，以满足不同患者的病理需求，拓宽了片剂药效在医疗技术上的应用范围。薄膜衣片不但防潮、避光、掩味、耐磨，且不易产生裂片、花斑、霉点，易于崩解，大大提高了药物的溶出度、生物利用度、药物保存的有效期。片型美观、标志清晰、不易仿冒。由于薄膜衣片体积小，片型光滑、对儿童和妇女患者吞咽更容易、更方便。薄膜衣片对糖尿病患者和忌糖患者也都没有服用限制，扩大了病患者使用范围。包衣后不需晾片过程，就可直接进入包装工序，大大缩短了生产周期。但生产过程中对片芯的硬度及表层的光洁度要求较高，否则包衣过程中会出松片和粗糙毛片，影响片型和美观。

在国外药品片剂生产中，基本上形成了以薄膜包衣取代糖浆包衣的趋势，在国内大多数中外合资企业中也都在新药、普药片剂生产中，优先选用薄膜包衣技术，加速淘汰糖浆包衣生产工艺。

任务四 片剂质量检查

一、片剂的质量检查

1. 外观性状 片剂外观应完整、色泽均匀、无色斑、无异物，并在规定的有效期内保持不变。良好的外观可增强病人对药物的信任，故应严格控制。

2. 片重差异 片重差异过大，意味着每片中主药含量不一，对治疗可能产生不利影响。应按《中国药典》(2010 年版) 二部附录规定进行检查，具体的检查方法如下：取供试品 20 片，精密称定总重量，求得平均片重后，再分别精密称定每片的重量，每片的重量与平均片重相比较（凡无含量测定的片剂，每片重量应与标示片重比较），按表 8 – 1 中的规定，超出重量差异限度的药片不得多于 2 片，并不得有 1 片超出限度 1 倍。

表 8 – 1 片剂重量差异限度

平均片重或标示片重	重量差异限度
0.30g 以下	±7.5%
0.30g 及 0.30g 以上	±5%

糖衣片的片芯应检查重量差异并符合规定，包糖衣后不再检查重量差异。薄膜衣应在包薄膜衣后检查重量差异并符合规定。

凡规定检查含量均匀度的片剂，一般不再进行重量差异检查。

3. 硬度及脆碎度 片剂应有适宜的硬度和脆碎度，以免在包装、运输等过程中破碎或磨损。

《中国药典》中虽然对片剂硬度没有做出统一的规定，但各生产企业一般都根据本厂的具体情况制订一套自己的内控标准。测定硬度的仪器有孟山都硬度计，系通过一个螺旋对一个弹簧加压，由弹簧推动压板并对片剂加压，由弹簧的长度变化来反映压力的大小。

脆碎度在一定程度上能反映片剂的硬度，测定脆碎度可选用国产片剂四用测定仪测定，用于检查非包衣片的脆碎情况。片重 0.65g 或以下者取若干片，使其总重量约 6.50g；片重大于 0.65g 者取 10 片；按《中国药典》(2010 年版) 二部（附录 XG）片剂脆碎度检查法规定进行检查，减失重量不得超过 1%，并不得检出断裂、龟裂及粉碎片。

4. 崩解时限 崩解是系指口服固体制剂在规定条件下全部崩解溶散或成碎粒，除不溶性包衣材料或破碎的胶囊壳外，应全部通过筛网。如有少量不能通过筛网，但已软化或轻质上漂且无硬心者，可作符合规定论。具体方法按照《中国药典》(2010 年版) 二部（附录 XA）崩解时限检查法进行检查。

除另有规定外，取供试品 6 片，分别放到吊篮里，在规定的条件下进行检查，各片应该在规定的时间内全部崩解。如有 1 片不能完全崩解，应另取 6 片复试，均应符合规定。不同种类片剂的崩解时限如下：

压制片15min；薄膜衣片30min；糖衣片60min；肠溶衣片人工胃液中2h不得有裂缝，崩解或软化现象，人工肠液中1h全部崩解；含片应在10min全部崩解并溶化；舌下应在5min全部崩解并溶化；可溶片应在4min全部崩解并溶化；泡腾片5min。

阴道片照《中国药典》(2010年版)二部（附录ⅩB）融变时限检查法进行检查，应在30min内全部溶化或崩解溶散。

咀嚼片不进行崩解时限检查。

凡规定检查溶出度、释放度、融变时限或分散均匀性的制剂，不再进行崩解时限检查。

5. 溶出度　溶出度系指活性药物从片剂、胶囊剂或颗粒剂等制剂在规定条件下溶出的速度和程度。

片剂中除规定有崩解时限外，对以下情况还要进行溶出度的测定以控制或评定其质量：①含有在消化液中难溶的药物；②与其他成分容易发生相互作用的药物；③久贮后变为难溶性物；④剂量小、药效强、副作用大的药物片剂。测定溶出度的方法有篮法、桨法及小杯法，具体方法按《中国药典》(2010年版)二部（附录ⅩC）进行检查。

6. 含量均匀度　含量均匀度系指小剂量或单剂量的固体制剂、半固体制剂和非均相液体制剂的每片（个）含量符合标示量的程度。除另有规定外，每片（个）标示量不大于25mg或主药含量不大于每片（个）重量的25%者，都应该进行含量均匀度检查。具体方法按《中国药典》(2010年版)二部（附录ⅩE）进行检查。

7. 微生物限度　微生物限度检查法系检查非规定灭菌制剂及其原料、辅料受微生物污染程度的方法。检查项目包括细菌、霉菌、酵母菌及控制菌检查。

按国家制订的药品卫生标准，化学药物的片剂，不得检出大肠埃希菌；每克含细菌数不得超过1000个；霉菌数和酵母菌数每克不得超过100个。

知识拓展

片剂的其他检查项目

1. 发泡量　取阴道泡腾片照下述方法检查，应符合规定。取25ml具塞刻度试管（内径1.5cm）10支，各精密加水2ml，置37±1℃水浴中5分钟，各管中分别投入供试品1片，密塞。20分钟内观察最大发泡量的体积，平均发泡体积应不少于6ml，且少于3ml的不得超过2片。

2. 分散均匀性　取供试品6片，置250ml烧杯中，加15～25℃的水100ml，振摇3分钟，应全部崩解并通过二号筛。

二、片剂的包装与贮存

1. 片剂的包装　片剂的多剂量包装是将几十片甚至几百片包装在一个容器中，容器多为玻璃瓶和塑料瓶，也有用软性薄膜、纸塑复合膜、金属箔复合膜等制成的药袋；

片剂的单剂量包装包括泡罩式（亦称水泡眼）包装和窄条式包装两种形式，均将片剂单个包装，使每个药片均处于密封状态，提高了对产品的保护作用，也可杜绝交叉污染。

2. 片剂的贮存 片剂应密封贮存，防止受潮、发霉、变质。除另有规定外，一般应将包装好的片剂放在阴凉（20℃以下）、通风、干燥处贮藏。对光敏感的片剂，应避光保存（宜采用棕色瓶包装）。受潮后易分解变质的片剂，应在包装容器内放干燥剂（如干燥硅胶）。

实训 一 阿司匹林片剂的制备

【实训目的】

（1）掌握淀粉浆的制备方法

（2）掌握湿法制粒压片的工艺过程和操作要点。

（3）熟悉崩解时限的测定。

（4）熟悉压片机的基本构造、使用和保养。

（5）了解崩解剂的不同加入方法对片剂崩解时限和溶出度的影响。

【实训场所】

实验室

【实训内容】

1. 50g，10%（g/g）淀粉浆的制备

【处方】

淀粉　　　　5g

纯化水　　　45ml

【制法】

（1）煮浆法　称取5g淀粉放于盛有45ml纯化水的烧杯中，用玻璃棒搅拌成混悬状，然后置于电加热套直接加热，边加热边搅拌，直至沸腾，得10%淀粉浆。

（2）冲浆法　称取5g淀粉放于盛有8ml纯化水的烧杯中，先用玻璃棒搅拌成混悬状，然后在搅拌下，迅速加入沸的纯化水37ml，得10%淀粉浆。

注意：制备阿司匹林片时，在淀粉浆的制备过程中可在纯化水中加入浓度为0.1%的酒石酸。

2. 阿司匹林片剂的制备

【处方】

阿司匹林	30g
淀粉	10g
10%淀粉浆	q·s
酒石酸	q·s
滑石粉	q·s

【制法】

（1）内加法　取阿司匹林与淀粉混匀，加10%淀粉浆制成软材，过16目筛制粒，颗粒于 40～60℃ 干燥 30min 后，再经 16 目筛整粒，将此颗粒与 1.5g 滑石粉混匀后压片。

（2）内外加法　取阿司匹林 30g，淀粉 5g 混合，加 10% 淀粉浆制软材，16 目筛制粒，干燥，整粒。加入 5g 淀粉和 1.5g 滑石粉，混匀压片。

3. 崩解时间的测定

将上述两种方法制备的阿司匹林片剂分别进行崩解时间测定，记录实验结果。比较崩解剂的加入方法不同对片剂崩解的影响。

【实训结果】

崩解时限
内加法
外加法

实训 二　阿司匹林肠溶片的制备

【实训目的】

（1）掌握包衣的方法。

（2）熟悉高效薄膜包衣机的基本结构、使用和保养。

（3）熟悉崩解时限的测定。

【实训场所】

实验室

【实训内容】

【处方】

丙烯酸树酯Ⅲ号	2.5kg
95% 乙醇	35kg
邻苯二甲酸二乙酯	0.5kg
蓖麻油	0.75kg
吐温 80	0.35kg

【制法】

称适量阿司匹林片芯置高效薄膜包衣机中滚转，预热直到片温达到 40～60℃，调节气压，使喷枪喷出雾状液体，再调好输液速度即可开启包衣锅，间歇喷入包衣液，始终保持片温在 33～37℃ 之间，如此反复操作至包衣完成。包衣过程中，包衣液始终保持搅拌状态，喷入包衣液直到片面色泽均匀一致，停止包衣。取出包衣片，检查包衣片的质量。

包衣片的质量检查结果（记录于下表）

制剂	外观	崩解时限
阿司匹林肠溶片		

目 标 检 测

一、单选题

1. 下列关于片剂特点的叙述，错误的是（　　　）
   A. 体积较小，运输、贮存及携带比较方便
   B. 片剂生产的机械化、自动化程度较高
   C. 产品的性状稳定，剂量准确，成本及售价都较低
   D. 具有靶向作用

2. 下列哪种片剂是以碳酸氢钠与枸橼酸为崩解剂的（　　　）
   A. 泡腾片　　　　　B. 分散片　　　　　C. 缓释片　　　　　D. 舌下片

3. 按崩解时限检查法检查，普通片剂应在多长时间内崩解（　　　）
   A. 60min　　　　　B. 40min　　　　　C. 30min　　　　　D. 15min

4. 红霉素片是下列哪种片剂（　　　）
   A. 糖衣片　　　　　B. 薄膜衣片　　　　　C. 肠溶衣片　　　　　D. 普通片

5. 片剂辅料中，既能作填充剂，又能作粘合剂及崩解剂的是（　　　）
   A. 淀粉　　　　　B. 淀粉浆　　　　　C. 糖粉　　　　　D. 乙醇

6. 关于片剂包衣目的不正确的是（　　　）
   A. 增加药物稳定性　　　　　　　　B. 改善片剂外观
   C. 掩盖药物不良臭味　　　　　　　D. 减少服药次数

7. 微晶纤维素为常用片剂辅料，其缩写和用途为（　　　）
   A. CMC 黏合剂　　　　　　　　　B. CMS 崩解剂
   C. CAP 肠溶包衣材料　　　　　　　D. MCC 干燥粘合剂

8. 在片剂中，乳糖可作为下列哪类辅料（　　　）
   A. 润滑剂　　　　　　　　　　　B. 黏合剂
   C. 稀释剂　　　　　　　　　　　D. 干燥黏合剂

9. 湿法制粒压片时，润滑剂加入的时间是（　　　）
   A. 药物粉碎时　　　　　　　　　B. 加黏合剂或润湿剂时
   C. 颗粒整粒时　　　　　　　　　D. 颗粒干燥时

10. 含有大量挥发油的片剂制备，应选用的吸收剂是（　　　）
    A. 碳酸钙　　　　　　　　　　B. 糖粉
    C. 微晶纤维素　　　　　　　　　D. 淀粉

11. 湿法制粒工艺流程图为（　　　）
    A. 原辅料→粉碎→混合→制软材→制粒→干燥→压片
    B. 原辅料→粉碎→混合→制软材→制粒→干燥→整粒→压片
    C. 原辅料→粉碎→混合→制软材→制粒→整粒→压片
    D. 原辅料→混合→粉碎→制软材→制粒→整粒→干燥→压片

12. 属于疏水性润滑剂的是（　　　）

A. 水   B. 乙醇

C. 聚乙二醇   D. 滑石粉

13. 可用作片剂肠溶衣物料的是（   ）

    A. 淀粉   B. 乙醇

    C. 丙烯酸树脂 III 号   D. 丙烯酸树脂 IV 号

14. 反映难溶性固体药物吸收的体外指标是（   ）

    A. 崩解时限   B. 溶出度

    C. 硬度   D. 含量

15. 流动性和可压性良好的颗粒性药物，宜采用（   ）

    A. 结晶压片法   B. 干法制粒压片

    C. 粉末直接压片   D. 空白颗粒法

二、多选题

1. 下列哪组组份中全部为片剂中常用的填充剂（   ）

    A. 淀粉、糖粉、微晶纤维素

    B. 淀粉、糖粉、糊精

    C. 硫酸钙、微晶纤维素、乳糖

    D. 低取代羟丙基纤维素、糖粉、糊精

    E. 淀粉、羧甲基淀粉钠、羟丙甲基纤维素

2. 关于粉末直接压片的叙述正确的有（   ）

    A. 省去了制粒、干燥等工序，节能省时

    B. 产品崩解或溶出较快

    C. 粉尘飞扬小

    D. 是国内应用广泛的一种压片方法

    E. 适用于对湿热不稳定的药物

3. 下列哪些设备可得到干燥颗粒（   ）

    A. 一步制粒机   B. 高速搅拌制粒机

    C. 喷雾干燥制粒机   D. 摇摆式颗粒机

    E. 重压法制粒机

4. 关于淀粉浆的正确表述是（   ）

    A. 淀粉浆是片剂中最常用的黏合剂

    B. 常用 20% ~ 25% 的浓度

    C. 淀粉浆的制法中冲浆方法是利用了淀粉能够糊化的性质

    D. 冲浆是将淀粉混悬于全部量的水中，在夹层容器中加热并不断搅拌，直至糊化

    E. 凡在使用淀粉浆能够制粒满足压片的情况下，大多数选用淀粉浆这种黏合剂

5. 关于片剂包衣的目的，正确的叙述是（   ）

    A. 增加药物的稳定性   B. 减轻药物对胃肠道的刺激

    C. 提高片剂的生物利用度   D. 避免药物的首过效应

E. 掩盖药物的不良味道

6. 粉末直接压片时，既可作稀释剂，又可作粘合剂，还兼有崩解作用的辅料（　　）

    A. 甲基纤维素   B. 羟丙甲基纤维素

    C. 乙基纤维素   D. 微晶纤维素

    E. 可压性淀粉

7. 在片剂中除规定有崩解时限外，对以下哪种情况还要进行溶出度测定（　　）

    A. 含有在消化液中难溶的药物

    B. 与其他成分容易发生相互作用的药物

    C. 久贮后溶解度降低的药物

    D. 小剂量的药物

    E. 剂量小、药效强、副作用大的药物

8. 在包制薄膜衣的过程中，除了各类薄膜衣材料以外，尚需加入哪些辅助性的物料（　　）

    A. 增塑剂   B. 遮光剂   C. 色素

    D. 溶剂   E. 保湿剂

9. 主要用于片剂的崩解剂是（　　）

    A. CMC – Na   B. PVP   C. HPMC

    D. L – HPC   E. CMS – Na

10.《中国药典》（2010 年版）规定溶出度的测定方法有（　　）

    A. 篮法   B. 浆法   C. 小杯法

    D. 循环法   E. 崩解法

三、问答题（综合题）

1. 简述湿法制粒压片的工艺流程。

2. 填充剂、崩解剂、润滑剂在片剂生产中起什么作用？

3. 哪些情况下片剂需要包衣？有哪几种包衣方法？

项目九 | 滴丸与微丸生产技术

◎**知识目标**

1. 掌握滴丸与微丸的定义、分类、质量要求。
2. 掌握滴丸剂常用基质与冷凝液。
3. 掌握滴丸剂的制备工艺流程与滴制方法。
4. 熟悉滴丸与微丸的特点。
5. 熟悉滴丸剂质量要求、质量检查项目与检查方法。
6. 了解微丸的释药特点、质量检查项目。

◎**技能目标**

1. 能根据滴丸剂主药的性质，选择适宜的基质、冷凝液。
2. 能操作实验室用小型滴丸设备或 DWJ－2000S 型滴丸试验机生产出合格的滴丸剂。
3. 会根据药典相关规定，实施滴丸剂质量检查。

本项主要介绍滴丸和微丸生产技术。重点介绍滴丸的含义、基质与冷凝剂的要求与种类、特点、生产工艺流程、制备过程、质量控制等内容；介绍了微丸的概念、特点、制备方法；举例介绍了滴丸和微丸的制备。为今后在滴丸和微丸的成型岗位、工艺管理等岗位工作打下良好基础。

任务一 滴丸生产技术

一、概述

（一）滴丸剂的概念与特点

滴丸剂（pills）系指固体或液体药物与适宜的基质加热熔融后溶解、乳化或混悬于基质中，再滴入不相混溶、互不作用的冷凝液中，由于表面张力的作用使液滴收缩成球状而制成的制剂。这种滴法制丸的过程，实际上是将固体分散体制成滴丸的形式。目前滴制法不仅能制成球形丸剂，也可以制成椭圆形、橄榄形或圆片形等异形丸剂。滴丸主要供口服应用，亦可外用（如度米芬滴丸）和局部如眼、耳、鼻、直肠、阴道等使用。

滴丸剂是一个发展较快的剂型，它主要具有以下几方面优点。

（1）设备简单、操作简便、生产工序少、自动化程度高。

（2）可增加药物稳定性。由于基质的使用，使易水解、易氧化分解的药物和易挥发药物包埋后，稳定性增强。

（3）可发挥速效或缓释作用。用固体分散技术制备的滴丸由于药物呈高度分散状态，可起到速效作用；而选择脂溶性好的基质制备滴丸由于药物在体内缓慢释放，则可起到缓释作用。

（4）滴丸可用于局部用药。滴丸剂型可克服西药滴剂的易流失、易被稀释，以及中药散剂的妨碍引流、不易清洗、易被脓液冲出等缺点，从而可广泛用于耳、鼻、眼、牙科的局部用药。

但滴丸剂也有缺点，如滴丸载药量低、服用粒数多、可供选用的滴丸基质和冷凝剂品种较少等。

（二）滴丸剂的质量要求

根据 2010 年版《中国药典》的有关规定，滴丸剂的质量应符合以下规定：

（1）滴丸应大小均匀，色泽一致，表面的冷凝液应除去。

（2）重量差异小，丸重差异检查应符合规定。

（3）溶散时限、微生物限度检查应符合规定。

二、滴丸的基质和冷却液

（一）基质

滴丸剂中除主药和附加剂以外的辅料称为基质。其与滴丸的形成、溶散时限、溶出度、稳定性、药物含量等有密切关系。基质在室温为固体状态，60~100℃条件下能熔化成液体，遇冷能立即凝成固体。应尽可能选择与主药性质相似的物质作基质，但要求不与主药发生化学反应，不影响主药的疗效和检测，对人体无害。基质分为水溶性和非水溶性两大类。

1. 水溶性基质　常用聚乙二醇类（如 PEG-6000、PEG-4000）、聚氧乙烯单硬脂酸酯（S-40）、硬脂酸钠、甘油明胶、尿素、泊洛沙姆（Poloxamer）等。其中 PEG 具有加热（60~100℃）融化，遇冷凝固迅速，不与主药发生作用，对人体无害，无紫外吸收，不影响药物的测定等优点，应用广泛。

2. 非水溶性基质　常用硬脂酸、单硬脂酸甘油酯、氢化植物油、虫蜡、十六醇（鲸蜡醇）、十八醇（硬脂醇）等。

在生产实践中可将水溶性基质与非水溶性基质混合使用，起到调节滴丸的溶散时限、溶出速度或容纳更多药物的作用。如国内常用 PEG6000 与适量硬脂酸配合调整熔点，可制得较好的滴丸。

（二）冷凝液

用于冷却滴出的液滴，使之凝成固体丸剂的液体称为冷凝液。冷凝液与滴丸剂的形成有很大的关系，应根据主药和基质的性质选用冷凝液。冷凝液的选择有以下几点要求：①安全无害；②与主药和基质不相混溶，不起化学反应；③有适宜的相对密度和黏度（略高或略低于滴丸的相对密度），以使滴丸（液滴）能在冷凝液中缓缓上浮或下沉，有足够时间进行冷凝、收缩，从而保证成形完好；④有适宜的表面张力可形成滴丸。

冷凝液分为水溶性和非水溶性两大类。常用的水溶性冷凝液有：水、不同浓度的乙醇等，适用于非水溶性基质的滴丸；非水溶性冷凝液有：液状石蜡、植物油、二甲硅油、它们的混合物等，适用于水溶性基质的滴丸。

三、滴丸的制备

（一）生产工艺流程与常用设备

滴丸剂是采用滴制法进行制备，其生产工艺流程（图9-1）。

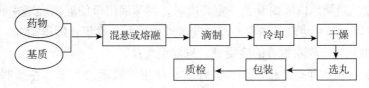

图9-1 滴丸剂生产工艺流程图

滴丸剂采用滴丸机制备，目前国内滴丸机按其滴出方式不同，可分为单品种滴丸机、多品种滴丸机、定量泵滴丸机及向上滴的滴丸机等。型号规格多样，有单滴头、双滴头和多至35个滴头者。冷凝方式有静态冷凝与流动冷凝两种。熔化可在滴丸机中或在熔料锅中进行。这些都可根据生产的实际情况选用。

由下向上滴制的方法只适用于药液密度小于冷凝液的品种，如芳香油滴丸。由于该油的相对密度小，含量又高，致使液滴的相对密度小于冷凝液而不下沉，需将滴出口浸入在冷凝柱底部向上滴出，此类滴丸的丸重可以比一般滴丸大。

滴丸机的主要部件有：滴管系统（滴头和定量控制器）、保温设备（带加热恒温装置的贮液槽）、控制冷凝液温度的设备（冷凝柱）及滴丸收集器等（图9-2）。

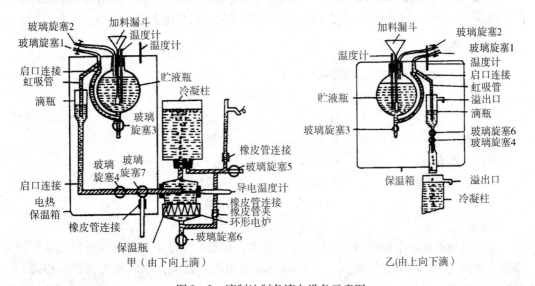

图9-2 滴制法制备滴丸设备示意图

（二）滴制方法

以由下向上滴制设备为例，其滴制方法为：

（1）采用适当方法将主药溶解、混悬或乳化在适宜的基质内制成药液。

（2）将药液移入加料漏斗，保温（80～90℃）。

（3）选择合适的冷凝液，加入滴丸机的冷凝柱中。

（4）将保温箱调至适宜温度（80～90℃），依据药液性状和丸重大小而定；开启吹气管（即玻璃旋塞2）及吸气管（即玻璃旋塞1）；关闭出口（即玻璃旋塞3），药液滤入贮液瓶内；待药液滤完后，关闭吸气管，由吹气管吹气，使药液虹吸进入滴瓶中，至液面淹没到虹吸管的出口时即停止吹气，关闭吹气管，由吸气管吸气以提高虹吸管内药液的高度。当滴瓶内液面升至一定高度时，调节滴出口的玻璃旋塞4和7，使滴出速度为92～95d/min，滴入已预先冷却的冷凝液中冷凝，收集，即得滴丸。

（5）取出丸粒，清除附着的冷凝液，剔除废次品。

（6）干燥、包装即得。根据药物的性质与使用、贮藏的要求，在滴制成丸后亦可包糖衣或薄膜衣。

（三）制备滴丸的注意事项

1. 液滴在冷凝液中的移动速度 液滴与冷凝液的相对密度相差大，或冷凝液的黏滞度小，都能增加液滴在冷凝液中的移动速度。移动速度快可使滴丸从球形变为扁平的片形。

2. 冷凝液的温度 液滴冷凝的快的品种在未完全收缩成丸前就凝固，便会导致丸粒不圆整；或者由于气泡尚未退出而产生空洞；或者在逸出气泡时带出少量药液尚未缩回，出现"尾巴"现象。

3. 液滴的大小与圆整度的关系 在通常的情况下小丸的圆整度要比大丸好。所以在主药含量不变的情况下，尽量少用辅料，使丸形小，圆整度好。

4. 滴出口与冷凝液面的距离 一般以4～6cm为宜。距离太大，药液液滴易被跌散产生细粒；太近，又会导致液滴在冷凝液中冷缩不足，圆整度欠佳。

（四）举例

例9-1 联苯双酯滴丸（Bifendate Pills）

【处方】

	①	②
联苯双酯	1.5g	3.75g
聚乙二醇6000	13.35g	33.375g
聚山梨酯80	0.15g	0.375g
共制	1000粒	1000粒

【制法】

以上物料在油浴中加热至150℃熔化成液体，移至贮液罐中。药液保持85℃由滴管滴出（滴速约30丸/min），滴入二甲硅油冷凝液中冷凝成丸；取出滴丸沥尽并擦除二甲硅油，即得。

例9-2 芸香油滴丸

【处方】

芸香油	200ml
硬脂酸钠	21g
虫蜡	8.4g
纯化水	8.4ml

【制法】

将前三种物料放入烧瓶中，摇匀，加水后再摇匀，水浴加热回流，时时振摇，全部熔化后冷至77℃，移入贮液罐内；药液保温65℃由滴管滴出（滴头内径4.9mm，外径8.04mm，滴速约120丸/min），滴入含1%硫酸的冷却水溶液中，滴丸成形后取出，放入冷水中浸洗，再倒入垫有吸水纸的盘内，吸去水迹，即得。丸重0.21g。

例9-3 氯霉素耳用滴丸（Chloramphenicol Ear Pills）

【处方】

氯霉素	17g
聚乙二醇6000	34g
聚山梨酯80	适量
共制	1000粒

【制法】

取氯霉素与聚乙二醇6000按1:2比例配合，在水浴上熔融，加聚山梨酯80搅匀，过滤，移至贮液罐中80℃保温，在冷凝柱内加入液状石蜡，将上述熔融混合物滴入用冰冷却的液状石蜡中成丸。滴制过程中的滴速控制为50滴/分，药液的温度为80~90℃，冷凝管中部的温度控制在10℃左右，滴距为5cm，滴管的口径控制在1.3~1.4mm，冷凝管的高度为90~100cm。取出滴丸，摊在纸上，吸去滴丸表面的液状石蜡（必要时可用乙醚或乙醇洗涤），自然干燥，即得。

四、滴丸的质量检查

滴丸剂的质量检查应按《中国药典》(2010年版) 二部（附录ⅠH）丸剂项下的质量要求检查。

1. 外观 应大小均匀，色泽一致，无粘连现象，表面无残留冷凝液。

2. 重量差异 除另有规定外，取供试品20丸，精密称定总重量，求得平均丸重后，再分别精密称定每丸的重量。每丸重量与平均丸重相比较，按表9-1的规定，超出重量差异限度的滴丸不得多于2丸，并不得有1丸超出限度1倍。

表9-1 滴丸剂重量差异限度

平均丸重	重量差异限度
0.03g及0.03g以下	±15%
0.03g以上至0.30g	±10%
0.30g以上	±7.5%

包糖衣滴丸应在包衣前检查丸芯的重量差异，符合规定后方可包衣。包糖衣后不

再检查重量差异，薄膜衣滴丸应在包薄膜衣后检查重量差异并符合规定。

3. 溶散时限　按照《中国药典》(2010 年版) 二部（附录 X A）崩解时限检查法进行检查，普通滴丸应在 30min 内全部溶散，包衣滴丸应在 1h 内全部溶散。如有 1 粒不能完全溶散，应另取 6 粒复试，均应符合规定。以明胶为基质的滴丸，可改在人工胃液中进行检查。

4. 微生物限度　按照《中国药典》(2010 年版) 二部（附录 XI J）微生物限度检查法检查，应符合规定。

任务二　微丸生产技术

一、概述

(一) 微丸的概念与特点

微丸（pellets）系指由药物与辅料构成的直径小于 2.5mm 的球状实体。微丸最早产生于中国，如六神丸，完全具备现代微丸的基本特征，已有数百年的生产历史，但中药微丸多年来没有发展，其独特优势也没有得到重视。

随着微丸成型技术的进步，微丸剂在近几十年取得了长足发展。国内外已有多个品种上市，其中有"双氯芬酸钠缓释胶囊"、"阿司匹林缓释胶囊"、"新康泰克缓释胶囊"、"茶碱缓释胶囊"、"盐酸苯海索缓释胶囊"等缓释微丸剂，也有"伤风感冒胶囊"、"葛根芩连微丸"等普通制剂微丸剂。近年来，微丸在缓释、控释制剂方面备受瞩目，成为中西药物新制剂研究的一个热点。

微丸与通常所述的丸剂相比，其具有以下优点：

(1) 生物利用度高，局部刺激性小。微丸将一个剂量的药物分散在许多微型隔室内，用药后药物广泛分布在胃肠道黏膜表面，有利于吸收，其生物利用度较高。而且由于其分布面积大，使药物对胃肠道的刺激性相对减少。

(2) 微丸剂由于粒径小，受消化道输送食物节律影响小，即使当幽门括约肌闭合时，仍能通过幽门，因此微丸在胃肠道的吸收一般不受胃排空的影响。若微丸用非生物降解材料包衣，则可获得重现性好、不依赖 pH 值的零级释药速率。

(3) 改善药物稳定性，掩盖不良味道。

(4) 微丸组成的复合微丸，可增加药物的稳定性，提高疗效，降低不良反应，而且生产时便于控制质量。如制成复合微丸和多层微丸还可以减少药物的配伍禁忌。

(5) 在工艺学上也有一些优点，例如有较好的流动性质，不易破碎，易于包衣、分剂量等。

(6) 可根据不同需要将其制成片剂和胶囊剂等剂型。微丸也可压制成片，如茶碱缓释片就是由含茶碱的微丸和药粉经压制而成的片剂，还可将速释微丸与缓释微丸装于胶囊中制成控释胶囊剂。缓释或控释微丸的释药行为是组成一个剂量的各个微丸释药行为的总和，个别微丸在制备中的失误或缺陷不致对整体制剂的释药行为产生严重影响，因此缓释、控释微丸在安全性、重现性要好于其他缓释、控释剂型。

（二）微丸的类型及释药机制

微丸种类按其释放特性可分为速释微丸、缓释微丸和控释微丸。其中缓释微丸、控释微丸按其结构和种类又可分为骨架型微丸、肠溶衣型微丸、可溶性薄膜衣型微丸、不溶性薄膜衣型微丸和树脂型微丸。

1. 速释微丸 速释微丸是药物与一般制剂辅料（如微晶纤维素、淀粉、蔗糖等）制成的具有较快释药速度的微丸。其释药机制与颗粒剂基本相同，一般情况下，要求30min溶出度不得少于70%，处方中常加入一定量的崩解剂或表面活性剂，以保证微丸的快速崩解和药物溶出。

2. 骨架型缓释微丸 骨架型缓释微丸通常以蜡类、脂肪类及不溶性高分子为骨架，通常无孔隙或极少孔隙，水分不易渗入丸芯，药物的释放主要是外表面的磨蚀—分散—溶出过程。影响释药速度的主要因素有药物溶解度、微丸的孔隙率及孔径等，其释药方式通常符合 Higuchi 方程。因脂溶性药物在水中溶解度低，故只有水溶性药物适合于制成该类微丸。

3. 肠溶衣型微丸 肠溶衣型微丸是将速释微丸用丙烯酸树脂Ⅱ等肠溶性高分子材料包衣制成的在胃中不溶或不释药的微丸。衣膜在胃中不溶，肠中高 pH 值的环境下，衣膜溶解而释药。较适合于对胃具有刺激性的药物（如阿司匹林）和在胃中不稳定药物（如红霉素等）微丸制剂的制备。

4. 可溶性薄膜衣微丸 可溶性薄膜衣微丸以亲水性聚合物制成包衣膜，药物可加在丸芯中，也可加在薄膜衣内，或者二者兼有。口服后薄膜衣遇消化液即溶胀，形成凝胶屏障层而控制药物的溶出，其释药很少受胃肠道生理因素和消化液 pH 值变化影响。

5. 不溶性薄膜衣微丸 不溶性薄膜衣微丸通常将药物制成丸芯，以不溶性聚合物包衣，包衣处方中常含有适量的致孔剂和增塑剂。当衣膜与胃肠液接触时，致孔剂溶于水后形成许多微孔，水分渗入片芯，形成药物饱和溶液，通过微孔将药物扩散至体液中，从而达到近似零级释药过程。

6. 树脂型微丸 可电离的药物能将药物交换到树脂上，口服后胃肠道离子可将药物从树脂上置换下来而释药。经聚合物包衣也可制成缓释微丸。树脂粒径、衣膜厚度、聚合物黏度及介质离子强度、pH 值对微丸的溶出度有影响。

7. 脉冲控释微丸 脉冲释药微丸从内到外分为四层：丸芯—药物层—膨胀层—水不溶性聚合物外层衣膜。水分通过外层衣膜向系统内渗透并与膨胀层接触，当水化膨胀层的膨胀力超过外层衣膜的抗张强度时，衣膜便开始破裂，从而触发药物释放。可通过改变外层衣膜厚度来控制时滞。

二、微丸的制备与举例

（一）微丸的制备

微丸的制备方法较多，其实质都是将药物与适宜辅料混合均匀，制成完整、圆滑、大小均一的小丸。

1. 滚动成丸法 此法是较传统的制备微丸方法，常用泛丸锅。将药材与辅料细粉混合均匀后，加入黏合剂制成软材，制粒，放于泛丸锅中滚制成微丸。

2. 沸腾制粒包衣法　将药材与辅料细粉置于流化床中，鼓入气流，使二者混合均匀，再喷入黏合剂，使之成为颗粒，当颗粒大小满足要求时停止喷雾，所得颗粒可直接在沸腾床内干燥。对颗粒的包敷是制微丸的关键，包敷是指对经过筛选的颗粒进行包衣（包粉末）形成微丸产品的过程。在整个过程中，微丸始终处于流化状态，可有效防止微丸在制备过程中发生粘连。

3. 挤压－滚圆成丸法　将药物与辅料细粉加入黏合剂混合均匀，制成可塑性湿物料，放入挤压机械中挤压成高密度条状物，再在滚圆机中打碎成颗粒，并逐渐滚制成大小均匀的圆球形微丸。

4. 其他制备微丸方法　有喷雾干燥法制微丸、熔合法制微丸、微囊包囊技术制微丸等。

（二）举例

例 9 – 4　硝苯地平微丸

【处方】

硝苯地平	10mg
聚乙烯吡咯烷酮	适量
无水乙醇	适量

【制法】

硝苯地平（NF）与聚乙烯吡咯烷酮（PVP）同时溶于适量无水乙醇中，用溶剂法制备 NF – PVP 固体分散体，干燥，粉碎过 80 目筛，备用。取空白丸芯（用糖粉与淀粉混匀所制成的 30 ~ 40 目的颗粒），置于包衣造粒机中，以 PVP 乙醇液为黏合剂，将80 目 NF – PVP 固体分散体以一定速度加入，使其均匀的黏附于空白丸芯表面上，制成含 NF 5% ~ 6% 的微丸，干燥，筛选 20 ~ 40 目筛微丸（约 1 ~ 0.4mm），即得。

三、微丸的质量检查

微丸的质量评价有如下几个要点：

1. 微丸粒度　微丸的粒度要求在 2.5mm 以下，如高于这个粒度，则微丸剂与其他剂型相比的优势则会减小，因此微丸的粒度是微丸的一项重要质量评价指标。评价微丸的粒度可用粒度分布、平均直径、几何平均径、平均粒宽和平均粒长等参数来表达。比较简便而又有效的方法就是筛析法：即取一定量的微丸用筛筛分一定时间，收集通过不同筛目（如 10 目、16 目、20 目、40 目、60 目和 80 目等）的微丸，测定各部分的质量即可绘制微丸的粒度分布图，从而了解到此批微丸主要分布在哪个粒度范围。

2. 微丸的圆整度　微丸的圆整度是微丸的重要特性之一，它反映了微丸成型或成球的好坏。多数药物制成微丸后都要进行进一步包衣，而制成缓释、控释制剂，微丸的圆整度会直接影响膜在丸面的沉积和形成，还可影响到膜控微丸的包衣质量，进而影响膜控微丸的释药特性。

3. 质量差异　该指标实际上与微丸的粒度范围相关，为保证微丸的性质均一，一般认为应控制在较小的（如 1%）范围内。

4. 硬度　微丸的硬度与释药速度有关。可采用作用原理类似于片剂硬度仪的仪器进行测定。

5. 脆碎度　测定微丸的脆碎度可评价微丸物料剥落的趋势。测定脆碎度的方法因使用仪器不同可能有不同的规定。比如取 10 粒微丸，加 25 粒直径为 7mm 的玻璃珠一起置脆碎仪内旋转 10min，然后将物料置孔径为 250μm 的筛中，置振荡器中振摇 5min，收集并称定通过筛的细粉量，计算细粉占微丸重的比例（%）。

6. 含量均匀度　微丸由于制备工艺的特殊性，药物是以辅料逐次加入的，药物与辅料在制剂之前可以混合得很均匀。但在制剂过程中，由于药物因辅料的密度不同，有可能导致药物与辅料出现分层的现象，因此有必要控制微丸的含量均匀度，以保证制剂的质量。测定方法可参考其他剂型的测定方法进行。

7. 释放试验　微丸中药物的释放是微丸的重要特性，微丸的组成、载药量都与药物释放有关。

此外，微丸的水分、溶散时限、堆密度及微生物限度等因素也能影响微丸的质量，应根据具体的品种制定相应的标准。

实训　　滴丸的制备

【实训目的】

1. 掌握滴丸制备工艺过程、制备方法及中的操作要点。

2. 熟悉滴丸剂外观、重量差异、溶散时限检查方法。

3. 了解 DWJ - 2000S 型滴丸试验机操作规程。

【实训场所】

实验室、实训车间

【实训设备】

烧杯、水浴加热装置、石灰缸、电子天平、实验室用滴丸设备、DWJ - 2000S 型滴丸试验机

【实训内容】

苏冰滴丸的制备

【处方】

苏合香酯 5g，冰片 10g，聚乙二醇 6000 35g。

【制法】

方法一：实验室用小型滴丸设备制备：将聚乙二醇 6000 置容器中，于水浴上加热至 90~100℃，待全部熔融后加入苏合香酯及冰片搅拌溶解，转移至实验用小型滴丸机贮液瓶中，密闭并保温在 80~90℃，调节滴制定量阀门，滴入 10~15℃ 的液体石蜡中冷却成滴丸，沥尽并擦去液体石蜡，置石灰缸内干燥，即得。

方法二：将处方用量扩大 10 倍，用 DWJ - 2000S 型滴丸试验机制备：

（1）关闭滴头开关。

（2）打开电源开关，接通电源。

（3）设置生产所需的制冷温度 10~15℃、油浴温度 80~90℃、药液温度 80~90℃

和底盘温度 30～40℃，按下制冷开关，启动制冷系统，按下油泵开关，启动磁力泵，手动调节柜体左侧下部的液位调节旋钮，使其冷却剂液位平衡，冷却介质输入冷却室内，冷却介质液面控制在冷却室上口之下，达到稳定状态。

（4）按下油浴开关，启动加热器为滴罐内的导热油进行加热。按下滴盘开关，启动加热盘为滴盘进行加热保温。

注意事项：第一次加热时，应将两者温度显示仪先设置到 40℃，待两者温度升高到设置温度后，关闭油浴开关或滴盘开关，停留 10min，使导热油或滴盘温度适当传导后，再将两者温度显示仪调到所需温度，直到温度达到要求。

（5）启动空气压缩机，使其达到 0.7MPa 的压力。

（6）当药液温度达到所设温度时，将滴头用开水加热浸泡 5min 后，装入滴罐下方。

（7）将加热熔融的滴液从滴罐上部加料口处加入，在加料时，可调节面板上的真空旋钮，使滴罐内形成真空，滴液能迅速进入滴罐。

（8）加料完毕后，盖好上料口盖。启动搅拌开关，调节调速按钮，控制在前 2～4 格内。

（9）缓慢扭动打开滴罐上的滴头开关，需要时可调节面板上的气压或真空旋钮，使下滴的滴液符合滴制工艺要求，药液稠时调气压旋钮，药液稀时调真空旋钮。

（10）药液滴制完毕时，关闭滴头开关。关闭面板上的制冷、油泵开关。

（11）按设备清洁操作规程进行清洗工作。

【质量检查】

按《中国药典》(2010 年版) 二部（附录Ⅰ H）丸剂项下的质量要求检查滴丸外观、重量差异、溶散时限。

【实训结果】

滴丸剂的质量检查结果（记录于下表）

项目	苏冰滴丸
外观	
重量差异	
溶散时限	
结论	

目 标 检 测

一、单项选择题

1. 关于微丸特点叙述中错误的是（　　）
   A. 微丸剂受消化道输送食物节律影响大　　B. 改善药物稳定性
   C. 减少药物的配伍禁忌　　D. 生物利用度较高
2. 微丸剂在工艺学上优点叙述中错误的是（　　）

A. 流动性质   B. 不易破碎

C. 便于包衣   D. 不便于分剂量

3. 微丸的制备方法不包括 （　　　）

A. 滚动成丸法   B. 沸腾制粒包衣法

C. 挤压 - 滚圆成丸法   D. 压制法

4. 将药材与辅料细粉混合均匀后，加入黏合剂制成软材，制粒，放于泛丸锅中滚制成微丸的方法，称为 （　　　）

A. 滚动成丸法   B. 沸腾制粒包衣法

C. 挤压 - 滚圆成丸法   D. 喷雾干燥法

5. 关于滴丸特点的叙述错误的是 （　　　）

A. 载药量小   B. 可使液体药物固体化

C. 可供选择的基质与冷凝液种类多   D. 生物利用度高

6. 不适宜制成滴丸的药物是 （　　　）

A. 易水解的药物   B. 易氧化分解的药物

C. 易挥发的药物   D. 单剂量大的药物

7. 当用单硬脂酸甘油酯为基质制备滴丸剂时，宜先用 （　　　） 为冷却介质。

A. 纯化水   B. 液状石蜡

C. 植物油   D. 二甲硅油

8. 制备滴丸注意事项的叙述中错误的是 （　　　）

A. 液滴在冷凝液中的移动速度过快可使滴丸变为扁平

B. 液滴冷凝快会导致丸粒不圆整

C. 小滴丸的圆整度要比大滴丸好

D. 滴出口与冷凝液面的距离宜近

二、多项选择题

1. 关于微丸的叙述正确的是 （　　　）

A. 是直径小于 2.5mm 的各类球形小丸

B. 胃肠道分布面积大，吸收完全，生物利用度高

C. 可用于制成胶囊剂

D. 我国古时就有微丸，如 "六神丸" "牛黄消炎丸" 等

2. 关于微丸特点的叙述正确的是 （　　　）

A. 生物利用度高，局部刺激性小

B. 在胃肠道的吸收一般不受胃排空的影响

C. 改善药物稳定性，掩盖不良味道

D. 减少药物的配伍禁忌

3. 微丸按结构和种类可分为 （　　　）

A. 骨架型微丸

B. 肠溶衣型微丸

C. 可溶性薄膜衣型微丸

      D. 不溶性薄膜衣型微丸和树脂型微丸

4. 微丸质量控制项目包括（　　　）

      A. 粒度　　　　　　　　　　　　B. 圆整度

      C. 含量均匀度　　　　　　　　　D. 硬度与脆碎度

5. 滴丸基质应具备的条件是（　　　）

      A. 熔点较低或加热（60～100℃）下能熔成液体，而遇骤冷又能凝固

      B. 在室温下保持固态

      C. 要有适当的黏度

      D. 对人体无毒副作用

6. 以甘油明胶为基质时，宜选用（　　　）为冷凝剂。

      A. 纯化水　　　　　　　　　　　B. 乙醇

      C. 液状石蜡　　　　　　　　　　D. 二甲硅油

7. 滴丸剂溶散时限检查的叙述中正确的是（　　　）

      A. 按照《中国药典》（2010 年版）二部（附录 X A）崩解时限检查法进行检查

      B. 普通滴丸应在 30min 内全部溶散

      C. 包衣滴丸应在 1h 内全部溶散

      D. 明胶为基质的滴丸，可改在人工肠液中进行检查

三、问答题（综合题）

1. 请查阅相关资料，举例说明速释微丸、缓释微丸和控释微丸的释放特性。

2. 滴丸常用的基质与冷却剂有哪些？

3. 简述滴丸的制备工艺流程。

4. 简述滴丸剂的质量检查项目有哪些？

模块四

半固体及其他制剂生产技术

项目十 │ 软膏剂生产技术

◎**知识目标**

1. 掌握软膏剂、凝胶剂、眼膏剂的定义、分类、质量要求。
2. 掌握软膏剂、凝胶剂、眼膏剂的常用基质。
3. 掌握乳剂型软膏剂常用的乳化剂。
4. 掌握软膏剂制备的工艺流程。
5. 掌握软膏剂、凝胶剂、眼膏剂的制备方法。
6. 熟悉软膏剂的配膏和灌封设备。
7. 熟悉软膏剂、凝胶剂、眼膏剂的质量评价。

◎**技能目标**

1. 能进行软膏剂、凝胶剂、软膏剂的生产。
2. 会选择合适的软膏剂基质、乳剂型基质的乳化剂。

半固体制剂主要包括软膏剂、凝胶剂和眼膏剂。由于该类制剂良好的局部治疗作用，随着透皮吸收理论的研究和发展，应用于临床的品种也越来越多。本项目主要介绍软膏剂、凝胶剂、眼膏剂的定义、分类、质量要求、常用基质及制备工艺。

任务一 软膏剂生产技术

一、概述

（一）软膏剂的概念

软膏剂（Ointments）系指药物与适宜基质均匀混合制成的具有一定稠度的半固体外用制剂。软膏剂可以直接涂布于皮肤、黏膜或创面，主要具有保护、润滑和局部治疗作用，某些软膏剂中的药物也可以透过皮肤或黏膜起全身治疗作用。

（二）软膏剂的分类

软膏剂根据基质的不同，可分为油脂性软膏剂、水溶性软膏剂和乳剂型软膏剂。其中以乳剂型基质制成的软膏剂又称为乳膏剂（Creams）。

软膏剂按照药物在基质中的分散状态，可分为溶液型软膏剂和混悬型软膏剂。溶液型软膏剂是药物溶解或共熔于基质中制成的软膏剂；混悬型软膏剂为药物细粉均匀分散于基质中制成的软膏剂。药物粉末含量在 25% 以上的软膏剂称为糊剂（Pasta）。

（三）软膏剂的质量要求

质量优良的软膏剂应符合以下要求：

（1）软膏剂应色泽均匀、质地细腻，涂布于皮肤或黏膜上无粗糙感。

（2）具有适当的黏稠度，易于涂布于皮肤或黏膜上，不融化，黏稠度变化小。

（3）软膏剂应无酸败、异臭、变色、变硬，乳剂型软膏不得有油水分离及胀气现象。

（4）无不良刺激性，用于烧伤或严重创伤的软膏剂应无菌。

二、软膏剂的基质

软膏剂由药物和基质两部分组成，基质作为软膏剂的赋形剂和药物的载体，其性质和质量对软膏剂的质量以及药物疗效影响很大，是制备优良的软膏剂的关键。理想的软膏剂基质应符合以下要求：

（1）应均匀、细腻，性质稳定，与主药不发生配伍变化。

（2）具有一定的稠度，黏稠度随季节的变化很小。

（3）易于涂布于皮肤或黏膜上且易于洗除，无刺激性，不妨碍皮肤的正常功能和伤口的愈合。

（4）能作为药物的良好载体，有利于药物的释放和吸收。

目前还没有基质能完全符合以上要求，实际应用中，应对基质的性质进行具体分析，选用合适的基质或使用几种基质进行调配，以保证软膏剂的质量和适合治疗要求。常用的软膏剂的基质有油脂性基质、水溶性基质和乳剂型基质。

（一）油脂性基质

软膏剂油脂性基质主要包括动植物油脂、类脂和烃类等疏水性物质。油脂性基质能在皮肤表面形成封闭性油膜，减少皮肤水分的蒸发和促进皮肤水合作用，对皮肤有保护和软化的作用，但油腻性大，吸水性和释药性差，不易洗除。此类基质主要用于遇水不稳定的药物制备软膏剂，一般不单独应用，常加入表面活性剂以改善其疏水性或制成乳剂型基质来应用。

1. 烃类

（1）凡士林　最常用的软膏剂基质，是液体烃类与固体烃类的半固体混合物，有黄、白两种，白凡士林由黄凡士林漂白制得。本品无臭味，熔程 38～60℃，性质稳定，无刺激性，能与多数药物配伍，特别适用于抗生素等遇水不稳定的药物。

凡士林吸水性较差，仅能吸收约 5% 的水分，但加入适量的羊毛脂能显著改善其吸水性，如凡士林中加入 15% 的羊毛脂可吸收水分达其重量的 50%。凡士林因油腻性大且吸水性差，在皮肤表面能形成封闭性油膜妨碍皮肤水性分泌物的排出，故不适用于有大量渗出液的患处。

（2）固体石蜡与液状石蜡　固体石蜡为各种固体烃的混合物，呈无色或白色半透明块状，无臭无味；液状石蜡又称石蜡油或白油，是各种液体烃的混合物，为无色透明油状液体。固体石蜡与液状石蜡常用于调节软膏剂的稠度，液状石蜡还可用作药物粉末加液研磨的液体，以利于药物与基质均匀混合。

2. 类脂

（1）羊毛脂 又称无水羊毛脂，为羊毛上的脂肪性物质的混合物，主要成分为胆固醇类的棕榈酸酯及游离的胆固醇类。羊毛脂呈淡棕黄色黏稠半固体，熔程 36～42℃，具有强吸水性，能吸收其自身重量 2 倍的水分。吸水羊毛脂黏性降低，便于使用。羊毛脂黏性较大，不单独用做软膏剂基质，常与凡士林合用以改善凡士林的吸水性和通透性。

（2）蜂蜡与鲸蜡 蜂蜡有黄、白之分，白蜂蜡由黄蜂蜡精制而成，主要成分为棕榈酸蜂蜡醇酯，熔程 62～67℃。鲸蜡主要成分为棕榈酸鲸蜡醇酯，熔程 42～50℃。蜂蜡与鲸蜡均不易酸败，主要用于增加软膏剂基质的稠度。

3. 动植物油脂 动植物油脂指从动物或植物中得到的高级脂肪酸甘油酯及其混合物。油脂类基质结构不稳定，易受温度、光线、氧气等影响而氧化酸败，应用较少。

植物油常温下为液体，常与熔点较高的蜡类基质融合制成稠度适宜的基质。将植物油催化加氢制得的饱和或部分饱和的脂肪酸甘油酯称为氢化植物油，完全氢化的植物油呈蜡状固体，熔程 34～41℃。氢化植物油较原植物油性质更加稳定，不宜酸败，可与其他基质合用做软膏剂基质。

4. 硅酮 硅酮又称硅油或二甲基硅油，是一系列的不同分子量的聚二甲基硅氧烷的总称，通式为 $CH_3 [Si(CH_3)_2 \cdot O]_n Si(CH_3)_3$。本品为无色或淡黄色的透明油状液体，无臭、无味，黏度随分子量的增加而增加。硅酮对皮肤无毒性、无刺激性，润滑且易于涂布，为较理想的疏水性基质，常与其他油脂性基质合用制成防护性软膏。由于对眼睛有刺激性，不宜用做眼膏剂基质。

（二）水溶性基质

水溶性基质由天然或合成的水溶性高分子物质组成，常用的有甘油明胶、淀粉甘油、纤维素衍生物、聚乙烯醇和聚乙二醇类等。甘油明胶由 1%～3% 的甘油、10%～30% 明胶和水加热制成，因本身具有弹性，使用时较舒适，适合制备含维生素类药物的营养性软膏；淀粉甘油由 7%～10% 的淀粉、70% 甘油与水加热制成；纤维素衍生物类水溶性基质常用的有甲基纤维素（MC）和羧甲基纤维素钠（CMC－Na），浓度较高时呈凝胶状。

最常用的水溶性基质为 PEG（聚乙二醇）类高分子物质。PEG 类为高分子聚合物，其结构通式为：$HOCH_2(CH_2OCH_2)_n CH_2OH$，低分子量的为液体，高分子量的为半固体至蜡状固体。本品能溶于水，性质稳定，实际使用中常用不同分子量的聚乙二醇按适当比例混合得到稠度适宜的基质。

水溶性基质释药快，无油腻感，易于涂布和洗除。该基质能与水溶液混合吸收组织渗出液，多用于湿润、糜烂创面，以利于分泌物的排除，但对皮肤的润滑和保护作用较差。水溶性基质容易霉变，基质中所含水分蒸发会导致软膏剂变硬，常加入保湿剂（如甘油）和防腐剂（如三氯叔丁醇、尼泊金乙酯等）。

（三）乳剂型基质

乳剂型基质与乳剂类似，由水相、油相和乳化剂三部分组成，油、水两相借助乳化剂的作用乳化分散，形成半固体基质。不同的乳化剂对形成乳剂型基质的类型起主要作用。乳剂型基质可以分为油包水（W/O）型和水包油（O/W）型两类。W/O 型基质能吸收部分水分，在皮肤表面缓慢蒸发带走热量而使皮肤有冷爽感，故有"冷霜"之称；O/W 型基质含水量较高，色白如雪，故有"雪花膏"之称。

乳剂型基质常用的油相多数为半固体或固体，如硬脂酸、蜂蜡、石蜡、高级脂肪醇（如十八醇）等，有时为调节稠度而加入液状石蜡、凡士林或植物油等。常用的水相一般为蒸馏水或者去离子水。常用的乳化剂有肥皂类（脂肪酸的钠、钾、铵盐，新生皂反应）、高级脂肪醇（十六、十八醇）、脂肪醇硫酸酯钠（SDS）、多元醇酯类（脂肪酸甘油酯、吐温和司盘类、聚氧乙烯醇醚类）、乳化剂 OP 等。

乳剂型基质对皮肤表面的分泌物和水分的蒸发无影响，对皮肤的正常功能影响较小。一般乳剂型基质特别是 O/W 型基质软膏中药物的释放和透皮吸收较快，润滑性好，易于涂布。但是此类基质也有一些不足之处，如 O/W 型基质含水量高，易发霉，常需要加入防腐剂，同时，为防止水分的挥发导致软膏变硬，常需要加入甘油、丙二醇、山梨醇等做保湿剂，一般用量为 5% ~ 20%。遇水不稳定的药物不宜用乳剂型基质制备软膏。另外，当 O/W 型基质制成的软膏用于分泌物较多的皮肤病，如湿疹时，其吸收的分泌物可被反向吸收，重新透过皮肤而使炎症恶化，故要正确选择适应证。

一般，乳剂型基质适用于亚急性、慢性、无渗出液的皮损和皮肤瘙痒症，忌用于糜烂、溃疡、水疱及脓肿症。

三、软膏剂的制备及质量评价

软膏剂的制备，应根据制备的软膏剂类型、制备量采用不同的制备方法和相应的生产设备。制备过程遵循相应的工艺流程，生产全过程符合 GMP 要求。

（一）软膏剂制备的工艺流程

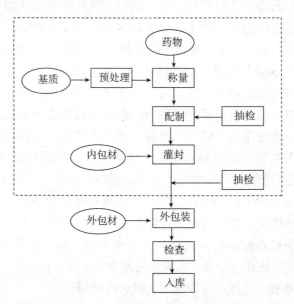

图 10 - 1　软膏剂制备工艺流程图

（二）基质的处理和基质中药物的加入方法

1. 基质的处理 质量符合要求的基质可以直接使用；若混有异物或在进行大量生产前，需加热熔融后通过多层细布或 120 目筛过滤以除去杂质，然后加热至 150℃灭菌 1 小时，同时可以除去基质中的水分。

2. 基质中药物的加入方法

（1）药物可溶于基质时，油溶性药物溶于液体油脂性基质中，再与余下的油脂性基质混匀；水溶性药物先用少量水溶解，然后与水溶性基质混匀；水溶性药物也可以溶解于少量水后，用吸水性较强的油脂性基质羊毛脂吸收，再加入油脂性基质混匀。

（2）不溶于基质的药物先用适宜方法粉碎后过 120 目筛，再与少量基质研匀或与少量液状石蜡、植物油、甘油等液体组分研成糊状，最后与余下基质混合均匀。

（3）处方中含有薄荷脑、樟脑、冰片等挥发性共熔成分时，可先将其共熔后再与冷却至 45℃以下的基质混匀；单独使用时，可用少量溶剂溶解后加入基质中混匀。

（4）处方中含量少的药物，应避免药物损失，与少量基质混匀后采取等量递加法与余下基质混合均匀。

（5）对热敏感、挥发性药物和容易氧化、水解的药物加入时，基质的温度不宜过高，以减少对药物的破坏和损失。

（6）中药水煎液、流浸膏应适当浓缩后再与其他基质混匀。固体浸膏可加少量水或稀醇软化，研成糊状后与基质混匀。

（三）软膏剂的制备方法

软膏剂的制备方法主要有研和法、熔和法和乳化法。应根据软膏剂的基质的类型、药物的性质、制备量和设备条件选择适宜的方法。

1. 研和法 研和法是指在常温下通过研磨和搅拌使药物和基质均匀混合的方法。制备时，在常温下将药物与适量基质研磨、混匀，然后按等量递加法加入余下基质混匀，至涂于手背无颗粒感为止。此法适用于对热不稳定、不溶于基质的药物。小量制备可以用软膏刀在软膏板上调制或在研钵中研制，大量制备可采用软膏研磨机。

2. 熔和法 熔和法是指基质在加热熔化的状态下将药物加入混合均匀的方法。制备时，先将熔点较高的基质熔化，然后按熔点高低依次加入其余基质熔化，最后加入液体成分和药物，以免低熔点物质受热分解。制备过程中应不断搅拌，使制得的软膏均匀光滑，若通过上述操作仍不够均匀细腻，可以通过软膏研磨机进一步研磨。此法适用于常温不能与药物混匀的基质和熔点较高的基质。大量制备油脂性基质软膏时，常用熔和法，制备中的熔融操作常在蒸汽夹层锅或电加热锅中进行。

3. 乳化法 乳化法是专门用于制备乳剂型基质软膏剂的方法。将处方中油脂性和油溶性组分一并加热熔化，作为油相，保持油相温度在 80℃左右；另将水溶性组分溶于水，并加热至与油相相同温度，或略高于油相温度，油、水两相混合，不断搅拌，直至乳化完成并冷凝。乳化法中油、水两相的混合方法有三种：

（1）两相同时掺和，适用于连续的或大批量的操作。

（2）分散相加到连续相中，适用于含小体积分散相的乳剂系统。

（3）连续相加到分散相中，适用于多数乳剂系统，在混合过程中可引起乳剂的转型，从而产生更为细小的分散相粒子。如制备 O/W 型乳剂基质时，水相在搅拌下缓缓加到油相中，开始时水相的浓度低于油相，形成 W/O 型乳剂，当更多的水加入时，乳剂黏度继续增加，W/O 型乳剂的体积也扩大到最大限度，超过此限，乳剂黏度降低，发生乳剂转型而成 O/W 型乳剂，使油相得以更细地分散。

（四）软膏剂生产的主要设备

1. 软膏剂的配膏设备 软膏剂的配膏工序是软膏剂制备的关键操作，对软膏剂成品的质量有很大的影响。简单的制膏设备采用装有锚式或框式搅拌器的不锈钢罐，并采用可移动的不锈钢盖以便于清洁，但制备的软膏不够细腻。现常采用的软膏剂配制设备有胶体磨、三滚筒软膏机、真空乳化搅拌机。

图 10 - 2 三滚筒软膏机滚筒旋转方向示意图

三滚筒软膏机（图 10 - 2）可用于软膏的进一步研磨，使软膏剂更加均匀、细腻。真空乳化搅拌机（图 10 - 3）由预处理锅、主锅、真空泵、液压、电器控制系统等组成，可完成软膏剂基质的加热、熔化和均质乳化等操作，整个工序处在超低真空环境中进行，防止物料在高速搅拌后产生气泡的现象。

图 10 - 3 TZGZ 系列真空乳化搅拌机组

2. 软膏剂的灌封设备 软膏剂的灌封工序是将配制合格的软膏使用软膏灌封机灌装于不同规格的金属或塑料管中经密封制得合格的软膏剂的操作。现常用的软膏剂灌封设备为自动软膏灌封机（图 10 - 4）。

自动软膏灌封机的工作过程包括自动上管、识标定位、软膏灌装、压合封尾、批号日期打印、切尾和成品排出，整个生产工序全部自动完成。

（五）软膏剂的包装与贮存

软膏剂多采用锡管、铝管、塑料管等多种材料的软膏管作为内包装，也可包装于塑料盒、金属盒或广口玻璃瓶中。一般软膏剂应遮光密闭贮存，乳剂型软膏剂除遮光密封外，宜置 25℃ 以下贮存且不得冷冻。

图 10 - 4 软膏自动灌装封尾机

（六）软膏剂的质量评价

根据《中国药典》2010年版，软膏剂应作主药含量、性状、粒度、装量、微生物和无菌等项目检查。此外，软膏剂的质量评价还包括软膏剂的物理性质、刺激性、稳定性等方面的检测。

1. 主药含量 一般软膏剂应按照药典要求测定主药含量，应符合规定。测定方法多采用适宜的溶剂将药物从基质中提取，然后进行含量测定。

2. 性状 按照各药物软膏剂性状项下的规定，应符合要求。

3. 粒度 除另有规定外，混悬型软膏剂取适量的供试品，涂成薄膜，薄层面积相当于盖玻片面积，共涂三片，照粒度和粒度分布测定法（二部附录Ⅸ E 第一法）检查，均不得检出大于 180μm 的粒子。

4. 装量 依据《中国药典》（2010年版）二部（附录 X F）最低装量检查法检查平均装量与每个容器装量（按标示装量计算的百分率），结果取三位有效数字进行结果判断，应符合规定。

表 10 -1　最低装量检查限度

标示装量	注射液及注射用浓溶液		口服及外用固体、半固体、液体；黏稠液体	
	平均装量	每个容器装量	平均装量	每个容器装量
20g（ml）以下	/	/	不少于标示装量	不少于标示装量的93%
20g（ml）至50g（ml）	/	/	不少于标示装量	不少于标示装量的95%
50g（ml）以上	不少于标示装量	不少于标示装量的97%	不少于标示装量	不少于标示装量的97%

5. 无菌 用于烧伤或严重创伤的软膏剂和乳膏剂，依据《中国药典》（2010年版）二部（附录Ⅺ H）无菌检查法检查，应符合规定。

6. 微生物限度 软膏剂除另有规定外，依据《中国药典》（2010年版）二部（附录Ⅺ J）微生物限度检查法检查，应符合规定。

7. 物理性质

（1）熔程　一般以接近凡士林的熔程为宜。测定方法可采用药典方法测定，取数次平均值来评定。

（2）黏度与稠度　黏度指流体对流动的阻抗能力。液体石蜡、硅油等牛顿流体单纯测定其黏度可控制性质。软膏剂多属非牛顿流体，除黏度外，常伴随塑变值、塑性黏度、触变指数等流变性指标，这些因素总和称为稠度。软膏剂贮存前后的稠度可作为评价其涂展性和物理稳定性的指标，可用插度计测定。

（3）酸碱度　部分软膏剂药典规定应检查其酸碱度以避免产生刺激。取适量样品加入一定溶剂，依据《中国药典》（2010年版）二部（附录Ⅵ H）pH值测定法测定，应符合要求。

（4）物理外观　软膏剂物理外观一般要求色泽均匀一致，质地细腻。

8. 刺激性 考察软膏剂对皮肤、黏膜有无刺激性或致敏作用。若引起皮肤或黏膜疼痛、红肿等不良现象，则不符合要求。

9. 稳定性 乳剂型基质软膏应进行耐热、耐寒试验，将供试品分别置于55℃恒温

6h 及 –15℃放置 24h，应无油、水分离。一般 W/O 型乳剂基质耐热性差，油水易分离；O/W 型乳剂基质耐寒性差，质地易变粗。

（七）软膏剂举例

例 10 – 1　红霉素软膏

【处方】

红霉素　　　　　10g
液状石蜡　　　　50g
凡士林　　　　　940g

【制法及分析】

取液状石蜡、凡士林于 150℃干热灭菌 30 分钟，温度降至约 70℃分别过滤备用。取处方量红霉素与等量液状石蜡研匀，加入凡士林中，剩余液状石蜡冲洗研磨器具一并转移至凡士林中，搅拌均匀即得。本品为白色至黄色软膏，属于油脂性软膏剂。

例 10 – 2　醋酸氟轻松乳膏

【处方】

醋酸氟轻松	0.25g	二甲基亚砜	15ml
十六醇	120g	十二烷基硫酸钠	10g
白凡士林	120g	液状石蜡	60g
甘油	50ml	尼泊金乙酯	2g
纯化水	加至1000g		

【制法及分析】

取十六醇、白凡士林、液状石蜡混合，加热至 80℃熔化作为油相；取十二烷基硫酸钠、甘油、尼泊金乙酯及纯化水适量混合溶解，水浴加热至与油相同温；将水相加入油相中，边加边搅拌制成乳剂型基质。将醋酸氟轻松溶于二甲基亚砜后，加入制得的基质中混匀即得。

本品为白色 O/W 型乳膏剂，醋酸氟轻松不溶于水，将其溶于二甲基亚砜中再加入基质有利于小剂量药物均匀分散。处方中十二烷基硫酸钠为主要的乳化剂，十六醇起稳定和辅助乳化作用，甘油作为保湿剂可减少基质水分的散失，尼泊金乙酯为防腐剂。

任务二　凝胶剂生产技术

一、概述

（一）凝胶剂的概念与分类

凝胶剂系指药物与适宜的辅料制成的均一、混悬型或乳剂型的乳胶稠厚液体或半固体制剂。除另有规定外，凝胶剂限局部用于皮肤及体腔如鼻腔、阴道和直肠。乳剂型凝胶剂又称为乳胶剂，由天然高分子基质如阿拉伯胶、西黄蓍胶制成的凝胶剂称为胶浆剂。

凝胶剂分为单相凝胶剂和两相凝胶剂。两相凝胶剂由小分子无机药物胶体微粒以网状结构存在于液体中，也称混悬凝胶剂，如氢氧化铝凝胶。混悬型凝胶剂具有触变性，静置时形成半固体而搅拌或振摇时成为液体。局部应用的凝胶剂系单相凝胶，又分为水性凝胶剂和油性凝胶剂。

（二）凝胶剂的质量要求

凝胶剂在生产与贮藏期间应符合下列质量要求：

（1）混悬型凝胶剂中胶粒应分散均匀，不应下沉结块，并在标签上注明"用前摇匀"。

（2）凝胶剂应均匀、细腻，在常温时保持胶状，不干涸或液化。

（3）根据需要可加入保湿剂、防腐剂、抗氧剂、乳化剂、增稠剂和透皮促进剂等。

（4）凝胶剂基质不应与药物发生理化作用，

（5）除另有规定外，凝胶剂应避光，密闭贮存，并应防冻。

二、凝胶剂基质

水性凝胶基质一般由西黄蓍胶、明胶、淀粉、纤维素衍生物、卡波姆和海藻酸盐等加水、甘油或丙二醇制成；油性凝胶基质由液状石蜡与聚乙烯或脂肪油与胶体硅或铝皂、锌皂构成。水性凝胶基质易涂展和洗除，无油腻感，能吸收组织渗出液不妨碍皮肤正常功能；但润滑作用较差，易失水和霉变，常需添加保湿剂和防腐剂，且量较其他基质大。临床上水性凝胶应用较多。

纤维素衍生物类凝胶基质常用的有甲基纤维素（MC）和羧甲基纤维素钠（CMC-Na）。二者为白色或乳白色纤维状粉末或颗粒，均能在水中溶胀、溶解，形成透明胶状溶液。

卡波沫又称卡波姆、卡波普，为引湿性很强的白色松散粉末，按黏度不同常分为934、940、941等规格。本品可以在水中迅速溶胀但不溶解，其分子结构中的羧酸基团使其水分散液呈酸性，加入碱性物质（如 NaOH、三乙醇胺等）可中和卡波沫的酸性，诱发出其黏性形成凝胶剂。

三、凝胶剂的制备及质量评价

（一）凝胶剂的制备

药物溶于水者先溶于部分水或甘油中，必要时加热，其余处方成分按基质配制方法制成水凝胶基质，再与药物溶液混合加水至足量即得。药物不溶于水者，可先用少量水或甘油研细、分散，再混入基质中搅匀即得。

例 10-3　吲哚美辛凝胶

【处方】

吲哚美辛	10g
交联型聚丙烯酸钠（SDB-L-400）	10g
聚乙二醇4000（PEG-4000）	80g
甘油	100g
苯扎溴铵	8g
纯化水	加至1000g

【制法及分析】

取 800ml 水加热至 60℃，加入 SDB – L – 400 研匀得到凝胶基质。取 PEG – 4000 和甘油置烧杯中微热至完全溶解，加入吲哚美辛混合均匀。将 PEG – 4000、甘油和吲哚美辛加入凝胶基质中混匀，加水至 1000g 即得。SDB – L – 400 为高吸水性树脂材料，吸水后膨胀成胶状半固体。

（二）凝胶剂的质量评价

根据《中国药典》(2010 年版) 二部（附录 I U）规定，凝胶剂剂应作以下项目检查。

1. 粒度　除另有规定外，混悬型凝胶剂取适量的供试品，涂成薄层，薄层面积相当于盖玻片面积，共涂 3 片，照粒度和粒度分布测定法（附录Ⅸ E 第一法）检查，均不得检出大于 180μm 的粒子。

2. 装量　照最低装量检查法（附录Ⅹ F）检查，应该符合规定。

3. 无菌　用于烧伤或严重创伤的凝胶剂，照无菌检查法（附录ⅩⅠ H）检查，应符合规定。

4. 微生物检限度　除另有规定外，照微生物限度检查法（附录ⅩⅠ J）检查，应符合规定。

任务三　眼膏剂生产技术

一、概述

（一）眼膏剂的概念

眼膏剂指药物与适宜基质均匀混合，制成无菌溶液型或混悬型膏状的眼用半固体制剂。眼膏剂为专供眼用的灭菌软膏，属于无菌制剂。与一般软膏剂相比，眼膏剂的制备在原辅料、生产环境上有更高的要求，如药物须极细以减少对眼睛的刺激，基质必须纯净，容器与包材应严格灭菌，在清洁灭菌的环境下制备等。与滴眼剂相比，具有疗效更持久、能减轻眼睑对眼球的摩擦等特点。

（二）眼膏剂的质量要求

眼膏剂在生产与贮藏期间应符合下列质量要求：

（1）眼膏剂基质应过滤并灭菌，不溶性药物应预先制成极细粉。

（2）眼膏剂应均匀、细腻、无刺激性，并易涂布于眼部，便于药物的分散和吸收。除另有规定外，每个容器的装量应不超过 5g。

（3）包装容器应无菌、不易破裂，眼膏剂含量均匀度应符合要求。

（4）眼膏剂应遮光密封贮存，在启用后最多可使用 4 周。

（5）除另有规定外，眼膏剂还应符合《中国药典》二部附录"制剂通则"下"软膏剂"的相应要求。

二、眼膏剂基质

眼膏剂常用的基质为凡士林、液状石蜡和羊毛脂按照比例为 8∶1∶1 均匀混合而成，可根据气温适当增减液体石蜡的用量。该油性基质能保证药效持久，尤为适合剂量较小且对水不稳定的抗生素等药物制备眼膏剂。

基质中羊毛脂有表面活性作用、较强的吸水性和黏附性，使眼膏与泪液容易混合，并易附着于眼黏膜上，基质中药物容易穿透眼膜。基质加热熔合后用绢布等适当滤材保温滤过，并在150℃干热灭菌1~2h，备用。也可将各组分分别灭菌供配制用。用于眼部手术或创伤的眼膏剂应灭菌或无菌操作，且不添加抑菌剂或抗氧剂。

三、眼膏剂的制备及质量评价

（一）眼膏剂的制备

眼膏剂的制备与一般软膏剂制法基本相同。眼膏配制时，如主药易溶于水而且性质稳定，可将主药溶于少量水后用适量基质研和、吸收，再逐渐递加其余基质制成眼膏剂；主药不溶于水或不宜用水溶解又不溶于基质时，可将主药研成极细粉，加少量灭菌基质或灭菌液状石蜡研成糊状，然后分次加入剩余灭菌基质研匀。挥发性成分应注意避免受热损失，在40℃以下加入。配制好的眼膏灌装于灭菌容器中，封严。

眼膏剂的制备应在清洁、灭菌的条件下进行，防止微生物的污染。一般可在洁净室或净化操作台中配制，所用基质、药物、器械与包装容器等均应严格灭菌。配制用具经70%乙醇擦洗，或用水洗净后150℃干热灭菌1h。包装用软膏管，洗净后用70%乙醇或1%~2%苯酚溶液浸泡，用时再用注射用水冲洗干净，烘干即可。也可用紫外线灯照射进行灭菌。

例10-4 醋酸泼尼松眼膏

【处方】

醋酸泼尼松	5g
液状石蜡	适量
眼膏基质	加至1000g

【制法及分析】

取醋酸泼尼松极细粉置于研钵中，加入适量经灭菌冷却的液状石蜡，研成细腻糊状。然后加入少量灭菌眼膏基质研匀，再分次加入余下眼膏基质，研匀即得。

（二）眼膏剂的质量评价

根据《中国药典》（2010年版）规定，眼膏剂应作以下项目检查。

1. 粒度 混悬型眼膏剂需进行粒度检查。取供试品10个，将内容物全部挤于合适的容器中，搅拌均匀，取适量涂薄片，薄层面积相当于盖玻片面积，共涂3片。照粒度和粒度分布测定法（附录ⅨE第一法）检查，每个涂片中大于50μm的粒子不得超过2个，且不得检查大于90μm的粒子。

2. 金属性异物 眼膏剂按要求进行金属性异物检查，应符合规定。

3. 重量差异 除另有规定外，取供试品20个，分别称定（或称定内容物），计算平均重量，超过平均重量±10%者不得超过2个，并不得有超过平均重量±20%者。凡规定检查含量均匀度者不再进行重量差异检查。

4. 装量 照最低装量检查法（附录ⅩF）检查，应符合规定。

5. 无菌 供手术、创伤的眼膏剂按无菌检查法（附录Ⅺ H）检查，应符合规定。

6. 微生物限度 除另有规定外，照微生物限度检查法（附录Ⅺ J）检查，应符合规定。

实训 水杨酸软膏的制备

【实训目的】

（1）掌握不同类型基质软膏的制备方法。

（2）掌握根据药物和基质性质的不同采取合适的药物加入方法。

（3）熟悉用凝胶扩散法考察软膏中药物的释放。

（4）熟悉不同类型基质对药物释放的影响。

【实训场所】

实验室

【实训内容】

（一）油脂性基质软膏

【处方】

水杨酸	1g
液状石蜡	适量
凡士林	20g

【制法】

称取水杨酸置于研钵中，加入适量液状石蜡研成糊状，分次加入凡士林研匀，即得。

（二）O/W 型乳剂型基质软膏

【处方】

水杨酸	1g	硬脂酸	2g
单硬脂酸甘油酯	1.4g	液状石蜡	2g
白凡士林	2.4g	甘油	2.4g
十二烷基硫酸钠	0.2g	尼泊金乙酯	0.01g
纯化水	10ml		

【制法】

（1）将硬脂酸、单硬脂酸甘油酯、白凡士林及液状石蜡置于烧杯中，水浴加热至 70～80℃熔化作为油相。

（2）将甘油及纯化水共置另一烧杯中，加热至 70～80℃，再加入十二烷基硫酸钠、尼泊金乙酯溶解为水相。

（3）将水相缓缓加入油相中，边加边搅拌，直至冷凝，即得乳剂型基质。

（4）水杨酸研细过 60 目筛，分次加入上述基质中，研匀。

（三）W/O 型乳剂型基质软膏

【处方】

水杨酸	1g	单硬脂酸甘油酯	2.5g

固体石蜡	1g	液状石蜡	9g
司盘80	0.1g	吐温80	0.1g
甘油	3g	尼泊金乙酯	0.1g
纯化水	4ml		

【制法】

（1）将甘油、吐温80、尼泊金乙酯、纯化水置于烧杯中，加热至70～80℃，使全部溶解。

（2）将单硬脂酸甘油酯、固体石蜡、液状石蜡、司盘80共置另一干燥小烧杯中，加热至70～80℃，使熔化。

（3）将水相缓缓加入油相中，不断搅拌至冷凝，即得乳剂型基质。

（4）分次加入水杨酸细粉至上述基质中，搅匀。

（四）水溶性基质软膏

【处方】

水杨酸	1g	羧甲基纤维素钠	1.2g
甘油	2g	尼泊金乙酯	0.01g
纯化水	16.8ml		

【制法】

将CMC－Na与甘油在乳钵中研匀，边研边加入溶有尼泊金乙酯的水溶液，制得水溶性软膏基质。在制得的基质中分次加入水杨酸细粉，研匀，即得。

（五）水杨酸软膏的体外释药试验

1. 含指示剂的琼脂凝胶的制备 在60ml林格溶液中加入1g琼脂，置水浴上加热使溶解，冷至60℃，加入$FeCl_3$试液1.5ml，混匀，立即沿壁小心倒入内径一致的4支小试管（10ml）中，防止气泡产生。每管上端留1cm空隙，直立静置，在室温下冷却成凝胶。

2. 释药试验 将制备的4种水杨酸软膏用软膏刀分别装入上述制得的4支琼脂凝胶试管的上端空隙中。软膏填装时应铺至与琼脂表面密切接触，不留空隙，并且应装至与试管口齐平。填装完后，直立放置，并于1、3、6、9和24小时观察和测定色区高度。

【实训结果】

水杨酸软膏剂释药试验结果（记录于下表）

扩散时间（h）	软膏类型			
	油脂性基质	O/W型基质	W/O型基质	水溶性基质
1				
3				
6				
9				
24				
K				

　　根据所得数据，用显色区高度（即扩散距离）的平方为纵坐标，时间为横坐标作图，求直线的斜率即为扩散系数，填入上表，K值越大则释药越快，从测得不同软膏的扩散系数 K，比较各软膏基质的释药能力。

目标检测

一、单选题

1. 下列关于软膏剂的叙述不正确的是（　　）
   A. 软膏具有保护、润滑、局部及全身治疗的作用
   B. 用于大面积烧伤的软膏剂应无菌
   C. 软膏剂按分散系统可分为溶液型和混悬型两类
   D. 软膏剂必须对皮肤无刺激和无菌

2. 下列关于软膏剂基质的叙述中错误的是（　　）
   A. 液状石蜡主要用于调节软膏稠度
   B. 水溶性基质释药快，无刺激性
   C. 水溶性基质由水溶性高分子物质加水组成，需加防腐剂，而不需加保湿剂
   D. 凡士林中加入羊毛脂可增加吸水性

3. 对软膏剂的质量要求，错误的叙述是（　　）
   A. 均匀细腻、无粗糙感
   B. 软膏剂是半固体制剂，药物与基质必须是互溶的
   C. 软膏剂稠度应适宜，易于涂布
   D. 无不良刺激性

4. 关于油脂性基质的说法错误的是（　　）
   A. 羊毛脂可以增加基质吸水性及稳定性
   B. 油脂类单用释药性好
   C. 固体石蜡与液状石蜡用以调节稠度
   D. 油脂性基质释药性差，不易洗除

5. 下述哪一种基质不是水溶性软膏基质（　　）
   A. 聚乙二醇　　　　　　　　　　　　B. 甘油明胶
   C. 纤维素衍生物（MC，CMC－Na）　　D. 羊毛醇

6. 下列是软膏烃类基质的是（　　）
   A. 羊毛脂　　　　　　　　　　　　　B. 蜂蜡
   C. 聚乙二醇　　　　　　　　　　　　D. 凡士林

7. 下列是软膏类脂类基质的是（　　）
   A. 羊毛脂　　　　　　　　　　　　　B. 固体石蜡
   C. 海藻酸钠　　　　　　　　　　　　D. 凡士林

8. 下列是软膏油脂类基质的是（　　）
   A. 凡士林　　　　　　　　　　　　　B. 聚乙二醇

  C. 植物油   D. 液状石蜡

9. 下列是软膏水性凝胶基质的是

  A. 植物油   B. 卡波普

  C. 泊洛沙姆   D. 凡士林

10. 常用于 W/O 型乳剂型基质乳化剂（ ）

  A. 司盘类   B. 吐温类

  C. 月桂醇硫酸钠   D. 三乙醇胺皂

11. 常用于 O/W 型乳剂型基质乳化剂（ ）

  A. 硬脂酸钙   B. 司盘 80

  C. 十二烷基硫酸钠   D. 十八醇

12. 研和法制备油脂性软膏剂时，如药物是水溶性的，宜先用少量水溶解，再用哪种物质吸收后与基质混合（ ）

  A. 液体石蜡   B. 羊毛脂

  C. 单硬酯酸甘油酯   D. 白凡士林

13. 用聚乙二醇作软膏基质时常采用不同分子量的聚乙二醇混合，其目的是（ ）

  A. 增加药物在基质中溶液解度   B. 增加药物穿透性

  C. 调节吸水性   D. 调节稠度

14. 甘油常用作乳剂型软膏基质的（ ）

  A. 保湿剂   B. 防腐剂

  C. 增稠剂   D. 皮肤渗透促进剂

15. 眼膏剂常用基质凡士林、液状石蜡、羊毛脂的比例为（ ）

  A. 1：1：8   B. 1：8：1

  C. 8：1：1   D. 3：1：2

16. 有关眼膏剂的不正确表述是（ ）

  A. 应无刺激性、过敏性   B. 应均匀、细腻、易于涂布

  C. 必须在清洁、灭菌的环境下制备 D. 常用基质中不含羊毛脂

17. 不属于软膏剂质量评价项目的是（ ）

  A. 熔程   B. 黏度和稠度

  C. 刺激性   D. 硬度

18. 下列哪项不是 2010 年版《中国药典》中规定的软膏剂质量检查项目（ ）

  A. 粒度   B. 装量

  C. 均匀度   D. 微生物限度

二、多选题

1. 有关软膏剂基质的正确叙述是（ ）

  A. 软膏剂的基质都应无菌

  B. O/W 型乳剂基质应加入适当的防腐剂和保湿剂

  C. 乳剂型基质可分为 O/W 型和 W/O 型两种

  D. 乳剂型基质由于存在表面活性剂，可促进药物与皮肤的接触

2. 软膏剂的制备方法有（　　　）

    A. 研和法   B. 熔和法

    C. 分散法   D. 乳化法

3. 软膏剂的质量要求不正确的是（　　　）

    A. 软膏中药物必须能和基质互溶   B. 软膏剂需无刺激性

    C. 软膏剂的稠度越大质量越好   D. 软膏剂应色泽一致，质地均匀

4. 下列是软膏烃类基质的是（　　　）

    A. 植物油   B. 固体石蜡

    C. 羊毛脂   D. 凡士林

5. 下列是软膏类脂类基质的是（　　　）

    A. 羊毛脂   B. 固体石蜡

    C. 蜂蜡   D. 鲸蜡

6. 常用于 O/W 型乳剂型基质乳化剂（　　　）

    A. 硬脂酸钙   B. 单甘油酯

    C. 月桂醇硫酸钠   D. 三乙醇胺皂

7. 常用于 W/O 型乳剂型基质乳化剂（　　　）

    A. 司盘类   B. 吐温类

    C. 三乙醇胺皂   D. 硬脂酸钙

8. 下列是软膏水性凝胶基质的是（　　　）

    A. 海藻酸钠   B. 卡波普

    C. 泊洛沙姆   D. 甘油明胶

9. 下列叙述中正确的为（　　　）

    A. 卡波普在水中溶胀后，加碱中和后即成为粘稠物，可作凝胶基质

    B. 十二烷基硫酸钠为 W/O 型乳化剂，常与其他 O/W 型乳化剂合用调节 HLB 值

    C. O/W 型乳剂基质含较多的水分，无须加入保湿剂

    D. 硬脂醇是 W/O 型乳化剂，但常用于 O/W 型乳剂基质中起稳定、增稠作用

10. 下列关于凝胶剂叙述正确的是（　　　）

    A. 凝胶剂是指药物与适宜的辅料制成的均一、混悬或乳剂的乳胶稠厚液体或半固体制剂

    B. 氢氧化铝凝胶为单相凝胶系统

    C. 卡波普在水中分散即形成凝胶

    D. 卡波普在水中分散形成浑浊的酸性溶液必须加入 NaOH 中和，才形成凝胶剂

三、问答题（综合题）

1. 软膏剂基质可分为哪几类？举例说明。

2. 处方：

醋酸地塞米松   0.5g   单甘油酯   70g

硬脂酸	120g	白凡士林	85g
十二烷基硫酸钠	10g	甘油	85g
尼泊金乙酯	1g	纯化水	加至1000g

（1）该软膏剂的基质属于哪种类型，分析处方中各成分的作用。

（2）简述该软膏剂的制备过程。

项目十一 │ 其他制剂生产技术

◎知识目标

1. 掌握栓剂、膜剂、气雾剂的定义、分类、特点、处方组成及质量要求。
2. 掌握栓剂、膜剂、气雾剂的制备工艺及要点。
3. 熟悉栓剂的常用基质类型、置换价及质量控制。
4. 熟悉常用成膜材料的性质、特点及选用和膜剂的质量检测。
5. 熟悉气雾剂的常用抛射剂、阀门系统、工作原理及质量评定。
6. 了解栓剂中药物吸收途径和影响因素。
7. 了解膜剂释药速度的各种影响因素。
8. 了解吸入气雾剂的肺部吸收特点。

◎技能目标

1. 会选择适宜的基质进行栓剂的生产。
2. 会选择适宜的成膜材料进行膜剂的生产。
3. 会设计气雾剂的处方组成并进行生产。

栓剂、膜剂和气雾剂虽比片剂、胶囊剂、注射剂在临床应用相对少些，但它们既可避免口服药物的肝脏首过作用，又无注射剂的创伤给药痛苦，可发挥局部或全身作用，它们的处方组成中都包含有特定的辅料以保证药物安全、快速、可靠地释放，已越来越多地应用于临床治疗。栓剂、膜剂和气雾剂现已实现自动化机械化大生产，从而降低成本提高生产率。

任务一　栓剂生产技术

一、栓剂的含义与分类

栓剂（Suppository）系指药物与适宜基质制成的有一定形状供人体腔道给药的固体制剂。栓剂在常温下为固体，塞入腔道后，在体温下能迅速软化熔融或溶解于分泌液，逐渐释放药物而产生局部或全身作用。

栓剂最初应用只认为是起局部作用，用于腔道内，起滑润、收敛、抗菌消炎、杀毒、止痒、局麻等作用，后来发现栓剂还可以通过直肠等途径吸收起全身治疗作用，治疗各种疾病，用于镇痛、镇静、兴奋、扩张支气管和血管、抗菌等作用。经过研究开发，栓剂在临床上得到较广泛的应用。《中国药典》（2010 年版）中共收录栓剂

32 种。

栉剂按作用部位不同分为肛门栉、阴道栉、尿道栉等，其中最常用的是肛门栉和阴道栉（图 11-1）。为适应机体的应用部位，栉剂的形状和重量各不相同。肛门栉的形状有圆锥形、圆柱形、鱼雷形等，以鱼雷形较好，塞入肛门后，由于括约肌的收缩易于压入直肠内，栉重约 2g。阴道栉常呈球形、卵形、鸭嘴形、圆锥形等，重约 2 ~ 5g，鸭嘴形栉在相同重量的栉剂中表面积较大而利于使用。

a 肛门栉外形　　　　　　　b 阴道栉外形

图 11-1　肛门栉及阴道栉的各种外形图

栉剂按作用范围分为局部作用和全身作用。局部作用的栉剂可使其中的药物分散于黏膜表面，对局部组织器官发挥针对性治疗作用，减少口服或注射用药产生的全身不良反应。全身作用的栉剂，药物经由腔道黏膜吸收至血液或淋巴系统。栉剂作为全身作用与口服制剂相比有如下特点：①药物不受胃肠道 pH 或酶的破坏而失去活性；②对胃黏膜有刺激性的药物可直肠给药，免受胃肠道刺激反应；③药物直肠吸收，避免了口服药物受肝脏首过作用而被破坏并减少对肝毒性；④直肠吸收比口服干扰因素少，药物吸收更迅速；⑤对不能口服（如伴有呕吐的患者）或者不愿吞服片、丸及胶囊的病人（如小儿患者）给药更方便。

栉剂给药的主要缺点是使用不如口服方便；栉剂生产成本比片剂、胶囊剂高；生产效率低等。

知识拓展

几种新型栉剂的介绍

由于栉剂疗效确切，且不易受其他条件影响，因此人们自然而然地想要把更多的药物制成栉剂。但传统的普通栉剂又不能满足这一要求，所以相继开发出了一些新型栉剂。下面简要介绍几种新型的栉剂。

1. 双层栉　分为两种：一种是内外层含不同药物的栉剂。另一种是上下两层，分别用水溶性基质和脂溶性基质，将不同药物分隔在不同层内，控制各层的融化，使药物具有不同的释放速度；或上半部为空白基质，可阻止药物向上扩散，减少药物经直肠上静脉的吸收，提高药物的生物利用度。

2. 中空栉　栉中有一空心部分，可供填充各种不同类型的药物，包括固体和液体。中控栉可以达到快速释药的目的，中空部分填充各种不同的固体或液体药物，溶出速度比普通栉剂快。

3. 其他缓、控释栓　①微囊栓：药物微囊化后制成的栓剂，具有缓释作用，或同时含药物细粉和微囊的复合微囊栓。②骨架控释栓：利用高分子物质为骨架材料与药物混合制成的栓剂，起控释作用。③渗透泵栓：利用渗透泵原理制成的长效控释栓剂。最外层为一层不溶性微孔膜，药物从微孔中慢慢渗出，从而维持药效。④凝胶缓控栓：利用凝胶为载体的栓剂，在体内不溶解、不崩解，能吸收水分逐渐膨胀，从而达到缓释目的。

二、栓剂的处方组成

栓剂中的药物可溶于基质中，也可均匀混悬于基质中。供制栓剂用的固体药物，除另有规定外，应预先用适宜方法制成最细粉，并全部通过六号筛。根据施用腔道和使用目的不同，制成各种适宜的形状。

栓剂基质对剂型特性和药物释放均具有重要影响。选择基质时，应根据用药目的和药物性质等来决定。优良的基质应具备下列要求：①室温时应具有适宜的硬度，当塞入腔道时不变形、不碎裂。在体温下易软化、融化，能与体液混合或溶于体液；②具有润湿或乳化的能力，水值较高；③不因晶型的转化而影响栓剂的成型；④基质的熔点与凝固点的间距不宜过大，油脂性基质的酸价应在 0.2 以下，皂化价应在 200 ~ 245 之间，碘价低于 7；⑤适用于冷压法及热熔法制备栓剂，且易于脱模；⑥性质稳定，与药物混合后不起作用，亦不妨碍主药的作用与含量测定，其释药速度应符合医疗要求；⑦对黏膜无刺激性、无毒性、无过敏性等。

栓剂基质主要分油脂性基质和水溶性及亲水性基质两大类，除此外还需添加适当添加剂。

（一）油脂性基质

油脂性基质的栓剂中，水溶性药物能很快释放于体液中，机体作用较快。而脂溶性药物必须先由油相转入水相体液中，才能发挥作用。因此宜采用油/水分配系数较小的药物，即易转移入分泌液中又易透过脂性膜。

1. 可可豆脂（cocoa butter）　可可豆脂是由梧桐科植物可可树的种仁提炼的一种固体脂肪。常温下为白色或淡黄色的脆性蜡状固体，其略带巧克力香味，性质稳定，可塑性好，无刺激性，当加热至 25℃时开始软化，在体温下能迅速融化。能与多种药物混合制成可塑性团块，加入 10% 的羊毛脂可增加其可塑性。与药物的水溶液不能混合，但可加适量乳化剂制成乳剂基质。

2. 半合成或全合成脂肪酸甘油酯　是由椰子或者棕榈种子油等天然植物油水解、分馏所得 C_{12} ~ C_{18} 游离脂肪酸，经部分氢化再与甘油酯化而得的三酯、二酯、一酯的混合物，这类油脂称半合成脂肪酸酯。这类基质化学性质稳定，成型性能良好，具有保湿性和适宜的熔点，不易酸败，有适宜熔点，目前认为是取代天然油脂的较理想的栓剂基质。

（二）水溶性和亲水性基质

1. 甘油明胶（gelatin glycerin）　系由明胶、甘油、水三者按一定比例在水浴上加热融和，蒸去大部分水，放冷后凝固而制得。本品具有很好的弹性，不易折断，且在体温下不融化，但塞入腔道后能软化并缓缓地溶于分泌液中，药物持久、缓慢地释放。

2. 聚乙二醇（PEG）　由环氧乙烷聚合而成的离子分子聚合物。易溶于水，熔点较低，为难溶性药物的常用载体，多用熔融法制备成型。于体温下不融化，但能缓缓溶于体液中而释放药物。对黏膜有一定刺激性，加入 20% 水，则可减轻刺激性。为避免刺激还可在纳入腔道前先用水湿润，亦可在栓剂表面涂一层鲸蜡醇或硬脂醇薄膜。

3. 非离子型表面活性剂类　包括吐温 61（可与多数药物配伍，且无毒性、无刺激性，贮藏时亦不易变质）、聚氧乙烯 - 40（单硬脂酸酯类商品代号"S - 40"，为表面活性剂类基质）、泊洛沙姆（是聚氧乙烯、聚氧丙烯的聚合物，为表面活性剂类基质，较常用的型号为 188 型，能促进药物的吸收）。

（三）附加剂

栓剂处方中，根据药物性质及医疗需要往往添加适宜的附加剂。

1. 硬化剂　若制得的栓剂在贮藏或使用时过软，可加入适量的高熔点硬化剂，如白蜡、鲸蜡醇、硬脂酸、巴西棕榈蜡等调节。

2. 吸收促进剂　吸收促进剂能增加药物的亲水性，对覆盖于直肠壁上的连续水性黏液层有胶溶、洗涤作用并造成有孔隙的表面，直接作用于直肠黏膜，改变生物膜的通透性，提高生物利用度。

常用吸收促进剂主要有：①表面活性剂：在基质中可根据其 HLB 值加入适量表面活性剂。其作用与加入量有关，油脂性基质中少量加入可起到促进作用，加的太多会由于表面活性形成胶团包裹药物，使吸收下降。②Azone，即月桂氮䓬酮，能加速药物向分泌物中转移，有助于药物的释放、吸收。但随 Azone 的含量增加无显著性差异，不含 Azone 的栓剂吸收则较少。此外还有氨基酸乙胺衍生物、乙酰醋酸酯、β - 二羧酸酯、螯合剂（EDTA、柠檬酸三钠等）、非甾类抗炎药、芳香族酸性化合物、脂肪族酸性化合物等也可作为吸收促进剂。

3. 抗氧剂　含有易氧化药物时可加入抗氧剂，如叔丁基羟基茴香醚（BHA）、叔丁基对甲酚（BHT）、没食子酸酯等，延缓主药的氧化速度。

4. 防腐剂　当栓剂中含有植物浸膏或水溶液时，可加入防腐剂，如尼泊金金酯类等。使用防腐剂时应验证其溶解度、有效剂量、配伍禁忌以及直肠对它的耐受性。

5. 乳化剂　当栓剂处方中含有与基质不能相混合的液相，特别是在此相含量较高时（>5%）可加适量乳化剂。

6. 着色剂　有脂溶性及水溶性两种，但加入水溶性着色剂时，必须注意加水后对 pH 和乳化剂乳化效率的影响，还应注意控制脂肪的水解和栓剂中的色移现象。

7. 增稠剂　当药物与基质混合时，因机械搅拌情况不良或因生理需要时，可酌情加入增稠剂，常用的增稠剂有氢化蓖麻油、单硬脂酸甘油酯、硬脂酸铝等。

三、栓剂的制备与处方举例

（一）制法

栓剂的制法有三种，即热熔法、冷压法和搓捏法，可按基质的不同而选择。脂肪性基质可采用三种方法中的任何一种，而水溶性基质多采用热熔法。

1. 冷压法（cold compression method）（包括搓捏法）　冷压法主要用于脂肪性基质制备栓剂。其方法是将药物与基质磨碎或锉末，置于冷却的容器内混合均匀，然后手工搓捏成型或装入制栓模型机内挤压成一定形状的栓剂。机压模型成型者较美观。冷压法避免了加热对主药或基质稳定性的影响，不溶性药物也不会在基质中沉降，但生产效率不高，成品往往夹带空气对基质或主药起氧化作用。

2. 热熔法（fusion method）　此法应用广泛，将计算量的基质经水浴或蒸气浴加热熔化，温度不能过高，然后按药物性质以不同方法加入，混合均匀，倾入涂有润滑剂的栓模中至稍有溢出模口为度，冷却，待完全凝固后，削去溢出部分，开启模具，将栓剂推出，包装即得。热熔法工艺流程如图 11-2 所示。

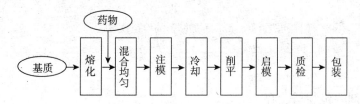

图 11-2　热熔法工艺流程

栓剂中药物和基质可按下法混合：①油溶性药物可直接混入基质使之溶解；②水溶性药物可加入少量的水制成浓溶液，用适量羊毛脂吸收后再与基质混合均匀；③不溶于油脂、水或甘油的药物可先制成细粉，再与基质混合均匀。

制备栓剂时，其栓孔内所用的润滑剂通常有：①脂肪性基质的栓剂常采用软肥皂、甘油各一份与 95% 乙醇五份混合所得；②水溶性或亲水性基质的栓剂则采用油性液体润滑剂，如液状石蜡、植物油等。有的基质如可可豆脂或聚乙二醇类不沾模，可不用润滑剂。

栓剂模具一般由不锈钢、铝、铜或塑料制成，可拆开清洗。如图 11-3 为实验室或小剂量制备栓剂时的栓剂模具。目前生产上常以塑料或复合材料制成一定形状空囊，既作为栓剂成型的模具，密封后又可作为包装栓剂的容器，即使存放时遇升温而融化，也会在冷藏后恢复应有形状与硬度。栓剂大生产采用自动化、机械化设备，从灌注、冷却、取出均由机器连续自动化操作来完成。

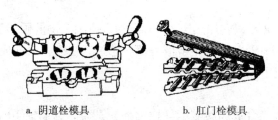

a. 阴道栓模具　　　　　　b. 肛门栓模具

图 11-3　阴道栓及肛门栓模具

知识拓展

栓剂制备中基质用量的确定

通常情况下栓剂模实际容纳重量（如1g或2g）是指以可可豆脂为代表的基质重量。当加入不溶于基质的药物而占有一定体积时，为了保持栓剂原有体积，需要引入置换价（displacement value, DV）的概念。药物的重量与同体积基质重量的比值称为该药物对基质的置换价。可以用如下方法和公式求得某药物对某基质的置换价：

$$DV = \frac{w}{G - (M - w)} \qquad (11-1)$$

式中 G 为纯基质平均栓重；M 为含药栓的平均重量；w 为每个栓剂的平均含药重量。

测定方法：取基质作空白栓，称得平均重量为 G，另取基质与药物定量混合做成含药栓，称得平均重量为 M，每粒栓剂中药物的平均重量 w，将这些数据代入上式，即可求得某药物对某一新基质的置换价。

用测定的置换价可以方便地计算出制备这种含药栓需要基质的重量 x：

$$x = \left(G - \frac{y}{DV}\right) \cdot n \qquad (11-2)$$

式中 y 表示处方中药物的计量；n 表示拟制备的栓剂枚数。

（二）栓剂的包装与贮存

栓剂通常是内外两层包装。每个栓剂都应包裹，不外露，栓剂之间要有间隔，不接触，防止运输和贮存过程中因撞击而碎破，或因受热而黏着、熔化造成变形等。目前使用较多的包装材料是无毒塑料壳（类似于胶囊剂有上下两节），将栓剂装好并封入小塑料袋中即得。

一般栓剂应贮存于30℃以下干燥阴凉处，油脂性基质的栓剂应格外注意避热，最好在冰箱中（+2～-2℃）保存。甘油明胶类水溶性基质的栓剂及聚乙二醇栓，可室温阴凉处贮存，并宜密封于容器中以免吸潮、变形、变质等。

（三）栓剂处方举例及工艺分析：

例11-1　甘油栓

【处方】

甘油1820g，硬脂酸钠180g，共制肛门栓1000粒。

【制法】

取甘油，在蒸汽夹层锅内加热至120℃，加入研细干燥的硬脂酸钠，不断搅拌使之溶解，继续保温在85～95℃，直至溶液澄清，滤过，注模，冷却成型，脱模，即得。

例11-2　吲哚美辛栓

【处方】

吲哚美辛1.0g，半合成脂肪酸酯（山油酸）适量，共制成10粒。

【制法】

取吲哚美辛，研细过80目筛，将称取的半合成脂肪酸酯在水浴上熔化（水浴温度为60℃，温度过高，成品色泽变黄），将吲哚美辛细粉加入已熔化的基质中搅拌均匀，使成均匀的混悬液，注入栓模中（栓模提前涂润滑剂），冷却后，削去溢出部分，脱模，即得。

四、栓剂的质量评价

栓剂的一般质量要求有：药物与基质应混和均匀，栓剂外形应完整光滑；塞入腔道后应无激性，应能融化、软化或溶解，并与分泌液混合，逐步释放出药物，产生局部或全身作用；并应有适宜的硬度，以免在包装、贮藏或用时变形。2010年版《中国药典》规定了栓剂的重量差异和融变时限以及其他项目等检查，以保证其质量。

1. 重量差异　取栓剂10粒，精密称定总重量，求得平均粒重后，再分别精密称定各粒的重量。每粒重量与平均重相比较，超出重量差异限度的药粒不得多于一粒，并不得超出限度一倍。栓剂重量差异限度如表11-1。

表11-1　栓剂的重量差异限度

平均重量	重量差异限度
1.0g以下或1.0g	±10%
1.0g以上至3.0g	±7.5%
3.0g以上	±5%

2. 融变时限　应按《中国药典》2010年版附录"融变时限检查法"（附录ⅩB）项下规定测定栓剂在体温（37℃±1℃）下软化、熔化或溶解的时间。取栓剂3粒，室温放置1h后进行检查。油脂性基质的栓剂应在30min内全部融化或软化或触压时无硬心；水溶性基质的栓剂应在60min内全部溶解，如有1粒不合格应另取3粒复试，应符合规定。

3. 熔点范围测定　油脂性基质的栓剂应测定其熔点范围，一般规定应与体温接近（约37℃）。水溶性基质栓剂，其熔点对吸收影响不大，故无严格要求。

4. 药物的溶出速度和吸收试验　药物溶出速度和吸收试验可作为栓剂质量检查的参考项目。

（1）溶出速度试验　将待测栓剂置于透析管的滤纸筒或适宜的微孔滤膜中，浸入盛有介质并附有搅拌器的容器中，于37℃每隔一定时间取样测定，每次取样后应补充同体积的溶出介质，求出从栓剂透析至外面介质中的药物量，作为在一定条件下基质中药物溶出速度的参考指标。

（2）体内吸收试验　先做动物实验，开始剂量不超过口服剂量，以后再二倍或三倍增加剂量。给药后按一定时间间隔抽取血液或收集尿液，测定药物浓度，最后计算动物体内药动学参数和AUC。人体志愿者的体内吸收试验方法与此相同。

5. 稳定性和刺激性试验

（1）稳定性试验是将栓剂在室温（25℃±3℃）和4℃下贮存，定期检查外观变化和软化点范围、主药的含量及药物的体外释放。

（2）刺激性试验对黏膜刺激性检查，一般用动物试验。即将基质检品的粉末、溶液或栓剂，施于家兔的眼结膜上或纳入动物的直肠、阴道，观察有何异常反应。在动物试验基础上，临床验证多在人体肛门或阴道观察用药部位有无灼痛、刺激以及不适感觉等反应。

知识拓展

栓剂药物的吸收途径

栓剂作为直肠用药的剂型，经由基质中释放出来，然后经扩散、溶解进入直肠分泌液，通过血管或淋巴管进入体循环产生全身作用或局部作用。药物经直肠吸收主要有两条途径：一是通过直肠上静脉，经门静脉进入肝脏进行代谢（首过效应）再转运至全身；二是通过直肠中静脉和下静脉及肛门静脉，经髂内静脉绕过肝脏进入下腔大静脉，直接进入血液体循环，因此栓剂纳入肛门的深度愈靠近直肠下部，栓剂所含药物在吸收时不经肝脏的量亦愈多，所以在应用时塞入距肛门口约2cm为宜。这样可有给药总量的50%～75%的药物不经过肝。此外，直肠淋巴系统对药物吸收几乎与血液处于相同地位，也是药物吸收的途径。全身作用的栓剂一般采用脂溶性基质，使药物迅速释放。药物在阴道中作用方式以局部为主，应尽量减少吸收，选择融化或溶解、释药速率慢的栓剂基质，通常选用水溶性基质，局部作用在半小时内开始，持续约4h。但液化时间不宜过长，否则使病人感到不适，而且可能不能将药物全部释出，甚至大部分排出体外。阴道栓剂也可全身作用，其途径是经过阴静脉至下腔静脉直接进入血液循环。

影响直肠吸收药物的因素

1. 生理因素

（1）直肠内容物　直肠有粪便时会影响栓剂中药物的吸收，在应用栓剂前如先灌肠排便可获得较好效果。

（2）pH 及直肠液缓冲能力　直肠液基本上为中性且无缓冲能力，溶解的药物能决定直肠的 pH。因此弱酸、弱碱性药物更易吸收。

2. 药物的理化性质因素

（1）溶解度及粒度　为了提高药物在基质中的均匀性，可用适当的溶剂将药物溶解（增大溶解度）或者将药物粉碎成细粉（减小非溶解性药物的粒径）后再与基质混合，从而提高药物的吸收。

（2）脂溶性与解离度　药物的吸收与其解离常数有关。分子型如脂溶性非解离药物易透过类脂质肠黏膜，而离子型如季铵类化合物等完全解离的药物则吸收较差。酸性药物 pKa 值在 4 以上、碱性药物 pKa 值低于 8.5 者可被直肠黏膜迅速吸收。故可用缓冲液以改变直肠部位的 pH 值，由此增加非解离药物的浓度从而提高其生物利用度。

3. 基质对药物作用的影响　一般选择与药物溶解性相反的基质，有利于药物释放，增加吸收。如脂溶性药物应选择水溶性基质；水溶性药物则选择脂溶性基质，这样溶出速度快，体内峰值高，达峰时间短。

4. 表面活性剂的作用　实验证明表面活性剂能增加药物的亲水性，能加速药物向分泌物中的转入，因而有助于药物的释放。但表面活性剂的浓度不宜过高，否则能在分泌液中形成胶团等因素而使其吸收率，所以表面活性剂的用量必须适当，以免得到相反的效果。

任务二 膜剂制备技术

一、膜剂概述

（一）定义与分类

膜剂（films）是指药物与适宜的成膜材料经加工成型的膜状制剂。膜剂可供口服、口含、舌下给药；外用可作皮肤和黏膜创伤、烧伤或炎症表面的覆盖。

膜剂按给药途径可分为口服、口腔用（包括口含、舌下给药及口腔内局部贴敷）、眼用、鼻用、阴道用、皮肤及创伤面用及植入膜剂等；按结构特点分为以下几种：

（1）单层膜剂 药物直接溶解或分散在成膜材料中所制成的膜剂，有可溶性膜剂和水不溶性膜剂两类。通常厚度为 $0.1 \sim 0.2mm$，口服面积为 $1cm^2$，眼用为 $0.5cm^2$，阴道用为 $5cm^2$。

（2）多层复方膜剂 系将有配伍禁忌或互相有干扰的药物分别制成薄膜，然后再将各层叠合粘结在一起制得的膜剂，另外也可制备成缓释和控释膜剂。

（3）夹心膜剂 即在两层不溶性的高分子膜中间，夹着含有药物的药膜，以零级速度释放药物。这种膜剂实际属于控释膜剂，为一类新型制剂。

（二）膜剂的特点

膜剂在生产、使用、贮藏等方面与其他剂型相比较，具有以下一些主要特点：①药物含量准确，稳定性好，吸收快，疗效迅速；②体积小，重量轻，携带、运输及贮存方便，可密封在塑料薄膜或涂塑铝箔包装中，再用纸盒作外包装，质量稳定，不易发霉变质，不怕碰撞；③使用方便，适用于多种给药途径；④制备工艺简单，生产过程中无粉尘飞扬，适宜于有毒药物的生产；⑤成膜材料较其他剂型用量少，可节约辅料和包装材料；⑥采用不同的成膜材料及辅料可制成不同释药速度的膜剂，因此可制成缓释、控释剂型；⑦载药量少，只适合于小剂量的药物，重量差异不易控制，收率不高。

二、成膜材料

（一）成膜材料的要求

成膜材料作为药物的载体，又称为成膜基质。成膜材料的性能和质量对膜剂的成型工艺、成品的质量及药效的发挥有重要影响。理想的成膜材料应具有如下条件：①生理惰性，无毒、无刺激性、不干扰免疫机能，外用不妨碍组织愈合，能被机体代谢或排泄，不致敏，长期使用无致畸、致癌作用；②性质稳定，不降低主药药效，不干扰药物的含量测定，无不适嗅味；③成膜、脱膜性能好，制成的膜具有一定的抗拉强度和柔韧性；④用于口服、腔道、眼用膜剂的成膜材料应具有良好的水溶性，能逐渐降解、吸收或排泄；用于皮肤、粘膜等的外用膜剂应能迅速、完全地释放药物；⑤来源广、价格低廉。

（二）常用的成膜材料

（1）天然或合成的高分子化合物，如明胶、阿拉伯胶、琼脂、海藻酸及其盐、淀粉、糊精、玉米朊、纤维素衍生物等。此类成膜材料多数可以降解或者溶解，但是成膜性能较差，一般不单独使用，而与其它成膜材料合用。

（2）合成高分子多聚物，如聚乙烯醇（PVA）、乙烯－醋酸乙烯共聚物（EVA）、聚乙烯吡咯烷酮（PVP）、聚乙烯醇缩乙醛、甲基丙烯酸酯－甲基丙烯酸共聚物等。

聚乙烯醇（PVA）白色或淡黄色粉末状颗粒，是由醋酸乙烯在甲醇溶剂中进行聚合反应生成聚醋酸乙烯，然后再与甲醇发生醇解反应而得。PVA 性质主要由其聚合度（或称相对分子量）和醇解度（降解的程度）来决定。部分醇解和低聚合度的 PVA 溶解极快，而完全醇解和高聚合度 PVA 则溶解较慢。一般而言，对 PVA 溶解性的影响，醇解度大于聚合度。PVA 溶解过程是分阶段进行的，即：亲和润湿—溶胀—无限溶胀—溶解。相对分子量越大，水溶性越差，水溶液的黏度就大，成膜性能好。目前国内使用的较多的为 05－88、17－88、124 三种规格。前 2 种规格的醇解度均为（88 ± 2)%，平均聚合度分别为 500~600 和 1700~1800；PVA－124 的醇解度为 98%~99%，平均聚合度 2400~2500。

PVA 的特点是毒性和刺激性都很小，其水溶液对眼组织不仅无刺激性，还是一种良好的眼球润湿剂，能在角膜表面形成保护膜，而且不会影响角膜的生理活性，不影响视力，不易被微生物破坏，也不易长霉菌，口服后在消化道很少吸收，48h 后 80% 的 PVA 随大便排出体外。它是目前国内最为常用的成膜材料，适用于制成各种途径应用的膜剂。

三、膜剂的制备方法与工艺

（一）膜剂的处方组成

膜剂一般由药物、成膜材料、增塑剂等组成，各组分所占比例（W/W）如下：

主药	0~70%
成膜材料（PVA、PVP、EVA 等）	30%~100%
增塑剂（甘油、山梨醇等）	0~20%
表面活性剂（聚山梨酯－80、十二烷基硫酸钠、豆磷脂等）	1%~2%
填充剂（CaCO$_3$、SiO$_2$、淀粉、糊精等）	0~20%
着色剂（TiO$_2$、色素等）	0~2%
脱膜剂（液体石蜡、甘油、硬脂酸、聚山梨酯－80 等）	适量

另口含膜剂还可加适量矫味剂如蔗糖、甜叶菊等。

（二）膜剂的制备方法

膜剂应在洁净的环境中制备，所用的器具等需用适当的方法清洁、灭菌，注意防止微生物的污染。眼用膜应在超净工作台上配制，并选用适宜方法灭菌。膜剂制备方法有三种，匀浆制膜法、热塑制膜法和复合制膜法。

1. 匀浆制膜法 匀浆制膜法又称涂膜法、流涎法，常以 PVA 为载体膜，为目前国内制备膜剂最常用的方法。此法系将成膜材料溶于适当溶剂中形成浆液，与药物及附加剂充分溶解或分散，混合成均匀的药浆，静置除去气泡。经涂膜、干燥、脱模后，依主药含量计算单剂量膜面积，剪切成单剂量小格，包装，最后制得所需膜剂。匀浆制膜法工艺流程（图11-4）。

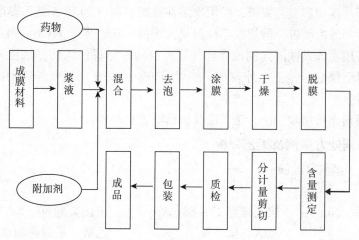

图11-4 匀浆制膜法工艺流程

大量生产时用涂膜机（图11-5）涂膜：将已配好的含药成膜材料浆液置于涂膜机的料斗中，匀浆经流液嘴流出，涂布在预先抹有液体石蜡或聚山梨酯80的不锈钢循环带上，涂成宽度和厚度一定的涂层，经热风（80~100℃）干燥成药膜带，外面用聚乙烯膜或涂塑纸、涂塑铝箔、金属箔等包装材料烫封，按剂量热压或冷压划痕成单剂量的分格，再行外包装即得。小量制备时，可将配制好的药浆倾倒于平板玻璃或不锈钢薄板上，然后用推杆推涂成厚度均匀的薄层，烘干后，根据剂量切割，包装即得。

膜剂的成膜材料均为高分子材料，配置成浆液前可先用水等溶剂浸泡一定时间使其溶胀溶解，必要时可加热。水不溶性药物可预先制成微晶或粉碎成细粉，挥发性药物应降低浆液温度后加入。脱泡时可采用加热或保温法及真空减压法（热不稳定药物）。膜剂的干燥温度不宜过高，时间不宜过长，以免药膜起泡、卷曲、皱缩或粘于板上，导致剥离发生碎裂。模板上可涂抹脱膜剂如液状石蜡、滑石粉等，预热等方法避免脱模困难。

2. 热塑制模法 是将药物细粉和成膜材料如EVA颗粒相混合，用橡皮滚筒混碾，热压成膜，随即冷却，脱膜即得；或将热融的成膜材料如聚乳酸等，在热融状态下加入药物细粉，使其溶解或均匀混合，在冷却过程中成膜。本法的特点是可以不用或少用溶剂，机械生产效率高。

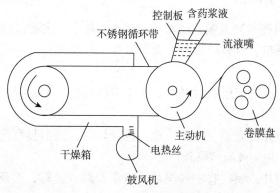

图11-5 匀浆涂膜机示意图

3. 复合制模法 此法是以不溶性的热塑性成膜材料（如 EVA）为外膜，分别制成具有凹穴的下外膜带和上外膜带，另用水溶性成膜材料（如 PVA 或海藻酸钠）用匀浆制膜法制成含药的内膜带，剪切成单位剂量大小的小块，置于 EVA 的两层膜带中，热封即得；也可用易挥发性溶剂制成含药匀浆，以间隙定量注入的方法注入下外膜带凹穴中。经吹风干燥后，盖上上外膜带，热封即得。此法适用于缓释膜剂的制备，一般采用机械设备生产。

此外，膜剂还可用吹塑法、延压法及挤出法等法制备。

（三）膜剂处方举例及工艺分析

例 11 – 1　硝酸甘油膜

【处方】

| 硝酸甘油 | 10g | 聚乙烯醇 17 – 88 | 82g | 聚山梨酯 80 | 5g |
| 甘油 | 5g | 二氧化钛　3g | | 乙醇　适量蒸馏水　适量 | |

【制法】

取 PVA 加 5～7 倍量的蒸馏水，浸泡膨胀后，水浴加热使其全部溶解；另取二氧化钛用胶体磨研磨后加入上述浆液中，在搅拌下缓缓加入聚山梨酯 80 及甘油；将硝酸甘油制成 10% 乙醇溶液加入，搅拌均匀，放置过夜，除去气泡，制成膜剂，铝箔包装，每张含硝酸甘油 0.5mg。

例 11 – 2　毛果芸香碱眼用药膜

【处方】

| 硝酸毛果芸香碱 | 15g | 聚乙烯醇（05 – 88） | 28g |
| 甘油 | 2g | 纯化水 | 30ml |

【制法】

称取 PVA28g，加药用甘油 2g 作增塑剂，蒸馏水 30ml，搅拌膨胀后于 90℃ 水浴上加热使溶，溶液趁热过滤（80 目筛网），滤液放冷后加入硝酸毛果芸香碱 15g，搅拌使溶，然后在涂膜机上制成宽约 0.15mm，含主药约 30% 的药膜带，封闭包装在聚乙烯薄膜中，经含量测定后划痕分格（每格面积为 10mm×5mm），每格含毛果芸香碱 25mg（±10%），相当于同样含主药为 2% 的滴眼液 2～3 滴。最后用紫外灯消毒 30min（正反面各 15min）即得。

四、膜剂的质量评价

2010 年版《中国药典》对膜剂的质量有明确的规定，主要包括：

（1）膜剂辅料及包装材料应无毒、无刺激性、性质稳定，与药物或成膜材料不发生理化作用。

（2）水溶性药物应溶于成膜材料中；水不溶性药物应粉碎成极细粉，并与成膜材料均匀混合。

（3）膜剂外观应完整光洁，厚度一致，色泽均匀，无明显气泡；多剂量膜剂的分格压痕应均匀清晰，并能按压痕撕开。

（4）除另有规定外，膜剂宜密封保存，防止受潮、发霉、变质，并应符合微生物限度检查。

（5）膜剂应检查重量差异。检查方法如下：除另有规定外，取膜片 20 片，精密称定总重量，求得平均重量，再分别精密称定各片的重量。每片重量与平均重量相比较，按表 11－2 中的规定，超出重量差异限度的膜片不得多于 2 片，并不得有 1 片超出限度的 1 倍。

表 11－2 膜剂重量差异限度表

平均重量	重量差异限度
0.02g 以下至 0.02g	±15%
0.02g 以上至 0.2g	±10%
0.2g 以上	±7.5%

凡进行含量均匀度检查的膜剂，一般不再进行重量差异检查。

知识拓展

涂 膜 剂

涂膜剂是将高分子材料及药物溶解在有机溶剂中制成的外用液体涂剂。用时涂于患处，溶剂挥发后形成薄膜，对患处有保护作用，同时能逐渐释放所含药物起治疗作用。例如伤湿涂膜剂，冻疮、烫伤涂膜剂等。涂膜剂是近年来我国制剂工业中在硬膏剂、火棉胶剂及中药膜剂应用基础上发展起来的一种新剂型。制备工艺简单，不用裱背材料，无需特殊的机械设备，使用方便，在某些皮肤病、职业病等防治上有较好的作用。一般用于慢性无渗出的皮损、过敏性皮炎、牛皮癣和神经性皮炎等。

涂膜剂的处方由药物、成膜材料和挥发性有机溶剂三部分组成。常用的成膜材料有聚乙烯醇缩甲乙醛、聚乙烯醇缩甲丁醛、聚乙烯醇、火棉胶等；增塑剂有邻苯二甲酸二甲酯、甘油、丙二醇、山梨醇等；挥发性溶剂有乙醇、丙酮、乙酸乙酯、乙醚等，或使用不同比例的混合溶液。

涂膜剂的一般制法：涂膜剂中所含的药物，如能溶于上述溶剂时可以直接加入溶解，如不溶时先用少量溶剂研细后再加入；如为中草药则先要制成乙醇提取液或其提取物的乙醇、丙酮溶液，再加到成膜材料溶液中。

任务三 气雾剂生产技术

一、气雾剂概述

（一）气雾剂的概念与分类

气雾剂（aerosols）系指含药溶液、乳状液或混悬液与适宜的抛射剂共同装封于具有特制阀门系统的耐压容器中，使用时借助抛射剂的压力将内容物呈雾状物喷出，用于肺部吸入或直接喷至腔道黏膜、皮肤及空间消毒的制剂，气雾剂可用于局部或全身治疗作用。

气雾剂按分散系统分为溶液型、混悬型（粉末气雾剂）、乳剂型（泡沫气雾剂）；按给药途径分为呼吸道吸入用气雾剂、非吸入气雾剂（皮肤和黏膜用）、外用气雾剂

（空间消毒用）；按处方组成分为二相气雾剂和三相气雾剂。二相气雾剂即溶液型气雾剂（气－液）；三相气雾剂一般指混悬型气雾剂（气－液－固）和乳剂型气雾剂（气－液－液），乳剂型气雾剂又可分 O/W 型及 W/O 型。此外，吸入气雾剂又可分单剂量或多剂量以及定量气雾剂和非定量气雾剂。

（二）气雾剂的特点及用途

（1）气雾剂可使药物直接到达作用部位或吸收部位，具有十分明显的速效与定位作用，尤其在呼吸道给药方面明显优于其他剂型。

（2）药物封装于密闭容器内，可保持药物清洁、无菌状态，减少了药物受污染的机会；容器避光不透明，不与空气中的氧和水分直接接触，提高了药物的稳定性。

（3）使用方便，一揿（吸）即可，有助于提高病人的用药依从性。药物以雾状喷出，减少了对创面给药时的刺激作用（如烧伤和敏感皮肤病患者）与感染。

（4）减少药物对胃肠道的刺激性，避免了肝脏首过效应，提高了生物利用度。

（5）给药系统中的定量阀门可准确控制药物剂量。

气雾剂主要缺点是①由于使用耐压容器及阀门系统等，因此成本高。②抛射剂有高度挥发性，因而具有致冷效应，多次使用于受伤皮肤，可引起不适与刺激。③氟氯烷烃在动物或人体内到达一定程度可致敏心脏，造成心律失常，故治疗用的气雾剂对心脏病患者不适宜。

二、气雾剂的组成

气雾剂由抛射剂、药物和附加剂、耐压容器和阀门系统组成。药物（包含附加剂）与抛射剂一同封装于耐压容器内，抛射剂气化使容器内产生压力，打开阀门时药物与抛射剂则会一起喷出形成雾滴。

（一）抛射剂

抛射剂（propellents）是药物喷射的动力，有时兼作药物的溶剂或稀释剂。抛射剂为液化气体，常压下沸点低于大气压，因此装入耐压容器中。由于抛射剂的蒸气压高，当阀门系统开放时，压力突然降低，抛射剂急剧气化，将容器内药液以雾状喷出，到达作用或吸收部位。抛射剂喷射能力的大小与其种类和用量有关，因此应根据气雾剂用药目的和要求加以合理选择。理想的抛射剂应具有以下要求：有适当的沸点；在常温下蒸气压应大于大气压；无毒、无致敏性和刺激性；不易燃易爆；不与药物或容器反应；无色、无臭、无味；价廉易得。

1. 抛射剂分类 抛射剂分为液化气体与压缩气体两大类，液化气体又分氟氯烷烃类、碳氢化合物和氢氟烃类与氢氟氯烷烃类，而压缩气体主要应用于喷雾剂。

（1）氟氯烷烃类 又称氟里昂（Freon），是气雾剂中常用的抛射剂，其特点是沸点低，常温下蒸气压略高于大气压，对容器耐压性要求低，易控制；性质稳定，不易燃烧，无味，基本无臭，毒性较小，不溶于水，可作脂溶性药物的溶剂。

常用氟里昂包括 F_{11}（CCl_3F）、F_{12}（CCl_2F_2）和 F_{114}（$CClF_2 - CClF_2$）三种，氟氯烷烃类在水中稳定，在碱性或有金属存在时不稳定。F_{11} 可与乙醇反应而变臭，F_{12}、F_{114} 可与乙醇混合使用，国内目前应用最多的是 F_{12}。将这些不同性质的氟里昂按不同比例混合可得到不同性质的抛射剂，以满足制备气雾剂的需要。氟里昂虽然是较理想的抛射剂，但吸收后在血中达一定浓度时可对心脏产生致敏作用，造成心律失常，且其在大气层中受紫外线照射可分解出高活性元素氯，并与臭氧反应而破坏臭氧层，有关国际组织已经要求停用。按照国家食品药品监督管理局（SFDA）的规定，我国从2007年7月1日起，生产外用气雾剂停止使用氟氯烷烃类物质（CFCs）作为药用辅料；从2010年1月1日起，生产吸入式气雾剂停止使用CFCs作为药用辅料。非定量气雾剂一般情况下可不用氟里昂作为抛射剂。

（2）碳氢化合物　碳氢化合物抛射剂主要是丙烷、正丁烷和异丁烷，此类抛射剂价廉易得，基本无毒，性质稳定，密度低；无卤素原子，故不水解，可用于含水处方气雾剂；无环保问题，但易燃易爆。碳氢化合物抛射剂不同品种之间蒸气压差别较大，可相互之间或与氟氯烷烃类化合物混合使用，以获得适当的蒸气压和密度，并降低其可燃性。碳氢化合物类抛射剂主要用于局部用气雾剂，丙烷、丁烷一般用作非吸入型气雾剂的抛射剂，而异丁烷用于外用气雾剂的抛射剂。

（3）氢氟烃类（HFA）与氢氟氯烷烃类　由于氟氯烷烃类的环保问题，新型抛射剂不断被研制出来，其中较好的是氢氟烃类与氢氟氯烷烃类。氢氟烃类不含氯原子，而氢氟氯烷烃类是由一个氯原子取代了氢原子，因此这类化合物对大气层中臭氧层的破坏作用比氟氯烷烃类小。

在新开发的氢氟烃类产品中，以四氟乙烷（HFC-134a）和七氟丙烷（HFC-227）应用较多，主要用于吸入型气雾剂，如沙丁胺醇气雾剂等。其中四氟乙烷为最常用的氟利昂替代品，国外已有10多种含氢氟烃类的气雾剂产品上市销售。

此外其他的氟利昂代用品如二甲醚（DME）等新型抛射剂已在陆续研发中。

2. 抛射剂用量　抛射剂是气雾剂的重要组成部分，抛射剂的用量不同，可直接影响喷雾粒子的大、小、干、湿以及泡沫状态。一般来讲，抛射剂用量越大，蒸气压越高，喷射能力越强，喷出的液滴就越细，反之亦然。因此应根据医疗要求选择适宜抛射剂的组分及用量，如采用混合抛射剂，并通过调整用量和蒸气压来达到调整喷射能力的目的。

（二）药物和附加剂

制备气雾剂用的药物可以是液体、半固体或固体粉末。根据药物的理化性质和临床治疗要求配制适宜类型的气雾剂时，往往需要添加能与抛射剂混溶的潜溶剂、增加稳定性的抗氧剂以及润湿剂、乳化剂，必要时还可添加矫味剂、防腐剂、香料等，但要注意所选的附加剂应对用药部位无刺激性。

（三）耐压容器

气雾剂的容器应不与内容物反应，耐压，有一定的耐压安全系数和冲击耐力，其尺寸精度与溶胀性必须符合要求，轻便，价廉。用于制备耐压容器的材料包括玻璃和金属两大类。玻璃容器的化学性质比较稳定，但耐压性和抗撞击性较差，故需在玻璃容器外搪以塑料防护层；金属容器的材料如铝、马口铁和不锈钢等，铝制容器耐压性强，但对药液不甚稳定，故容器内壁需涂抹环氧树脂、聚氯乙烯或聚乙烯等，不锈钢容器能耐高压且抗腐蚀性强。压力较低时一般采用玻璃容器，高压力抛射剂可选用金属容器。

（四）阀门系统

阀门系统是控制药物和抛射剂从密闭容器中喷射出的主要部件。其中设有供吸入用的定量阀门，或供腔道或皮肤等外用的泡沫阀门等特殊阀门系统。阀门系统坚固、耐用和结构稳定与否，直接影响到制剂的质量。阀门材料必须对内容物为惰性，其加工应精密。定量型的吸入气雾剂阀门系统由封帽、阀杆（轴芯）、橡胶封圈、弹簧、定量杯（室）、浸入管和推动钮等部件组成。

三、气雾剂的制备及质量评价

（一）气雾剂的处方设计及举例

气雾剂的处方组成，除选择适宜的抛射剂外，主要根据药物的理化性质，选择适宜附加剂，配制成一定类型的气雾剂，以满足临床用药的要求。

1. 溶液型气雾剂　如药物可溶解于抛射剂中，可方便地制成溶液型气雾剂。但由于常用的抛射剂（如氟氯烷烃类）为非极性溶剂，常加入适量乙醇、丙二醇或聚乙二醇作潜溶剂，使药物、抛射剂及潜溶剂以一定比例混合成均相澄明溶液。

在开发溶液型气雾剂时要注意以下问题：①抛射剂与潜溶剂的混合对药物溶解度和稳定性的影响；②喷出液滴的大小与表面张力；③各种附加剂如抗氧剂、防腐剂、潜溶剂等对用药部位的刺激性；④各种附加剂能否在肺部代谢或滞留。

溶液型气雾剂抛射剂的种类及用量比会直接影响雾滴大小。抛射剂在处方中用量比一般为20%～70%（W/W），所占比例越大，则雾滴粒径越小。可根据所需粒径调节用量，如发挥全身治疗作用的吸入型气雾剂，雾滴要求较细，以$1\sim5\mu m$为宜，抛射剂用量较多；局部作用的如皮肤用气雾剂的雾滴可粗些，直径为$50\sim200\mu m$，抛射剂用量较少，约为6%～10%（W/W）。

例11-2　盐酸异丙肾上腺素气雾剂（isoprenaline hydrochloride aerosol）

【处方】

盐酸异丙肾上腺素	2.5g	维生素C	1.0g	
乙醇	296.5g	F_{12}	适量	共制1000g

【制法】

将药物与维生素C溶于乙醇后分装于气雾剂容器，安装阀门，轧紧封帽后，充装抛射剂F_{12}。

2. 混悬型气雾剂　当药物不溶于抛射剂与潜溶剂的混合溶液时，可将药物微粉化，使细粉分散于抛射剂中，制成混悬型气雾剂。由于药物不易发生氧化等变质问题，因而适合抗生素、激素或其他难溶性药物。

混悬型气雾剂除主药必须微粉化（$<2\mu m$）外，抛射剂用量也较高：用于腔道给药时，抛射剂用量为30%～45%（W/W）；用于吸入给药，抛射剂用量高达99%，以确保喷雾时药物微粉能均匀分散。此外，常将抛射剂混合以调节抛射剂与混悬固体药物间的密度，如$F_{12}/F_{11}=35/65$时密度为$1.435g/ml$，适合一般固体药物。

例11-3　沙丁胺醇气雾剂（salbutamol aerosol）

【处方】

沙丁胺醇　26.4g，油酸　适量　F_{11}　适量，F_{12}　适量，共制成1000瓶。

【制法】

取沙丁胺醇（微粉）与油酸混合均匀成糊状。按量加入 F_{11}，用混合器混合，使沙丁胺醇微粉充分分散制成混悬液后，分剂量灌装，封接剂量阀门系统，分别再压入 F_{12} 即得。按要求检查各项指标，放置 28 天，再进行检测，合格后包装。

3. 乳剂型气雾剂　乳剂型气雾剂是由药物水溶液及抛射剂通过乳化剂按一定比例混合形成的乳浊液型的非均相分散体系。药物可根据其性质溶解于水相或油相中，抛射剂与处方中的油性介质混溶，成为乳剂的内相（O/W 型）或外相（W/O 型）。O/W 型乳剂经阀门喷出后，分散相中的抛射剂立即膨胀汽化，使乳剂呈泡沫状态喷出，故称泡沫气雾剂，而 W/O 型乳剂喷出时则形成液流。

乳剂型气雾剂抛射剂的用量一般为 8% ~ 10%（W/W），有的高达 25% 以上，产生泡沫的性状取决于抛射剂的性质和用量，抛射剂蒸气压高且用量大时，产生有黏稠性和弹性的干泡沫；若抛射剂蒸气压低而用量少时，则产生柔软的湿泡沫。

例 11 - 4　大蒜油气雾剂

【处方】

大蒜油　10ml　　聚山梨酯 80　30g　　甘油　250ml　　油酸山梨坦　35g
十二烷基磺酸钠　20g　　蒸馏水加至 1400ml　　F_{12}　962.5ml

【制法】

用聚山梨酯 80、油酸山梨坦及十二烷基磺酸钠作乳化剂，将油 - 水两相液体混合成乳剂，分装成 175 瓶，每瓶压入 5.5g F_{12}，密封而得。

（二）气雾剂的制备生产工艺

气雾剂应在避菌环境下配制，各种用具、容器等需用适宜方法清洁并灭菌，整个操作过程应注意防止微生物污染。气雾剂一般制备工艺流程为：容器与阀门系统的处理与装配→药物的配制与分装→填充抛射剂→质量检查→包装→成品。

1. 容器与阀门系统的处理与装配

（1）玻瓶搪塑　先将玻瓶洗净烘干，预热至 120 ~ 130℃，趁热浸入塑料黏液中，使瓶颈以下黏附一层塑料液，倒置后于 150 ~ 170℃烘干塑化 15min，备用。搪塑层要求能紧密均匀包裹玻瓶，防止爆瓶时玻片飞溅，外表应平整、美观。

（2）阀门系统的处理与装配　阀门的各种零件应分别处理：①橡胶制品（主要为垫圈）经蒸馏水洗净后于 75% 乙醇中浸泡 24h，以除去色泽并消毒，干燥备用；②塑料、尼龙零件洗净后再浸于 95% 乙醇中备用；③不锈钢弹簧先于 1% ~ 3% 碱液中煮沸 10 ~ 30min，再用热水及蒸馏水冲洗多次，至无油腻为止，浸泡在 95% 乙醇中备用。最后将上述已处理好的零件经微生物限度等检查合格后，按照阀门结构装配。

2. 药物的配制与分装　按处方组成及所要求的气雾剂类型进行配制。溶液型气雾剂应制成澄清药液；混悬型气雾剂应将药物微粉化并保持均匀分散状态；乳剂型气雾剂应制成稳定的乳剂。

将上述配制好的药物，经含量测定等质量检查合格后，定量分装于备用的容器内，安装阀门，轧紧封帽，压装抛射剂。

3. 抛射剂的填充　抛射剂的填充有压灌法和冷灌法两种。

（1）压灌法　先将配好的药液在室温下灌入容器内，再将阀门装上并轧紧封帽，抽去容器内空气，然后通过压装机压入定量的抛射剂。液化抛射剂经砂棒过滤后进入压装机。压灌法的关键是要控制操作压力，通常为 68.65~105.98kPa。压力过高不安全，但压力若低于 41.19kPa 时，必须用热水或红外线等加热抛射剂钢瓶，使达到工作压力。当容器上顶时，灌装针头伸入阀杆内，压装机与容器的阀门同时打开，液化的抛射剂即以自身膨胀压入容器内。

压灌法设备简单，无需低温操作，抛射剂损耗较少，但生产速度较慢，且使用过程中压力变化幅度较大。目前，国内外气雾剂工业生产多采用高速旋转压装抛射剂的工艺，产品质量稳定，生产效率大为提高。

（2）冷灌法　药液借助冷却装置冷却至 -20℃ 左右，抛射剂冷却至沸点以下至少5℃。先将冷却的药液灌入容器中，再加入冷却的抛射剂（也可两者同时加入），立即装上阀门并轧紧封帽。

冷灌法速度快，对阀门无影响，成品压力较稳定。但需致冷设备和低温操作，且操作过程中抛射剂损失较多。因在抛射剂沸点以下进行，含水品不宜用此法。

在完成抛射剂的灌装后（对冷灌法而言，还要安装阀门并用封帽扎紧），最后还要在阀门上安装推动钮，而且一般还装护盖。这样整个气雾剂的制备才算完成。

（三）气雾剂的质量评价

《中国药典》(2010 年版) 二部附录的规定，二相气雾剂应为澄清、均匀溶液，三相气雾剂雾滴（粒）大小应控制在 10μm 以下，其中大多数应为 5μm 左右。气雾剂应标明每瓶装量及主药含量；定量阀门气雾剂还应标明每瓶总揿次及每揿喷量或每揿主药含量；非定量阀门气雾剂应作喷射速率和喷出总量及泄漏率检查。

1. 安全、漏气检查　安全检查主要进行爆破试验〔于 (40±1)℃ 水浴中 1h，或 55℃ 水浴中 0.5h，取出放冷至室温，检除爆裂、漏气和塑料护套与玻瓶粘贴不牢的废品。

2. 装量与异物检查　在灯光下照明检查装量是否合格，剔除不足者，同时剔除色泽异常或有异物、黑点者。

3. 泄漏率检查　泄露率检查，取供试品 12 瓶，依法操作，计算每瓶年泄露率。平均年泄漏率应小于 3.5%，并不得有 1 瓶大于 5%。

4. 喷射速率和喷出总量检查

①喷射速率　取供试品 4 瓶，依法操作，重复操作 3 次，计算每瓶的平均喷射速率（g/s），均应符合各品种项下的规定。

②喷出总量　取供试品 4 瓶，依法操作，每瓶喷出量均不得少于标示装量的 85%。

5. 每瓶总揿次及每揿喷量检查或每揿主药含量测定

①每瓶总揿次　取供试品 4 瓶，分别依法操作，每瓶总揿次均不得少于其标示总揿次。

②每揿主药含量测定　取供试品 1 瓶，依法操作，平均含量应为每揿喷出主药含量标示量的 80%~120%。

另检查每揿主药含量的品种，不再进行每揿喷量检查。

6. 喷雾的药物粒度和雾滴大小测定　取样一瓶，依法操作，检查 25 个视野，多数药物粒子应在 5μm 左右，大于 10μm 的粒子不得超过 10 粒。

7. 有效部位药物沉积量检查　对于吸入气雾剂，除另有规定外，照有效部位检查法，药物沉积量应不少于每揿主药含量标示量的 15%。

8. 无菌检查　用于烧伤、创伤、溃疡用气雾剂的无菌检查，应符合规定。

9. 微生物限度　照《中国药典》中"微生物限度检查法"（附录 XIII C）检查，应符合规定。

气雾剂的肺部吸收

一、肺部吸收的特点

吸入气雾剂中的药物主要是通过肺部吸收，吸收速度快，不亚于静脉注射，主要原因是肺部有巨大的吸收面积。肺部系统由气管、支气管、细支气管、肺泡管、肺泡囊组成。肺泡囊数目可达 3 亿~4 亿个，总表面积约为 $70 \sim 100 \mathrm{m}^2$，为体表面积的 25 倍，其内壁由单层上皮细胞构成，紧靠毛细血管，其壁厚仅 $0.5 \sim 1 \mu m$，气体与血液于该部位进行快速扩散交换，药物到达肺泡囊即可迅速吸收显效。

二、影响药物在肺部呼吸系统分布的因素

1. 呼吸的气流与药物沉积　药物进入呼吸系统的分布与呼吸量及呼吸频率有关，粒子的沉积率与呼吸量成正比而与呼吸频率成反比。吸入呼吸道的微粒沉积受重力沉降、惯性嵌入和布朗运动三种作用的影响。当药物随空气进入支气管以下部位时，气流速度减慢，药物则易沉积。

2. 粒子（雾滴）大小　气雾剂喷射出的粒子（雾滴）大小是影响药物能否全部到达肺泡囊部位的主要因素。较粗的微粒大部分落在上呼吸道黏膜上，吸收慢；雾滴过细（< $0.5 \mu m$）进入肺泡后仍可随呼气排出。对肺起局部作用的微粒，以 $3 \sim 10 \mu m$ 大小为宜；而要迅速吸收发挥全身作用的，以 $0.5 \sim 1 \mu m$ 为最佳。

3. 药物的性质　吸入的药物最好能溶解于呼吸道的分泌液中，否则成为异物，对呼吸道产生刺激。药物从肺部吸收是被动扩散，有以下因素：①小分子化合物易通过肺泡囊表面的细胞壁小孔，大分子量药物（糖、酶等）难以被肺泡囊吸收；②脂溶性药物经脂质双分子膜扩散吸收，小部分由膜孔吸收，故油/水分配系数大的药物吸收速度快；③药物如吸湿性大，微粒通过湿度很高的呼吸道时会聚集增大，妨碍药物吸收。

喷雾剂简介

喷雾剂（sprays）指将含药溶液、乳状液或混悬液填充于特制的装置中，使用时借助手动泵的压力、高压气体等方法将内容物以雾状物释出，用于肺部吸入或直接喷至腔道黏膜、皮肤及空间消毒的制剂，也叫气压剂。

喷雾剂常用未液化的压缩气体 CO_2、N_2O、N_2、空气等作为抛射药液的动力，当阀门打开时，压缩气体膨胀将药液压出，药液本身不气化，挤出的药液呈细滴或较大液滴。若内容物为半固体药剂则被条状挤出。喷雾剂采用惰性气体为动力，这类气体无污染，不燃烧、理化性质稳定、毒性低微，减少了副作用与刺激性。但使用后容器内的压力随之下降，不能保持恒定的压力。

喷雾剂的配制，生产及贮藏与气雾剂一样都应符合相关规定。制备时应施加较高压力，一般内压应达到 $61.8 \sim 686.5 \mathrm{kPa}$ 表压，以保证内容物能全部用完。容器的牢固性也要求较高，必须能抵抗 $1029.75 \mathrm{kPa}$ 的内压。喷雾剂因无需加压包装，制备方便，成本低。

知识拓展

粉雾剂的简介

粉雾剂按用途可分为吸入粉雾剂、非吸入粉雾剂和外用粉雾剂。

吸入粉雾剂（aerosol of micropowders for inspiration）系指微粉化药物或与载体以胶囊、泡囊或多剂量储库形式，采用特制的干粉吸入装置，由患者主动吸入雾化药物至肺部的制剂。非吸入粉雾剂指药物或与载体以胶囊或以泡囊形式，采用特制的干粉给药装置，将雾化药物喷至腔道黏膜的制剂。外用粉雾剂指药物或与适宜的附加剂灌装于特制的干粉给药器具中，使用时借助外力将药物喷至皮肤或黏膜的制剂。

吸入粉雾剂主要用于治疗哮喘和慢性气管炎；非吸入粉雾剂常见用于咽炎和喉炎的治疗等。吸入粉雾剂在配制、生产与贮藏期间均应符合有关要求。粉雾剂应特别注意防止吸潮，置于凉阴处保存，以保持粉末细度和良好流动性。

吸入粉雾剂的主要特点为：①其动力系统为患者的吸气气流，无需抛射剂，可避免抛射剂所造成的人体副作用和环境污染；②不受定量阀门的限制，最大剂量一般高于气雾剂；③不像气雾剂那样，在使用中吸气与手揿阀门的动作应同步，否则不易将药物吸入。

实训 一 栓剂的制备

【实训目的】

（1）掌握热熔法制备栓剂的特点及适用情况。

（2）了解常用栓剂基质，置换价及在栓剂制备中的应用。。

【实训场所】

实验室

【实训内容】

1. 甘油栓（Glycorin Suppositories）（水溶性基质）的制备

【处方】

甘油	12g
干燥碳酸钠	0.3g
硬脂酸	1.2g
蒸馏水	1.6ml

【制法】

取干燥碳酸钠加蒸馏水置蒸发皿中，搅拌溶解后加甘油混合，在水溶上加热，缓缓加入硬脂酸细粉，随加随搅拌；至泡沸停止、溶液澄明时，迅速倒入涂有润滑剂（液体石蜡）的栓模内，共3枚，冷却后，用刀削去溢出部分，启模，取出栓剂，用蜡纸包装即得。

2. 鞣酸栓（油脂性基质）

【处方】

鞣酸	0.8g

可可豆脂　　　　　　　　适量

【制法】

（1）测空白栓重量（栓模大小）　取可可豆脂约4g置蒸发皿内，移至水浴上加热，至可可豆脂约2/3熔融时，立即取下蒸发皿，搅拌使全部熔融，注入涂过润滑剂（肥皂醑）的栓模中，共制3枚，凝固后整理启模，取出栓剂，称重，其平均值即为该空白栓重量（栓模大小）。

（2）根据药物的置换价，计算可可豆脂的用量　已知鞣酸的置换价为1.6，测得空白栓重量（栓模大小）为 x，欲制备3枚，实际投料按4枚用量计算。

$$可可豆脂用量（y）：y = 4x - \frac{0.2 \times 4}{1.6}$$

（3）按（1）所述方法，将计算量的可可豆脂置蒸发皿内，于水浴上加热至近熔化时取下，加入鞣酸细粉，搅拌均匀，近凝时注入已涂过润滑剂的栓模中，用冰迅速冷却凝固、整理、启模、取出即得。

【实训结果】

栓剂的质量检查

1. 外观检查　药物与基质应混和均匀，栓剂外形应完整光滑

2. 重量差异　取栓剂10粒，精密称定总重量，求得平均粒重后，再分别精密称定各粒的重量。每粒重量与平均重相比较，超出重量差异限度的药粒不得多于一粒，并不得超出限度一倍。

3. 融变时限　取栓剂3粒，室温放置1h后进行检查。油脂性基质的栓剂应在30min内全部融化或软化或触压时无硬心；水溶性基质的栓剂应在60min内全部溶解，如有1粒不合格应另取3粒复试，应符合规定。

实训 二 壬苯基聚乙二醇醚膜剂的制备

【实训目的】

（1）掌握小剂量膜剂的一般制备方法。

（2）了解聚乙烯醇等成膜材料的性能和特点。

【实训场所】

实验室

【实训内容】

【处方】

壬苯基聚乙二醇醚	5g
聚乙烯醇（0486）	12.5g
甘油	1g
蒸馏水	约20g

【制法】

称取壬苯基聚乙二醇醚、甘油和水，置50ml烧杯中，微热、搅拌至溶解，冷却后

加入聚乙烯醇，放置过夜。待聚乙烯醇完全湿润膨胀后，置水浴（70℃以下）加热至全部溶解，趁热用 100 目尼龙筛网过滤，保温静置（50℃以下）（可加入少许正丁醇）或超声波脱气，使空气逸尽。将膜料倒在经预热过的玻璃板下沿，用推杆（调至需要厚度）向前推动膜料，移至烘箱经 70～80℃ 鼓风干燥 5～10 分钟后立即脱模，冷却，切成 $5 \times 5 cm^2$ 薄膜，包装即得。

【注释】

膜剂制备中一些常见的问题与解决办法见表 11 –3。

表 11 –3　膜剂制备中常见的问题与解决办法

常见问题	产生原因	解决办法
药膜不易剥离或浆液不易铺展	①干燥温度太高；②模板不平；③模板不适宜	①降低干燥温度；②涂抹适量润滑剂；③改换模板或增加垫层
妖魔表面有不均匀的气泡	①开始干燥时温度太高；②干燥速度过快	①开始干燥温度应在溶剂沸点以下；②缓慢升温并通风
药膜"走油"	①油类含量太高；②成膜材料不合适	①降低含油量；②用吸收剂将油性成分吸收后再制模；③更换成膜材料
药粉从药膜中"脱落"	固体成分含量太多	①减少粉末含量；②增加增塑剂用量
药膜太脆或太软	①增塑剂太少或太多；②药物与成膜材料发生化学反应	①增加或减少增塑剂用量；②更换成膜材料
药膜中有粗大颗粒	①未经过滤；②已溶药物从浆液中析出结晶	①过滤浆液后再涂膜；②采用研磨法等促进药物溶解
药膜中药物含量不均匀	①浆液久置，药物沉淀；②不溶性药物粒子太大	①浆液搅拌均匀，排除气泡后立即制模；②药物应研成极细粉

【实训结果】

膜剂的质量检查

（1）外观检查　膜剂外观应完整光洁，厚度一致，色泽均匀，无明显气泡。

（2）重量差异检查。

目标检测

一、单选题

1. 下列关于全身作用栓剂的特点叙述错误的是（　　）

　　A. 可避免口服药物的首过效应，降低毒性

　　B. 不受胃肠 pH 及酶的影响，减少胃肠道刺激

　　C. 栓剂的劳动生产率较高，成本比较低

　　D. 对不想或不能吞服药物的病人给药方便

2. 栓剂置换价的正确表述是（　　）

　　A. 药物的重量与基质的重量之比值

B. 药物的体积与基质的体积之比值

C. 药物的重量与同重量基质的体积之比值

D. 药物的重量与同体积基质重量之比值

3. 栓剂制备中，模型栓孔内涂软肥皂润滑剂适用于哪种基质（　　）

A. 半合成棕榈酸酯　　　　　　　B. 聚乙二醇类

C. Poloxamer　　　　　　　　　　D. S-40

4. 栓剂的质量要求检查不包括下列（　　）

A. 外观检查　　　　　　　　　　B. 耐热试验

C. 重量差异　　　　　　　　　　D. 融变时限

5. 膜剂的特点中不包括（　　）

A. 可制成不同释药速率的制剂

B. 含量准确，吸收快，疗效迅速

C. 便于携带、运输和贮存

D. 适用于任何剂量的制剂

6. 目前膜剂的制备最常用的制备方法是（　　）

A. 滩涂法　　　　　　　　　　　B. 热熔法

C. 涂膜法　　　　　　　　　　　D. 冷压法

7. 二氧化钛在膜剂处方中所起的作用为（　　）

A. 增塑剂　　　　　　　　　　　B. 着色剂

C. 遮光剂　　　　　　　　　　　D. 填充剂

8. 对气雾剂的叙述错误的是（　　）

A. 混悬型气雾剂含水量极低，主要为防止颗粒聚集

B. 吸入气雾剂必须为两相气雾剂

C. O/W 型乳剂气雾剂使用时以泡沫喷出

D. 气雾剂可用于局部或全身治疗作用

9. 以下关于抛射剂的叙述中，正确的为（　　）

A. 抛射剂的沸点对成品特征无显著影响

B. 抛射剂的蒸气压对成品特征无显著影响

C. F_{12}、F_{11} 各单用与一定比例混合使用性能无差异

D. 喷出的雾滴的大小与抛射剂的用量有很大关系

10. 下列哪种物质不是气雾剂的组成物质（　　）

A. 三氯甲烷　　　　　　　　　　B. 丙二醇

C. 月桂醇　　　　　　　　　　　D. 丙烷

11. 下列关于抛射剂的填充方法描述，不正确的是（　　）

A. 压灌法无需低温操作，抛射剂损耗较少

B. 压灌法需控制操作压力，常抽去容器内空气再灌装

C. 冷灌法可用于含水制品

D. 冷灌法速度快，但需致冷设备和低温操作

二、多选题

1. 影响栓剂中药物吸收的因素有（　　）
   A. 塞入直肠的深度
   B. 直肠液的酸碱性
   C. 药物的溶解度和粒径
   D. 药物的脂溶性

2. 栓剂基质的要求有（　　）
   A. 有适宜的硬度
   B. 熔点和凝固点应相差很大
   C. 具润湿和乳化能力
   D. 水值较高，能混入较多的水

3. 下列关于可可豆脂的表述正确的是（　　）
   A. 可可豆脂具有同质多晶性质
   B. 制备时应将其全部熔融
   C. 其中 β 晶型最稳定
   D. 为公认的优良栓剂基质

4. 栓剂的制备方法包括（　　）
   A. 冷压法
   B. 搓捏法
   C. 研磨法
   D. 热熔法

5. 膜剂理想的成膜材料应（　　）
   A. 无刺激性、无致畸、无致癌等
   B. 不影响主药的释放
   C. 成膜性、脱模性较好
   D. 在体温下易软化、熔融或溶解

6. 下列物质属于人工合成高分子成膜材料的是（　　）
   A. EVA
   B. 琼脂
   C. PVA
   D. 阿拉伯胶

7. 膜剂的质量要求与检查中包括（　　）
   A. 重量差异
   B. 含量均匀度
   C. 微生物限度检查
   D. 外观

8. 关于气雾剂叙述正确的是（　　）
   A. 气雾剂可直接到达作用部位或吸收部位
   B. 由于是喷出制剂，气雾剂用药剂量难以控制
   C. 气雾剂由药物与附加剂、抛射剂、耐压容器和阀门系统组成
   D. 按处方组成分类，可分为二相气雾剂和三相气雾剂

9. 理想的抛射剂具备以下条件（　　）
   A. 在常温下的蒸汽压应大于大气压
   B. 无毒、无致敏反应和刺激性
   C. 无色、无臭、无味、廉价易得
   D. 性质稳定，不易燃易爆，不与药物、容器发生相互作用

10. 关于影响气雾剂吸收因素的叙述正确的为（　　）
    A. 气雾剂雾滴的大小影响其在呼吸道不同部位的沉积
    B. 吸收速率与药物脂溶性成正比
    C. 越细的雾滴越有利于药物到达肺泡囊部位
    D. 吸收速率与药物分子大小成正比

11. 气雾剂的质量要求及质量检查包括（　　）

    A. 喷射速率和喷出总量

    B. 每瓶总揿数和每揿主要含量

    C. 溶液型气雾剂药液应澄清

    D. 乳剂型气雾剂雾滴大小应在 $10 \sim 20 \mu m$ 范围内

三、问答题（综合题）

1. 栓剂的制备方法有哪些？如何测定可可豆脂的置换价？

2. 膜剂的常用成膜材料有哪些？制备工艺有哪几种？

3. 气雾剂主要包括哪些组成部分？常用的抛射剂有哪些？

模块五

药物新剂型与新技术

项目十二 | 药物制剂新剂型

随着制剂技术的发展，药物新剂型具有传统剂型无法比拟的优点而得到药剂界的广泛认同。通过本项目的学习，让学生知道现有新剂型的种类及特点；知道包括缓释制剂、控释制剂、经皮吸收制剂和靶向制剂等新剂型的基本概念、特点、分类。为学生今后的进一步深造奠定一定的基础。

任务一 缓释制剂与控释制剂

一、概述

（一）缓释、控释制剂与普通制剂的比较

普通制剂常需一日口服或注射给药几次，不仅使用不便，而且血药浓度起伏很大，出现"峰谷"现象，如图 12-1 所示。

血药浓度高峰时，可能产生副作用，甚至中毒；低时（谷）可在治疗浓度以下，以致不能显现疗效。缓释、控释制剂则可较缓慢、持久地传递药物，减少用药频率，避免或减少血药浓度峰谷现象，提高患者的顺应性并提高药物药效和安全性。

缓释制剂系指在规定释放介质中，按要求缓慢地非恒速释放药物，其与相应的普

通制剂比较，给药频率比普通制剂减少一半或给药频率比普通制剂有所减少，且能显著增加患者的顺应性的制剂。如萘普生缓释片、硝苯地平缓释片及盐酸地尔硫卓缓释片等。

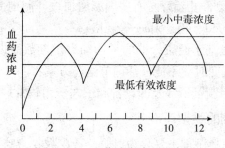

图 12－1　血药浓度峰谷示意图

　　控释制剂系指在规定释放介质中，按要求缓慢地恒速释放药物，其与相应的普通制剂比较，给药频率比普通制剂减少一半或给药频率比普通制剂有所减少，血药浓度比缓释制剂更加平稳，且能显著增加患者的顺应性的制剂。如维拉帕米、氯化钾渗透泵片（图 12－2）。

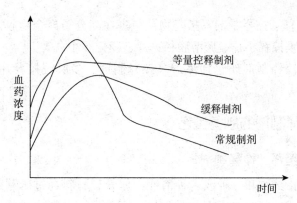

图 12－2　缓释、控释制剂与普通制剂血药浓度随时间变化曲线

（二）缓释、控释制剂的特点

　　缓释、控释制剂近年来有很大的发展，主要是由于其具有以下特点：

　　（1）对半衰期短的或需要频繁给药的药物，可以减少服药次数，如普通制剂每天3次，制成缓释或控释制剂可改为每天一次。这样可以大大提高病人服药的顺应性，使用方便。特别适用于需要长期服药的慢性疾病患者，如心血管疾病、心绞痛、高血压、哮喘等。

　　（2）使血药浓度平稳，避免峰谷现象，有利于降低药物的毒副作用。特别对于治疗指数较窄的药物。

　　（3）可减少用药的总剂量，因此可用最小剂量达到最大药效。

　　虽然缓释、控释制剂有其优越性，但并不是所有药物都适合，如剂量很大（＞1g）、半衰期很短（＜1 小时）、半衰期很长（＞24 小时）、不能在小肠下端有效吸收的药物，一般情况下，不适于制成口服缓释制剂。对于口服缓释制剂，一般要求在整个消化道都有药物的吸收，因此具有特定吸收部位的药物，如维生素 B_2，制成口服缓释制剂的效果不佳。对于溶解度极差的药物制成缓释制剂也不一定有利。

缓释、控释制剂的缺点：

（1）在临床应用中对剂量调节的灵活性降低，如果遇到某种特殊情况（如出现较大副反应），往往不能立刻停止治疗。有些国家增加缓释制剂品种的规格，可缓解这种缺点，如硝苯地平有 20、30、40、60mg 等规格；

（2）缓释制剂往往是基于健康人群的平均动力学参数而设计，当药物在疾病状态的体内动力学特性有所改变时，不能灵活调节给药方案；

（3）制备缓释、控释制剂所涉及的设备和工艺费用较常规制剂昂贵。

（三）缓、控释制剂的类型

按给药途径缓释、控释制剂主要分为口服、透皮吸收、腔道黏膜、植入等类型。

根据设计原理的不同，缓、控释制剂主要有骨架型和膜控型缓释、控释制剂两种。

（1）骨架型缓、控释制剂是指药物与一种或多种惰性固体骨架材料通过压制或融合技术制成的制剂。包括亲水凝胶骨架片、溶蚀性骨架片、不溶性骨架片和骨架型小丸等。

（2）膜控型缓释、控释制剂系指药物被包裹在高分子聚合物膜内形成的制剂。包括微孔膜包衣片、膜控释小片、肠溶膜控释片、膜控释小丸等。

另外，缓释、控释制剂还包括渗透泵控释制剂、多层缓控释片、注射控释制剂、植入型缓控释制剂等。

二、缓、控释制剂的制备工艺

（一）骨架型缓释、控释制剂

骨架型制剂是指药物和一种或多种惰性固体骨架材料通过压制或融合技术制成片状、小粒或其他形式的制剂。大多数骨架材料不溶于水，其中有的可以缓慢地吸水膨胀。骨架型制剂主要用于控制制剂的释药速率，一般起控释、缓释作用。多数的骨架型制剂可用常规的生产设备、工艺制备，也有用特殊的设备和工艺。例如微囊法、熔融法等。骨架型制剂常为口服剂型。

按骨架材料性质分类：有生物溶蚀性骨架制剂、亲水凝胶骨架制剂、不溶性骨架制剂和离子交换树脂骨架制剂。

按用药途径分类：有口服骨架型制剂、腔道用骨架型制剂（栓剂）、植入骨架型制剂、口腔用骨架型制剂、眼用骨架型制剂及透皮用骨架型制剂等。

按制剂类型分类：有骨架片、胃内滞留片、生物黏附片、骨架小丸剂、微囊压制片等。

1. 骨架片　采用不同性质的骨架材料制成不溶性骨架片、亲水凝胶骨架片和生物溶蚀性骨架片等。骨架型制剂常为口服剂型。

（1）亲水性凝胶骨架片凝胶骨架片材料可分为 4 类：①天然凝胶，如海藻酸钠、西黄蓍胶、明胶等；②纤维素衍生物，如羟丙甲纤维素（HPMC）、羟丙基纤维素（HPC）、羟乙基纤维素（HEC）、羧甲基纤维素钠（CMC－Na）等；③乙烯聚合物和丙烯酸树脂，如聚乙烯醇和卡波沫（Carbomer）等。④非纤维素多糖，如壳多糖、半乳糖、甘露聚糖和脱乙酰壳多糖。主要用 HPMC 为骨架材料，在处方中药物含量低时，可以通过调节 HPMC 在处方中的比例及 HPMC 的规格来调节释放速度，HPMC 规格应在 4000cPa·s 以上，常用的 HPMC 为 K4M（4000cPa·s）和 K15M（15000cPa·s）。处方中药物含量高时，药物释放速度主要由凝胶层溶蚀所决定。低分子量的甲基纤维素使药物释放加快，因其不能形成稳定的凝胶层。阴离子型的羧甲基纤维素能够与阳离子型药物相互作用而影响药物的释放。

例 12-1 阿米替林缓释片（50mg/片）

【制法】

将阿米替林 50mg 与 HPMC（K4M）160mg 和乳糖 180mg 混匀，加入含 10mg 柠檬酸的乙醇，制成软材，制粒，干燥，整粒，加 2mg 硬脂酸镁混匀，压片即可。

（2）生物溶蚀性骨架片　将药物与蜡质、脂肪酸及其酯等物质混合制备的缓释片。如巴西棕榈蜡、硬脂醇、硬脂酸、氢化蓖麻油、聚乙二醇单硬脂酸酯、甘油三酯等物质混合制备的缓释片。这类骨架片是通过孔道扩散与溶蚀控制药物释放，部分药物被不穿透水的蜡质包裹，可加入表面活性剂以促进其释放。通常将巴西棕榈蜡与硬脂醇或硬脂酸结合使用。熔点过低或太软的材料不易制成物理性能优良的片剂。药物从骨架中的释放是由于这些材料的逐渐溶蚀。胃肠道的 pH、消化酶能明显影响脂肪酸酯的水解。

例 12-2 硝酸甘油缓释片

【制法】

①将 3.1g PVP 溶于 0.26g（10% 乙醇溶液 2.95ml）硝酸甘油乙醇溶液中，加 0.54g 微粉硅胶混匀，加 6.0g 硬脂酸与 6.6g 十六醇，水浴加热到 60℃，使熔。将 5.88g 微晶纤维素、4.98g 乳糖、2.49g 滑石粉的均匀混合物加入上述熔化的系统中，搅拌 1h；②将上述黏稠的混合物摊于盘中，室温放置 20min，待成团块时，用 16 目筛制粒。30℃干燥，整粒，加入 0.15g 硬脂酸镁，压片。本品开始 1h 释放 23%，12h 释放 76%。，以后释放接近零级。

（3）不溶性骨架片　是指用不溶于水或水溶性极小的高分子聚合物如聚乙烯、聚氯乙烯、甲基丙烯酸-丙烯酸甲酯共聚物、乙基纤维素等与药物混合制成的骨架型片剂。胃肠液渗入骨架孔隙后，药物溶解并通过骨架中错综复杂的极细孔径的通道，缓缓向外扩散而释放，在药物的整个释放过程中，骨架几乎没有改变，随大便排出。适于制备不溶性骨架片的有氯化钾、氯苯那敏、茶碱和曲马唑嗪等水溶性药物。此类片剂有时释放不完全，大量药物包含在骨架中，大剂量的药物也不宜制成此类骨架片。

此类骨架片的制备方法有：①药物与不溶性聚合物混合均匀后，可直接粉末压片。②湿法制粒压片：将药物粉末与不溶性聚合物混匀，加入有机溶剂作润湿剂，制成软材，制粒压片。③将药物溶于含聚合物的有机溶剂中，待溶剂蒸发后成为药物在聚合物的固体溶液或药物颗粒外层留一层聚合物层，再制粒，压片。

例 12-3 呋喃妥因赖氨酸片

【制法】

呋喃妥因赖氨酸盐 90mg，乳糖 180mg，聚甲基丙烯酸甲酯 25mg，微晶纤维素 84mg，PVP20mg 和硬脂酸镁 1mg，压片。由于聚甲基丙烯酸甲酯骨架材料的缓释作用，能显著增加药物生物利用度，并可减轻胃肠道反应。

2. 缓释、控释颗粒（微囊）压制片　缓释、控释颗粒压制片在胃中崩解后，作用类似于胶囊剂，具有缓释胶囊的特点，并兼有片剂的优点。

以下介绍缓释、控释颗粒压制片的三种制备：

（1）制备具有不同释药速度的颗粒　将3种不同释药速度的颗粒混合后压片，如一种是以明胶为黏合剂制备的颗粒，另一种是乙酸乙烯为黏合剂制备的颗粒，第三种是用虫胶为黏合剂制备的颗粒，药物释放受颗粒在肠中的溶蚀作用所控制，明胶制的颗粒崩解释药速度最快，虫胶颗粒最慢。

（2）微囊压制片　如阿司匹林结晶，采用阻滞剂乙基纤维素为载体进行微囊化，制备微囊，再压制成片剂。本方法适于药物含量高的处方。

（3）将药物制备成小丸然后再压制成片剂，最后包薄膜衣　如先将药物与淀粉、糊精或微晶纤维素混合，用乙基纤维素水分散体包制成小丸，有时还可用熔融的十六醇与十八醇的混合物处理，再压片。再用 HPMC（5cPa·s）与 PEG400 的混合物水溶液包制薄膜衣，也可在包衣料中加入二氧化钛，使片子更加美观。

3. 胃内滞留片　胃内滞留片系指一类由药物和一种或多种亲水胶体及其他辅料制成，能滞留于胃液中，延长药物在消化道内的释放时间，改善药物吸收，有利于提高药物生物利用度的片剂，又称胃内漂浮片。此类片剂，实际上是一种不崩解的亲水性凝胶骨架片。为提高滞留能力，加入疏水性而相对密度小的酯类、脂肪醇类、脂肪酸类或蜡类，如单硬脂酸甘油酯、鲸蜡酯、硬脂醇、硬脂酸、蜂蜡等。加入乳糖、甘露糖等可加快释药速率，加入聚丙烯酸酯Ⅱ、Ⅲ等可减缓释药，有时还加入十二烷基硫酸钠等表面活性剂增加制剂的亲水性。

片剂大小、漂浮材料、工艺过程及压缩力等对片剂的漂浮作用有影响，在研制时要针对实际情况进行调整。

例 12 - 4　呋喃唑酮胃漂浮片

【制法】

将 100g 呋喃唑酮、70g 十六烷醇、40g 丙烯酸树脂、适量十二烷基硫酸钠等辅料充分混合，用 2% HPMC 水溶液制软材，制粒，40℃干燥，整粒，加入硬脂酸镁混匀后压片。每片含主药 100mg。

实验证明，本品以零级速度及 Higuchi 方程规律体外释药。在人胃内滞留时间为 4~6h，明显长于普通片（1~2h）。初步试验表明，其对幽门弯曲菌清除率为 70%，胃窦黏膜病理炎症的好转率 75.0%。

4. 生物黏附片　生物黏附片系指采用生物黏附性的聚合物作为辅料制备并通过口腔、鼻腔、眼眶、阴道及胃肠道的特定区段的上皮细胞黏膜输送药物，以达到治疗目的的片状制剂。通常生物黏附性聚合物与药物混合组成片芯，然后由此聚合物围成外周，再加覆盖层而成。

由于该剂型加强了药物与黏膜接触的紧密性及持续性，因而有利于药物的吸收，而且容易控制药物吸收的速率及吸收量。生物黏附片既可安全有效地用于局部治疗，也可用于全身。口腔、鼻腔等局部给药可使药物直接进入大循环而避免首过效应。

生物黏附性高分子聚合物有卡波普、羟丙基纤维素、羧甲基纤维素钠等。

例 12 - 5　普萘洛尔生物黏附片

【制法】

将 HPC（分子量 3×10^5；粒度 190～460μm）与卡波普 940（粒度 2～6μm）以 1：2 磨碎混合。取不同量的普萘洛尔加入以上混合聚合物制成含主药 10、15、20mg 的 3 种黏附片。在 pH 3.5 及 pH 6.8 两种缓冲液中均能起到缓释长效作用。

5. 骨架型小丸　采用骨架型材料与药物混合，或再加入一些其他成形辅料如乳糖等，调节释药速率的辅料有 PEG 类、表面活性剂等，经用适当方法制成光滑圆整、硬度适当、大小均一的小丸，即为骨架型小丸。骨架型小丸与骨架片所采用的材料相同，同样有 3 种不同类型的骨架型小丸，此处不再重复。

亲水凝胶形成的骨架型小丸，常可通过包衣获得更好的缓、控释效果。骨架型小丸制备比包衣小丸简单，根据处方性质，可采用旋转滚动制丸法（泛丸法）、挤压 - 滚圆制丸法和离心 - 流化制丸法制备。此外还有喷雾冻凝法、喷雾干燥法和液中制丸法。可根据处方性质、制丸的数量和条件选择合适的方法制丸。

与包衣小丸相比，骨架型小丸的制备工艺简单。

例 12 - 6　茶碱骨架小丸

【制法】

其主药与辅料之比为 1：1，骨架材料主要由单硬脂酸甘油酯和微晶纤维素组成。先将单硬脂酸甘油酯分散在热蒸馏水中，加热至约 80℃，在恒定的搅拌速率下，加入茶碱，直至形成浆料。将热浆料在行星式混合器内与微晶纤维素混合 10min，然后将湿粉料用柱塞挤压机以 30.0cm/min 的速率挤压成直径 1mm、长 4mm 的挤出物，以 1000r/min 转速在滚圆机内滚动 10min 即得圆形小丸，湿丸置流化床内于 40℃ 干燥 30min，最后过筛，取直径为 1.18～1.70mm 者，即得。

（二）膜控型缓释、控释制剂

膜控型缓、控释制剂主要适用于水溶性药物，用适宜的包衣液，采用一定的工艺制成均一的包衣膜，达到缓释、控释目的。包衣液由包衣材料、增塑剂和溶剂（或分散介质）组成，根据膜的性质和需要可加入致孔剂、着色剂、抗黏剂和遮光剂等。目前市场上有两种类型缓释包衣水分散体，一类是乙基纤维素水分散体，另一类是聚丙烯酸树脂水分散体。

1. 微孔膜包衣片　微孔膜控释剂型通常是用胃肠道中不溶解的聚合物，如醋酸纤维素、乙基纤维素、乙烯 - 乙酸乙烯共聚物、聚丙烯酸树脂等作为衣膜材料，包衣液中加入少量致孔剂，如 PEG 类、PVP、PVA、十二烷基硫酸钠、糖和盐等水溶性的物质，亦有加入一些水不溶性的粉末如滑石粉、二氧化硅等，甚至将药物加在包衣膜内既作致孔剂又是速释部分，用这样的包衣液包在普通片剂上即成微孔膜包衣片。水溶性药物的片芯要求具有一定硬度和较快的溶出速率，以使药物的释放速率完全由微孔包衣膜控制。包衣膜在胃肠道内不被破坏，最后排出体外。

例 12 - 7　磷酸丙吡胺缓释片

【制法】

先按常规制成每片含丙吡胺 100mg 的片芯（直径 11mm，硬度 4～6kg，20min 内药物溶出 80%）。然后以低黏度乙基纤维素、醋酸纤维素及聚甲基丙烯酸酯为包衣材料，PEG 类为致孔剂，蓖麻油、邻苯二甲酸二乙酯为增塑剂，以丙酮为溶剂配制包衣液进行包衣，控制形成的微孔膜厚度（膜增重）调节释药速率。

2. 膜控释小片 将药物与辅料按常规方法制粒，压制成小片，其直径约为 2 ~ 3mm，用缓释膜包衣后装入硬胶囊使用。每粒胶囊可装几片至 20 片不等，同一胶囊内的小片可包上具不同缓释作用的包衣或不同厚度的包衣。此类制剂无论在体外还是体内均可获得恒定的释药速率，是一种较理想的口服控释剂型。其生产工艺也比控释小丸简便，质量也易于控制。

例 12 - 8 茶碱微孔膜控释小片

【制法】

①制小片。将无水茶碱粉末用 5% CMC 浆制成颗粒，干燥后加入 0.5% 硬脂酸镁，压成直径 3mm 的小片，每片含茶碱 15mg，片重为 20mg；②流化床包衣。分别用乙基纤维素（采用 PEG1540、EudragitL 或聚山梨酯 20 为致孔剂，两者比例为 2:1，用异丙醇和丙酮混合溶剂）和 Eudragit RL 100 与 Eudragit RS100（不加致孔剂）为包衣材料进行包衣。最后将 20 片包衣小片装入同一硬胶囊内即得。

体外释药试验表明用聚丙烯酸树脂包衣的小片时滞短，释药速率恒定。狗体内试验表明，用 10 片不包衣小片和 10 片 Eudragit RL 包衣小片制成的胶囊既具有缓释作用，又有生物利用度高的特点。

3. 肠溶膜控释片 将药物压制成片芯，外包肠溶衣，再包上含药的糖衣层而得。含药糖衣层在胃液中释药，起速效作用。当肠溶衣片芯进入肠道后，衣膜溶解，片芯中的药物释出，因而延长了释药时间。

例 12 - 9 普萘洛尔控释片

【制法】

将 60% 的药物加入 HPMC 压制成骨架型片芯。外包肠溶衣，其余 40% 的药物掺在外层糖衣中，包在肠溶衣外面。

此片基本以零级速率在肠道缓慢释药，可维持药效 12h 以上。肠溶衣材料可用羟丙基纤维素酞酸酯，也可与不溶性膜材料如乙基纤维素混合包衣，制成在肠道中释药的微孔膜包衣片，在肠道中肠溶衣溶解，包衣膜上形成微孔，药物的释放则由乙基纤维素微孔膜控制。

4. 膜控释小丸 由丸芯与控释薄膜衣两部分组成。丸芯含药物和稀释剂、黏合剂等辅料，所用辅料与片剂的辅料大致相同，包衣膜有亲水薄膜衣、不溶性薄膜衣、微孔膜衣和肠溶衣等。

例 12 - 10 酮洛芬小丸

【制法】

丸芯由微晶纤维素与药物细粉，用 1.5% CMC - Na 溶液为黏合剂，用挤压滚圆法制成。包衣材料为等量的 EudragitRL 和 RS，溶剂用异丙醇:丙酮（60:40），加入相当于聚合物 10% 的增塑剂组成浓度为 11% 的包衣液，将上述干燥丸芯置于流化床内包衣，得平均膜厚度 50μm 的控释小丸。

（三）渗透泵型控释制剂

渗透泵片由药物、半透膜材料、渗透压活性物质和推动剂等组成。常用的半透膜材料有醋酸纤维素、乙基纤维素等。渗透压活性物质（即渗透压促进剂）起调节室内渗透压的作用，其用量多少往往关系到零级释放时间的长短。常用氯化钠，或乳糖、果糖、葡萄糖、甘露醇的不同混合物。推动剂亦称促渗透聚合物或助渗剂，能吸水膨胀，产生推动力，将药物层的药物推出释药小孔，常用分子量为 3 万 ~ 500 万的聚羟甲基丙烯酸烷基酯、分子量为 1 万 ~ 36 万的 PVP、分子量为 110 万 ~ 500 万的聚环氧乙烷等。药室中除上述组成外，还可加入助悬剂、黏合剂、润滑剂、润湿剂等。

例 12 – 11 维拉帕米渗透泵片

【制法】

①片芯制备：将片芯处方中盐酸维拉帕米（40 目）2850g、甘露醇（40 目）2850g、聚环氧乙烷（40 目、分子量 500 万）60g 三种组分置于混合器中，混合 5min；将 120gPVP 溶于 1930ml 乙醇溶液中，缓缓加至上述混合组分中，搅拌 20min，过 10 目筛制粒，于 50℃干燥 18h，经 10 目筛整粒后，加入过 40 目筛的硬脂酸 115g 混匀，压片。制成每片含主药 120mg、硬度为 9.7kg 的片芯；②包衣：将醋酸纤维素（乙酰基值 39.8%）7.25g、醋酸纤维素（乙酰基值 32%）15.75g、羟丙基纤维素 22.5g、聚乙二醇 33504.5g、二氯甲烷 1755ml、甲醇 735ml 混合制成包衣材料，用空气悬浮包衣技术包衣，进液速率为 20ml/min，包至每个片芯上的衣层增重为 15.6mg。将包衣片置于相对湿度 50%、50℃的环境中 45 ~ 50h，再在 50℃干燥箱中干燥 20 ~ 25h；③打孔：在包衣片上下两面对称处各打一释药小孔，孔径为 254μm。

此渗透泵片在人工胃液和人工肠液中的释药速率为 7.1 ~ 7.7mg/h，可持续释药 17.8 ~ 20.2h。

（四）植入剂

系将不溶性药物熔融后倒入模型中成形，或将药物密封于硅橡胶等高分子材料制成的小管中制成的固体灭菌制剂。通过外科手术埋植于皮下，药效可长达数月甚至数年，如孕激素的避孕植入剂。主要为用皮下植入方式给药的植入剂，药物很容易到达体循环，因而其生物利用度高；另外，给药剂量比较小、释药速率慢而均匀，成为吸收的限速过程，故血药浓度比较平稳且持续时间可长达数月甚至数年；皮下组织较疏松，富含脂肪，神经分布较少，对外来异物的反应性较低，植入药物后的刺激、疼痛较小；而且一旦取出植入物，机体可以恢复，这种给药的可逆性对计划生育非常有用。其不足之处是植入时需在局部（多为前臂内侧）作一小的切口，用特殊的注射器将植入剂推入，如果用非生物降解型材料，在不用时还需手术取出。

植入剂按其释药机制可分为膜控型、骨架型、渗透压驱动释放型。主要用于避孕、治疗关节炎和作为麻醉药拮抗剂等。

例 12 – 12 左炔诺酮植入剂

【制法】

系将左炔诺酮微晶密封装入医用硅橡胶管内，药物与硅橡胶的比例为50：50，外面包上硅橡胶薄膜。经环氧乙烷灭菌制得。每组 6 根，每根长 4.4cm，外径 2.4mm，两根为一组，总药量 216mg。通常植入妇女的左上臂或前臂内侧，6 根呈扇形排列，有效期为 5 年。

知识拓展

缓（控）释制剂的体内外评价方法

1. 体外释放度试验　《中国药典》(2010 年版) 二部附录规定可用溶出度测定第一法（转篮法）与第二法（桨法）的装置，第一法 100r/min，第二法 50r/min，25r/min（混悬剂）。此外还有转瓶法、流室法等用于缓释或控释制剂的试验。

2. 体内生物利用度和生物等效性研究　生物利用度（bioavailability）是指剂型中的药物吸收进入人体血液循环的速度和程度。生物等效性是指一种药物的不同制剂在相同实验条件下，给以相同的剂量，其吸收速度和程度没有明显差异。《中国药典》规定缓释、控释制剂的生物利用度与生物等效性试验应在单次给药与多次给药两种条件下进行。

对生物样品分析方法的要求、对受试者的要求和选择标准、参比制剂、试验设计、数据处理和生物利用度及生物等效性评价，《中国药典》(2010 年版) 都有明确规定，此处不再累述。

3. 体内外相关性　缓释、控释制剂要求进行体内外相关性试验，它应反映整个体外释放曲线与整个血药浓度 – 时间曲线之间的关系。只有当体内外具有相关性，才能通过体外释放曲线预测体内情况。

《中国药典》(2010 年版) 的指导原则中缓释、控释制剂体内外相关性系指体内吸收相的吸收曲线与体外释放曲线之间对应的各个时间点回归，得到直线回归的相关系数符合要求，即可认为具有相关性。

任务二　经皮给药系统的介绍

一、概述

（一）经皮给药制剂的含义

经皮给药制剂（经皮吸收制剂）又称经皮给药系统（简称 TDDS，TTS），系指经皮肤敷贴方式用药，药物由皮肤吸收进入全身血液循环并达到有效血药浓度、实现治疗或预防疾病作用的一类制剂，又称为贴剂或贴片。自 1981 年美国第一个 TDDS 东莨菪碱贴剂上市以来，目前，已有许多产品上市并取得很大成功。包括硝酸甘油、雌二醇、芬太尼、烟碱、可乐定、睾酮、硝酸异山梨醇酯、左炔诺孕酮、尼群地平和噻吗洛尔等。《中国药典》(2010 年版) 收载了雌二醇缓释贴片、吲哚美辛贴片等制剂。

（二）经皮给药制剂的特点

经皮给药制剂的研究和经皮给药系统开发的迅猛发展是由于经皮给药具有其独特的优点：

（1）可避免口服给药产生的肝脏首过效应和药物在胃肠道的降解，药物的吸收不受胃肠道因素的影响，减少了用药的个体差异。

（2）一次给药可以长时间使药物以恒定速率进入体内，减少用药次数，延长给药间隔。

（3）可按需要的速率将药物输入体内，维持恒定的最佳血药浓度或生理效应，避免了口服给药等引起的血药浓度峰谷现象，减少了毒副作用。

（4）使用方便，可以随时中断给药，去掉给药系统后，血药浓度下降，特别适用于婴儿、老人或不宜口服给药的病人。

TDDS 作为一种全身用药的新剂型具有许多优点，同时也有其局限性：

（1）由于皮肤屏障作用，供应用的药物限于强效类。

（2）起效较慢，且多数药物不能达到有效治疗浓度。

（3）对皮肤可能有刺激性和过敏性。

（4）TDDS 的剂量较小，一般认为每日超过 5mg 的药物就已经不容易制备成理想的 TDDS。

（5）生产工艺和条件较复杂。

二、经皮吸收制剂的分类、组成和常用材料

（一）经皮给药制剂的分类

根据目前生产及临床应用现状，经皮吸收制剂可大致分为以下 4 类：

1. 膜控释型经皮给药系统 膜控释型经皮给药系统（membrane – moderated type DDS）主要由无渗透性的背衬层、药物贮库、控释膜层、黏胶层和防黏层 5 部分组成。硝酸甘油、东莨菪碱、雌二醇、可乐定的透皮给药系统均为膜控释型的 TDDS。

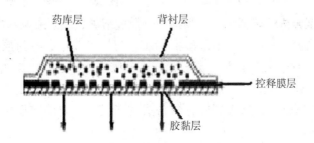

图 12 – 3　膜控释型 TDDS 示意图

背衬层是用于支持药库或压敏胶等的薄膜，通常以软铝塑材料或不透性塑料薄膜如聚苯乙烯、聚乙烯、聚酯等制备，应对药物、胶液、溶剂、湿气和光线等有较好的阻隔性能，同时应柔软舒适，并有一定强度，易于与控释膜复合，背面方便印刷商标、药名和剂量等文字。

药物贮库层可以采用多种方法和多种材料制备，例如将药物分散在聚异丁烯压敏胶中涂布而成，也可以混悬在对膜不渗透的黏稠流体如硅油或半固体软膏基质中，或直接将药物溶解在适宜溶剂中等。

控释膜层则是由聚合物材料加工而成的微孔膜或无孔膜，例如乙烯 – 乙酸乙酯共聚物、聚丙烯都是较常用的膜材。

　　黏胶层所用黏胶剂是指可以使同种或不同种物质相结合的材料,可以应用各种压敏胶(PSA,系指那些在轻微压力下即可实现粘贴同时又容易剥离的一类胶黏材料),如硅橡胶类、丙烯酸类、聚乙丁烯类等。

　　防黏层所用材料主要用于 TDDS 黏胶层的保护,为了防止压敏胶从药库或控释膜上转移到防黏材料上,材料的表面能应低于压敏胶的表面能。常用的防黏材料有聚乙烯、聚苯乙烯、聚丙烯等,有时也使用表面经石蜡或甲基硅油处理过的光滑厚纸。

　　2. 黏胶分散型经皮给药系统　黏胶分散型经皮给药系统的基本结构与膜控释型经皮给药系统相同,药物贮库层及控释层均由压敏胶组成。药物分散或溶解在压敏胶中成为药物贮库,均匀涂布在不渗透的背衬层上。为了增强压敏胶与背衬层之间的黏结强度,通常先用空白压敏胶先行涂布在背衬层上,再覆以含药胶,在含药胶层上再复以具有控释能力的胶层。由于药物扩散通过的含药胶层的厚度随释药时间延长而不断增加,故释药速度随之下降。为了保证恒定的给药速度,可以将黏胶层分散型系统的药库按照适宜浓度梯度制备成多层含不同药量及致孔剂的压敏胶层,随着浓度梯度的增加或孔隙率的增加,因厚度变化引起的速度减低可因之得以补偿。

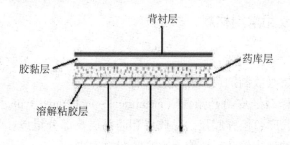

图 12-4　粘胶分散型 TDDS 示意图　　　　图 12-5　骨架扩散型 TDDS 结构示意图

　　3. 骨架扩散型经皮给药系统　药物均匀分散或溶解在疏水或亲水的聚合物骨架中,然后分剂量成固定面积大小及一定厚度的药膜,与压敏胶层、背衬层及防黏层复合即成为骨架扩散型 TDDS。压敏胶层可直接涂布在药膜表面,也可以涂布在与药膜复合的背衬层。"Nitro - Dur"硝酸甘油 TDDS 就属于该类型,其骨架系由聚乙烯醇、聚维酮和羟丙基纤维素等形成的亲水性凝胶,制备成圆形膜片,与涂布压敏胶的圆形背衬层黏合,加防黏层即得。

　　4. 微贮库型经皮给药系统　微贮库型系统兼具膜控制型和骨架型的特点。其一般制备方法是先把药物分散在水溶性聚合物(如聚乙二醇)的水溶液中,再将该混悬液均匀分散在疏水性聚合物中,在高切变机械力下,使形成微小的球形液滴,然后迅速交联疏水聚合物分子使之成为稳定的包含有球型液滴药库的分散系统,将此系统制成一定面积及厚度的药膜,置于黏胶层中心,加防黏层即得。

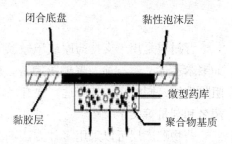

图 12-6　微贮库型 TDDS 结构示意图

（二）经皮给药制剂常用材料

促进药物经皮吸收最常用的方法是使用各种经皮吸收促进剂或渗透促进剂，常用的种类如下：

1. 表面活性剂 可渗入皮肤并可能与皮肤成分相互作用，改变皮肤的透过性。在表面活性剂中，非离子型表面活性剂主要增加角质层类脂流动性，对皮肤刺激性小，但促渗透作用较差。离子型表面活性剂与皮肤相互作用较强，如应用较多的是十二烷基硫酸钠（SLS），但在连续应用后，会产生皮肤的刺激性，出现红肿、干燥或粗糙化。

2. 氮酮类化合物 氮酮（月桂氮卓酮也称 Azone），是一种新型、高效、安全的优良促渗剂，具有用量少，对皮肤毒性及刺激性低的特点。我国于 1987 年批准氮酮作为辅料，其对亲水性药物和亲脂性药物具有明显的促渗透作用，据研究报道，氮酮的作用机理是与皮肤角质层间质的脂质发生作用，增加脂质流动性，减小了药物的扩散阻力。氮酮对亲水性药物的渗透促进作用强于对亲脂性药物，但起效缓慢，滞后时间可长达 2 ~ 10 小时，但作用时间可长达数日。氮酮与其他促进剂合用效果更好，如与丙二醇、油酸等均可配伍使用。

3. 醇类化合物 包括乙醇、丁醇、丙二醇、甘油及聚乙二醇等，也常作为促进剂使用，能溶胀和提取角质层中的类脂，增加药物的溶解度，从而提高极性药物和非极性药物的经皮透过性。但单独使用效果不佳，如与其他促进剂合用，可起到协同作用。

此外，还有超声波法、离子导入法、电致孔法、超声波导入法等新技术和新方法用来促进药物的经皮吸收。

三、经皮给药制剂的制备工艺流程

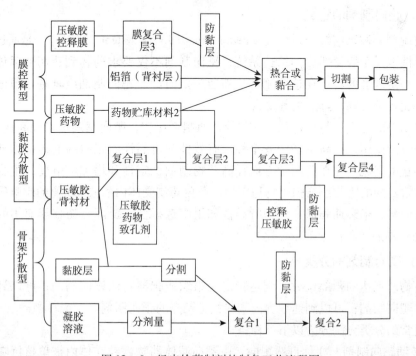

图 12 - 6 经皮给药制剂的制备工艺流程图

四、经皮吸收制剂的质量评价

1. 含量均匀度 《中国药典》（2010 年版）二部规定，透皮贴剂应进行含量均匀度检查，凡进行含量均匀度检查的制剂，一般不再检查重量差异。具体方法见附录ⅩE含量均匀度检查法。

2. 释放度 释放度常用于控制生产的重现性和 TDDS 的质量。透皮贴剂的释放度测定方法及其装置应参考《中国药典》（2010 年版）二部附录ⅩD 第三法。

3. 黏附力 贴剂为敷贴于皮肤表面的制剂，其与皮肤的黏附力的大小直接影响制剂药品的安全性和有效性，因此应进行控制。通常贴剂的压敏胶与皮肤作用的黏附力可用三个指标来衡量，既初黏力、持黏力及剥离强度。

（1）初黏力 表示压敏胶与皮肤轻轻地快速接触时表现出对皮肤的粘接能力，即通常所谓的手感黏性。

（2）持黏力 表示压敏胶的内聚力大小，既压敏胶抵抗持久性剪切外力所引起蠕变破坏的能力。

（3）剥离强度 表示压敏胶粘接力的大小。

以上三种力的测定方法参见《中国药典》(2010 年版）二部中贴剂黏附力测定法。

任务三 靶向给药系统的介绍

一、概述

（一）靶向制剂的定义

靶向制剂亦称靶向给药系统（targeting drug delivery system，TDDS），是通过载体使药物选择性浓集于病变部位的给药系统，靶向制剂不仅要求药物到达病变部位，而且要求具有一定浓度的药物在这些靶部位滞留一定时间。靶向制剂应具备定位浓集、控制释药、无毒及生物可降解性等要素。

靶向制剂的特点：与注射剂、片剂等普通制剂比较，靶向制剂可以提高药物疗效，降低药物毒副作用，提高用药的安全性、有效性和可靠性。靶向制剂还可弥补其他药物制剂存在的问题，如在药剂学方面提高药物制剂稳定性和增加溶解度；生物药剂学方面可改善药物的吸收或增强生物稳定性，避免药物受体内酶或 pH 值的影响等；药物动力学方面延长半衰期和提高药物特异性和组织选择性；提高药物临床应用的治疗指数（药物中毒剂量和治疗剂量之比）。

（二）靶向制剂的分类

按药物所到达的靶部位分：到达特定靶组织或靶器官的靶向制剂；可以到达特定靶细胞的靶向制剂；可以到达细胞内某些特定靶点的靶向制剂。

按通常的分类方法分为以下三种：

1. 被动靶向制剂 亦称自然靶向，由靶向载体药物微粒在体内被单核巨噬细胞系统的巨噬细胞摄取，并通过正常生理过程运送至肝、脾等器官，故具有淋巴系统的选择性和靶向性。

2. 主动靶向制剂 系指用经过修饰的药物载体作为"导弹"，将药物定向地运送到靶区浓集发挥药效。如载药微粒表面经修饰，连接特定的配体或单克隆抗体制成的主动靶向制剂，即能避免巨噬细胞的摄取，防止在肝内浓集，改变了微粒在体内的分布而到达特定的靶部位。

3. 物理化学靶向制剂 应用物理化学方法使靶向制剂在特定部位发挥药效。如应用磁性材料与药物制成磁导向制剂，在足够强的体外磁场引导下，通过血管到达并定位于特定靶区；使用对温度敏感的载体制成热敏感制剂，使热敏感制剂在靶区释放；也可利用对 pH 值敏感的载体制备 pH 值敏感制剂，使药物在特定的 pH 值靶区内释药。制备栓塞性制剂阻断靶区的血供与营养，起到栓塞和靶向化疗的双重作用，也属于物理化学靶向制剂。

二、靶向制剂的设计和常用载体

（一）被动靶向制剂

被动靶向制剂系利用药物载体（即将药物导向特定部位的生理惰性载体），使药物被生理过程自然吞噬而实现靶向的制剂。这类靶向制剂主要有乳剂、脂质体、微球、纳米囊和纳米球等。

1. 乳剂 乳剂的靶向性的特点在于它对淋巴的亲和性。油状药物或亲脂性药物制成 O/W 型乳剂及 O/W/O 型复乳静脉注射后，油滴经巨噬细胞吞噬后在肝、脾、肾中高度浓集，油滴中溶解的药物在这些脏器中蓄积也高。水溶性药物制成 W/O 型乳剂及 W/O/W 复乳经肌内或皮下注射后易浓集于淋巴系统。

2. 脂质体 脂质体（liposome）系指将药物包封于类脂质双分子层内而形成的微型泡囊体。具有类细胞膜结构，在体内可被网状内皮系统视为异物识别、吞噬，主要分布在肝脾、肺和骨髓等组织器官，从而提高药物的治疗指数。

3. 纳米粒 纳米粒（nanopartices）包括纳米囊和纳米球。纳米囊属药库膜壳型，纳米球属基质骨架型。它们均是由高分子物质组成的固态胶体粒子，粒径多在 10～1000nm 范围内，可分散在水中形成近似胶体的溶液。药物制成纳米囊或纳米球后，具有缓释、靶向、提高药物稳定性、提高疗效和降低毒副作用等特点。注射纳米粒，不易阻塞血管，可靶向肝、脾和骨髓。纳米粒亦可由细胞内或细胞间穿过内皮壁到达靶部位，有些纳米粒具有在某些肿瘤中聚集的倾向，有利于抗肿瘤药物的应用。

4. 微球 微球（microsphere）系指药物溶解或分散在高分子材料中形成的微小球状实体，亦称基质型骨架微粒。药物制成微球后具有缓释长效和靶向作用。靶向微球的多数是生物降解材料，如蛋白类（明胶、白蛋白等）、糖类（琼脂糖、淀粉、葡聚糖、壳聚糖等）、聚酯类（如聚乳酸、丙交酯乙交酯共聚物等）；此外，少数非生物降解材料如聚丙烯也用作微球载体。

（二）主动靶向制剂

主动靶向制剂包括经过表面修饰的药物载体及前体药物两大类制剂。目前研究较多的为修饰的药物载体，包括长循环脂质体、免疫脂质体和免疫纳米球等。前体药物包括抗癌药及其他前体药物、脑部位和结肠部位的前体药物等。

1. 修饰的药物载体 药物载体经修饰后可将疏水表面由亲水表面代替，就可以减少或避免单核－巨噬细胞系统的吞噬作用，有利于靶向于肝脾以外的缺少单核－巨噬细胞系统的组织，又称为反向靶向。利用抗体修饰，可制成定位于细胞表面抗原的免疫靶向制剂。

2. 前体药物和药物大分子复合物 前体药物系指活性药物衍生而成的惰性物质，能在体内经化学反应或酶反应，使活性的母体药物再生而发挥其治疗作用。

前体药物在特定的靶向部位再生为母体药物的基本条件是：①使前体药物转化的反应物或酶仅在靶部位才存在或表现出活性；②前体药物能同药物的受体充分接触；③酶需有足够的量以产生足够量的活性药物；④产生的活性药物应能在靶部位滞留，而不漏入循环系统产生毒副作用。常用的前体药物类型有：抗癌的前体药物；脑部靶向前体药物；结肠靶向前体药物。

药物大分子复合物指药物与聚合物、抗体、配体以共价键形成的分子复合物，主要用于肿瘤靶向研究。

（三）物理化学靶向制剂

1. 磁性微球 制备磁性微球时可以将磁性物质加入包囊材料，然后按照微球制备法制备而成。也可以先制成微球，再将微球磁化。常用的磁性物质为超细磁流体。磁性材料为 $FeO \cdot Fe_2O_3$ 或 Fe_2O_3。将微囊注入病灶部位血管，在外界磁场的作用下，可将药物导向靶组织器官。

磁性微球的形态、粒径分布、溶胀能力、体外磁效应、载药稳定性及应用均有一定要求。

2. 栓塞微球 动脉栓塞是将导管插入病灶部位的动脉中，通过注射将含药物的微球输送到靶组织，微球可以阻断对靶区的供血和营养，使靶区的肿瘤细胞缺血坏死；同时微球逐渐释放药物，杀死肿瘤。因此栓塞微球具有栓塞和靶向化疗的双重作用。

3. 热敏感脂质体 利用在相变温度时，脂质体的类脂质双分子层膜从胶态过渡到液晶态、脂质膜的通透性增加、药物释放速度增大的原理可制成热敏脂质体。例如将不同比例的二棕榈酸磷脂（DPPC）和二硬脂酸磷脂（DSPC）混合，可制得不同相变温度的脂质体。如将制成的3H甲氨蝶呤热敏脂质体，注入荷 Lewis 肺癌小鼠的尾静脉，然后用微波加热肿瘤部位至42℃，4h后病灶部位的放射性强度明显高于非热敏脂质体对照组。

4. pH 敏感脂质体 pH 敏感脂质体是基于肿瘤间质处的 pH 比正常组织低的特点而设计的一种具有细胞内靶向和控制药物释放作用的脂质体。目前常用的 pH 敏感脂质体为二油酰磷脂酰乙醇胺（DOPE）。当脂质体处于中性 pH 环境时，DOPE 的羧基离子可提供有效静电进行排斥，使脂质体保持稳定；当所处环境 pH 下降时，pH 由 7.4 减至 5.3～6.3 左右时，pH 敏感脂质体膜发生结构改变，促使脂质体膜与核内体/溶酶体膜的融合，从而将包封药物导入胞浆并主动靶向到病变组织，提高药物的靶向性。

目标检测

一、单选题

1. 下列哪种药物不适合做成缓控释制剂（　　）
    A. 抗生素
    B. 抗心律失常
    C. 降压药
    D. 抗哮喘药

2. 不具有靶向性的制剂是（　　）
    A. 静脉乳剂
    B. 纳米粒注射液
    C. 混悬型注射液
    D. 脂质体注射液

3. 属于被动靶向制剂的是（　　）
    A. 磁性靶向制剂
    B. 栓塞靶向制剂
    C. 脂质体靶向制剂
    D. 抗癌药前体药物

4. 胃内滞留片属于（　　）
    A. 控释制剂
    B. 靶向制剂
    C. 缓释制剂
    D. 经皮给药制剂

5. 属于控释制剂的是（　　）
    A. 微孔膜包衣片
    B. 生物黏附片
    C. 不溶性骨架片
    D. 亲水凝胶骨架片

二、多选题

1. 与常用普通剂型如口服片剂、胶囊剂或注射剂等比较，TDDS 具有以下特点：（　　）
    A. 作用时间延长
    B. 维持恒定的血药浓度
    C. 减少用药次数
    D. 避免首关效应

2. 按靶向给药原理，靶向制剂可分为（　　）类型。
    A. 被动靶向制剂
    B. 主动靶向制剂
    C. 物理化学靶向
    D. 定向靶向制剂
    E. pH 靶向制剂

3. 膜控释型 TDDS 的基本结构主要由（　　）
    A. 背衬层
    B. 药物贮库层
    C. 控释膜层
    D. 黏胶层

4. 成功的靶向制剂应具备（　　）
    A. 缓慢释药
    B. 长期滞留
    C. 定位浓集
    D. 无毒可生物降解

三、问答题（综合题）

1. 简述经皮给药制剂的制备工艺。
2. 简述靶向制剂的基本概念。
3. 常见的被动靶向制剂的载体有哪些？
4. 什么是前体药物？

◎**知识目标**

1. 掌握固体分散技术、环糊精包合技术、微型包囊技术的基本概念，常用的制备技术及在药物制剂上的主要应用。
2. 熟悉固体分散体常用载体材料的类别、固体分散体的类型。
3. 熟悉环糊精的性质与结构、环糊精包合物的形状。
4. 熟悉微型包囊常用囊材的类别。
5. 熟悉药物制成固体分散体、微囊、包合物的特点。
6. 了解固体分散体、包合物以及微囊的质量评价。

◎**技能目标**

1. 能根据固体分散技术制备工艺生产出合格的固体分散体。
2. 能根据载体材料和药物性质选择相应的固体分散体制备方法。
3. 能根据包合技术制备工艺生产出合格的环糊精包合物。
4. 能根据药物性质选择相应的包合材料和制备方法；并对产品质量进行评价。
5. 能根据微型包囊技术制备工艺生产出合格的微囊。
6. 能根据成囊材料和药物性质选择相应的微囊制备方法。
7. 能分析产品质量问题产生的原因并提出解决办法。

随着药剂学研究的深入，现代药物制剂中不断出现新技术，如固体分散技术、包合技术、微型包囊技术等。这些技术涉及面广，近年来逐渐走向成熟，能解决原有的普通制剂中的一些难以解决的难题。本项目固体分散技术、环糊精包合技术、微型包囊技术的特点、制备工艺加以介绍。

任务一 固体分散体技术的介绍

一、概述

（一）固体分散体技术含义

为解决难溶性药物溶解度差，生物利用度比较低的问题，1961 年，Sekiguchi 等人首次采用熔融法将难溶性药物磺胺噻唑与水溶性材料尿素制成固体分散体（简称 SD），改善了磺胺噻唑的溶出，口服此固体分散体制成的制剂，其吸收和排泄均比口服纯的磺胺噻唑增加。固体分散技术由此逐渐发展起来。

固体分散技术是指将难溶性药物高度分散在另一种固体载体中的新技术。难溶性药物通常是以分子、胶态、微晶或无定形状态分散在另一种固体材料中呈固体分散体。固体分散体是制药中间体，根据各种用药目的，可以将固体分散体进一步制成胶囊剂、片剂、软膏剂、栓剂以及注射剂等，也可以直接制成滴丸剂。

（二）固体分散体的特点

1. 生物利用度高 水难溶性药物以分子、胶体、无定形或微晶化状态分散于载体中，能增加药物的溶出速率，从而提高生物利用度，减少用药剂量。

2. 掩蔽作用 固体分散体中的药物被载体包埋、吸附等作用掩蔽起来，与外界基本隔绝，从而能防止挥发性药物挥发，延缓药物水解、氧化，提高药物的稳定性；并能掩盖药物的不良气味及刺激性，减少药物的不良反应。

3. 固体化作用 固体分散体可以使液体药物固体化，从而便于应用与贮存。

4. 速释、缓释和控释作用 同一种药物，用不同的载体制成固体分散体，其溶出度不同。用水溶性载体可制成速释制剂；用水难溶性载体可制成缓释、控释制剂；用肠溶性载体可制成肠溶制剂。

5. 易老化 固体分散体长期贮存往往产生老化现象，导致溶出度降低。

（三）载体材料

固体分散体的溶出速率在很大程度上取决于所用载体材料的特性。载体材料应具有下列条件：无毒、无致癌性、不与药物发生化学变化、不影响主药的化学稳定性、不影响药物的疗效与含量检测、能使药物得到最佳分散状态或缓释效果、价廉易得。常用载体材料可分为水溶性、难溶性和肠溶性三大类。几种载体材料可联合应用，以达到要求的速释或缓释效果。

1. 水溶性载体材料 水溶性载体主要用来制备高效、速效制剂，难溶性药物在其中以超微粒子、分子或过饱和状态存在。由于载体的迅速润湿或溶解，加速了药物的溶出，该类载体多为高分子化合物、有机酸类和糖类等。

（1）聚乙二醇类（PEG） 常用的水溶性载体之一，一般选用相对分子量较高的作为载体。最常用的是 PEG4000 和 6000，具有熔点低（50～63℃）、毒性较小、化学性质稳定（但180℃以上分解）、能与多种药物配伍等优点。适用于熔融技术、溶剂技术制备固体分散体。

（2）聚维酮类（PVP） 常用 PVP 类的规格有：PVP_{k15}、PVP_{k30} 及 PVP_{k90} 等。该类高分子聚合物熔点较高、热稳定性好，易溶于水和多种有机溶剂，对许多药物有较强的抑晶作用，但贮存过程中易吸湿而析出药物结晶。适用于溶剂技术制备固体分散体。

（3）表面活性剂类 大多选择作为含聚氧乙烯基的表面活性剂为载体材料，其特点是溶于水、载药量大，在蒸发过程中可阻滞药物产生结晶，是较理想的速效载体材料。如泊洛沙姆188（poloxamer 188，即 pluronic F68），作为载体可大大提高溶出速率和生物利用度。增加药物溶出的效果明显大于 PEG 载体，是个较理想的速效固体分散体的载体。可采用熔融技术或溶剂技术制备。

（4）有机酸类 该类载体材料的分子量较小，如枸橼酸、酒石酸、琥珀酸、胆酸及脱氧胆酸等，易溶于水而不溶于有机溶剂。本类不适用于对酸敏感的药物。一般制成的多为低共熔物。

（5）糖类与醇类 糖类常用的有壳聚糖、右旋糖、半乳糖和蔗糖等，醇类有甘露醇、山梨醇、木糖醇等。它们的特点是水溶性强，毒性小，适用于剂量小、熔点高的药物，常与 PEG 制成复合载体。

（6）纤维素衍生物 如羟丙纤维素（HPC）、羟丙甲纤维素（HPMC）等。该类载体材料与药物制备固体分散体时，为克服难以研磨的缺点，需加入适量乳糖、微晶纤维素等加以改善。

2. 难溶性载体材料

（1）纤维素类 常用乙基纤维素（EC），无毒、无药理活性，是一种理想的不溶性载体材料，广泛使用于缓释固体分散体。其特点是溶于有机溶剂，含有羟基能与药物形成氢键，有较大的黏性，作为载体材料其载药量大、稳定性好、不易老化。在以 EC 为载体的固体分散体中加入 PEG、PVP 等水溶性物质作为致孔剂可以调节释药速率，获得更理想的释药效果。

（2）聚丙烯酸树脂类 聚丙烯酸树脂 Eudragit（包括 E、RL 和 RS 等）在胃液中可溶胀，在肠液中不溶，不被吸收，对人体无害，广泛用于制备具有缓释性的固体分散体。配合使用两种不同穿透性能的 Eudragit，可获得理想释药速率。在穿透能力较差的 Eudragit 中加入 PEG、PVP 等水溶性物质可以调节释药速率。

（3）脂质类 常用的有胆固醇、β-谷甾醇、棕榈酸甘油酯、胆固醇硬脂酸酯、蜂蜡、巴西棕榈蜡及氢化蓖麻油、蓖麻油等脂质材料，均可制成缓释固体分散体，亦可加入表面活性剂、糖类、PVP 等水溶性材料，以适当提高其释放速率，达到满意的缓释效果。

3. 肠溶性载体材料

（1）纤维素类 常用的有醋酸纤维素酞酸酯（CAP）、羟丙甲纤维素酞酸酯（HPMCP）以及羧甲基乙基纤维素（CMEC）等，均能溶于肠液中，可用于制备胃中不稳定的药物在肠道释放和吸收、生物利用度高的固体分散体。由于它们化学结构不同，粘度有差异，释放速率也不相同。

（2）聚丙烯酸树脂类 常用 Eudragit L100 和 Eudragit S100，分别相当于国产Ⅱ号及Ⅲ号聚丙烯酸树脂。前者在 pH 6 以上的介质中溶解，后者在 pH 7 以上的介质中溶解，有时两者联合使用，可制成较理想的缓释固体分散体。

（四）固体分散体的类型

根据药物在载体中高度分散的程度和形态不同，固体分散体主要分为三类。

1. 低共熔混合物 药物与载体按适当的比例在较低温度下熔融，得到完全混熔的液体，搅匀后迅速冷却固化而成。药物以微晶形式分散在载体材料中成物理混合物。该分散体与水接触时，载体溶解，药物以微晶状态分散在介质中，进一步溶解。

2. 固态溶液 药物在载体材料中以分子状态分散，呈均相体系。此类分散体具有类似溶液的分散性质，称为固态溶液。按药物与载体材料的互溶情况，分完全互溶与部分互溶；按晶体结构，分为置换型与填充型。

如水杨酸与 PEG 6000 可组成部分互溶的固态溶液。当 PEG 6000 含量较多时，可形成水杨酸溶解于其中的 α 固态溶液；当水杨酸的含量较多时形成 PEG 6000 溶解于水

杨酸中的 β 固态溶液。这两种固态溶液在 42℃ 以下又可形成低共熔混合物。

3. 共沉淀物 共沉淀物（也称共蒸发物）是由药物与载体材料以适当比例混合，形成共沉淀无定形物，有时称玻璃态固熔体，因其有如玻璃的质脆、透明、无确定的熔点。这种固体分散体常用多羟基化合物作载体，如枸橼酸、蔗糖等。药物的溶出较固体溶液容易。还由于玻璃溶液黏度大，过饱和时析出的结晶仍很小，因此溶出速率相对较高。

二、常用固体分散体技术

制备固体分散体常用的方法有熔融法、溶剂法、溶剂－熔融法等。其他还有研磨法以及药物溶于有机溶剂分散吸附于惰性材料（如 SiO_2）形成粉状溶液等。在应用时要根据载体的结构、性质、熔点、溶解性能和药物的性质选择适宜的制备方法。

1. 熔融法 熔融法是将药物与载体混合均匀后，加热并不断搅拌至完全熔融，然后将熔融物在剧烈搅拌下，迅速冷却成固体或将熔融物倾倒在冰冷的不锈钢板上成薄层状，骤冷成固体。然后将其在一定温度下放置变脆而易于粉碎，再进一步制成片剂、胶囊剂等。本法的关键在于冷却必须迅速，高温骤冷以达到较高的过饱和状态，使药物和载体都以微晶混合析出，而不致形成粗晶。

滴丸剂就是用熔融法制备的一种固体分散体制剂，它是直接将熔融物滴入冷凝液中使之迅速收缩、凝固成丸，常用的冷凝液有液状石蜡、植物油、甲基硅油以及水等。

2. 溶剂法 又称为共沉淀法或共蒸发法，是将药物和载体共同溶于有机溶剂中或分别溶于有机溶剂中后混匀，蒸发除去有机溶剂，药物与载体同时析出，即可得到药物与载体材料混合而成的共沉淀物，经干燥即得。载体材料多采用既能溶于水，又能溶于有机溶剂、熔点高、对热不稳定的甲基纤维素（MC）、PVP、半乳糖、甘露糖等。常用的有机溶剂有氯仿、乙醇、丙酮等。该法优点是可以避免高温加热，主要用于熔点较高、对热不稳定或易挥发的药物。所得固体分散体中药物分散性较好。但由于使用有机溶剂成本高，且有时难以除尽。当固体分散体内含有少量溶剂时，不仅对人体有害，且可能引起药物重结晶而降低药物的分散度。

用溶剂法制备固体分散体时应注意，不同有机溶剂制得的固体分散体的分散度有所不同，如螺内酯分别使用乙醇、乙腈和氯仿制备固体分散体时，以乙醇制得的固体分散体的分散度最大，溶出速率也最高，而用氯仿制得的分散度最小，溶出速率也最低。

3. 溶剂－熔融法 先将药物用少量适宜的有机溶剂溶解，再将此溶液与已熔融的载体混合均匀，蒸发除去有机溶剂，按熔融法冷却固化而得到固体分散物。药物溶液在固体分散体中所占的量一般不超过 10%（g/g），否则难以形成脆而易碎的固体。将药物溶液与熔融载体材料混合时，必须搅拌均匀，以防止固相析出。制备过程中除去溶剂的受热时间短，产物稳定，质量好。但注意应选用毒性小、与载体材料容易混合的溶剂。本法适用于某些液体药物，如鱼肝油、维生素 A、D、E 等，也可用于热稳定性差的固体药物。但仅限于小剂量的药物，一般剂量在 50mg 以下。凡适用于熔融法的载体材料均可采用。

另外，还有研磨法、溶剂喷雾干燥法（或冷冻干燥法）等。

三、固体分散体在药物制剂上的应用

1. 用于提高难溶性药物的溶解度和生物利用度 药物在固体分散体中所处的状态是影响药物溶出度的重要因素。难溶性药物由于其溶出度受溶解度的限制，影响其吸收，因此作用缓慢，生物利用度较低。将难溶性药物利用固体分散技术制成固体分散体后，药物以分子、胶体、无定型或微晶状态高度分散于载体中，比表面积增加，提高了药物的分散度，而载体又为水溶性物质，改善了药物的溶解性能，可加快药物溶出速度，从而提高生物利用度。例如有人以 PEG20000 为载体，制备阿司匹林 – PEG20000（1∶9）的固体分散体，其药物溶出度显著高于原料药及物理混合物。又如埃索美拉唑锌在水中溶解性差，口服给药时肠道吸收差，生物利用度低，使其临床应用受限，利用固体分散技术，可提高其溶解度和生物利用度。

2. 在缓控释制剂中的应用 缓控释制剂通常选用水不溶性聚合物、肠溶性材料、脂质类材料等作为载体。固体分散技术经常被应用于缓控释制剂的制备中。其中，载体中的乙基纤维素疏水性好，不易吸湿，不溶于胃肠液，药物分子常以无定型或微晶存在于网状结构中，是一种理想的载体材料。例如，用固体分散技术制备难溶性药物酮洛芬缓释固体分散体，并进行示差扫描量热法分析和体外释放度研究。分析结果表明，利用固体分散技术制备药物之后，可使药物持续释药12h。

3. 在中药制剂中的应用 目前，有越来越多的研究者把固体分散技术应用于中药制剂研究中，比如，将中药的传统剂型改为速释剂型，以提高药物疗效。最初是将传统的复方丹参片（主要含丹参、三七、冰片等药，临床主要用于冠心病、心绞痛等的治疗），利用固体分散技术将其改为复方丹参滴丸，从而避免了因其片剂发挥作用慢，不适于心绞痛的急性发作的不足。

任务二　包合技术的介绍

一、概述

（一）包合技术的含义

包合技术是能使一种分子的空间结构全部或部分包入另一种分子形成包合物的技术。具有包合作用的外层分子称为主分子，被包合到主分子空间中的分子物质，称为客分子，形成的包合物也有称为包藏物、加合物、包含物等。

包合物中的主分子也称为包合材料，能作为包合物材料的有环糊精、胆酸、淀粉、纤维素、蛋白质、核酸等，但药物制剂中最为常用的材料是环糊精，并且由于近年来对环糊精衍生物的不断研究与开发，环糊精及其衍生物的应用日趋增加。本节主要介绍以环糊精为包合材料的环糊精包合物制备技术。

环糊精，简称 CYD。是直链淀粉在由芽孢杆菌产生的环糊精葡萄糖基转移酶作用下，生成的一系列环状低聚糖的总称，通常含有 6～12 个 D – 吡喃葡萄糖单元。其中研究得较多并且具有重要实际意义的是含有 6、7、8 个葡萄糖单元的分子，分别称为 α、β 和 γ 环糊精。见图 13–1 为 β – 环糊精结构俯视图。根据 X – 线晶体衍射、红外光

谱和核磁共振波谱分析的结果，确定构成环糊精分子的每个 D（＋）－吡喃葡萄糖都是椅式构象。各葡萄糖单元均以 1，4－糖苷键结合成环。由于连接葡萄糖单元的糖苷键不能自由旋转，环糊精不是圆筒状分子而是略呈锥形的圆环。其中，环糊精的伯羟基围成了锥形的小口，而其仲羟基围成了锥形的大口。见图 13 － 2 为 α－环糊精立体结构。

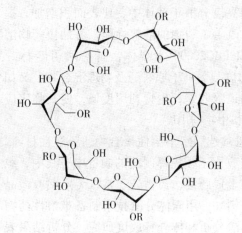 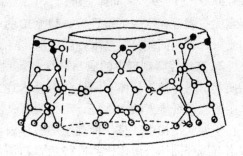

图 13 － 1　β－环糊精环状构型俯视图　　　　　图 13 － 2　α－环糊精立体结构

（二）环糊精包合物的特点

1. 易吸收　环糊精包合物是复合物，呈分子状，分散效果好，因此易于吸收。

2. 化学性质不变　环糊精包合物的形成是一个物理过程，没有化学变化，药物原有的性质和作用保持不变。

3. 不良反应小　药物被包藏于环糊精筒状结构内形成超微粒分散物，释药速度慢，所以不良反应小。

4. 无毒　环糊精是碳水化合物，能被人体吸收，在机体内开环形成支链低聚糖而参与机体代谢。

5. 稳定　固体包合物基本不受外界影响，溶液中包合物与客分子呈平衡状态存在，其稳定性与包合物的稳定性相对应，所以包合物比单纯客分子化学性质稳定。

二、包合物的制备技术

1. 饱和水溶液法　将 CYD 配成饱和水溶液，加入药物（难溶性药物可用少量丙酮或异丙醇等有机溶剂溶解）混合 30 分钟以上，使药物与 CYD 形成包合物后析出，且可定量地将包合物分离出来。

2. 研磨法　取 β－环糊精加入 2～5 倍量的水混合，研匀，加入药物（难溶性药物应先溶于有机溶剂中），充分研磨成糊状物，低温干燥后，再用适宜的有机溶剂洗净，干燥即得。

3. 冷冻干燥法　此法适用于制成的包合物易溶于水、且在干燥过程中易分解、变色的药物。所得成品疏松、溶解度好，可制成注射用粉末。

4. 喷雾干燥法　此法适用于难溶性、疏水性药物，如用喷雾干燥法制得的地西泮与 β－环糊精包合物，增加了地西泮的溶解度，提高了生物利用度。

三、包合物在药物制剂上的应用

β - 环糊精（β - CYD）为白色结晶性粉末，熔程 300 ~ 305℃，安全性高，较符合实际应用要求，故在药剂学上使用最为广泛。

1. 利用包合物增加药物的溶解度 可以将难溶性药物苯巴比妥、前列腺素 E_2、氯霉素等制成 β - 环糊精包含物。例将前列腺素 E_2 10μg 与 β - 环糊精 13g，加水至 30ml 在无菌操作下除菌过滤、分装、冷冻干燥制成含前列腺素 E_2 100 或 200μg 剂量的粉针剂。

2. 利用包合物增加药物的稳定性 将容易氧化的或水解的药物如维生素 A、D、E、C 等，制成 β - 环糊精包含物可防止其氧化或水解。例维生素 D_3 - β - 环糊精包含物：活性维生素 D_3 衍生物与环糊精作用后，所得的产品对热、光及氧有极大的稳定性。

3. 利用包合物可使液体药物粉末化 将液体药物维生素 D 或 E 与 β - 环糊精制成包含物后，进一步制成散剂、胶囊剂或片剂等固体制剂。

4. 利用包合物可防止挥发性成分挥发 将挥发油或固体挥发性物质如三硝酸甘油、碘、冰片等制成 β - 环糊精包含物，除在贮藏期间防止挥发性成分挥散外，还有缓释作用。

5. 利用包合物能够减少药物刺激性、降低毒副作用 可将刺激性强无法服用的药物包含于 β - 环糊精环状结构中制成超微囊包合物后，供口服或注射。因其超微结构，呈分子状分散，故易于吸收，生物利用度高；其剂型类似微囊，释药缓慢，副作用低。例 5 - 氟脲嘧啶用 β - 环糊精制成分子胶囊，经临床证明，消化道吸收较好，血中浓度维持时间长，刺激性小，基本上消除了食欲不振、恶心、呕吐等副反应。

6. 利用包合物可遮盖药物的臭味 将具有难闻臭味的药物制成 β - 环糊精包合物。例如将具有大蒜味的大蒜油可制成环糊精包合物，掩盖了难闻的臭味。取 β - 环糊精 400g 加水 2L，加入大蒜油 100g，在 pH 2 条件下搅拌 5 小时，过滤，滤液真空干燥得含大蒜油的 β - 环糊精包含物 480g。

任务三 微型包囊技术的介绍

一、概述

（一）微型包囊技术的含义

微囊是利用天然的或合成、半合成的高分子材料（囊材）将固体或液体药物（囊心物）包封而成的粒径为 1 ~ 250μm 的微型胶囊简称微囊；或使药物溶解或分散在成球材料中，形成基质型微小球状实体的固体骨架物称微球。微囊的粒子直径属微米级，粒径在纳米级的为纳米囊。药物微囊化后可进一步制成散剂、片剂、颗粒剂、胶囊剂、注射剂等不同剂型。

制备微囊的过程称为微型包囊技术简称微囊化，被包裹的药物称囊心物，包裹药物用的高分子材料称为微型包裹材料，简称囊材。

（二）微囊化的特点

药物制成微型包囊后具备了以下特点：

1. 掩盖药物的不良臭味，提高患者的服药顺应性　如鱼肝油、氯贝丁酯、生物碱类及磺胺类等药物制成微囊化制剂后，可有效掩盖药物的不良臭味。

2. 提高药物的稳定性　一些不稳定的药物如易水解药物阿司匹林、易氧化的药物如维生素 C、β-胡萝卜素等药物制成微囊化制剂后，能够在一定程度上避免光线、湿度和氧的影响，防止药物的水解，提高药物的稳定性；易挥发的挥发油类微囊化后能防止其挥发，提高制剂的物理稳定性。

3. 阻止胃内药物在胃内失活或减少对胃的刺激性　如尿激酶、红霉素、胰岛素等易在胃内失活，氯化钾、吲哚美辛等对胃有刺激性，易引起胃溃疡，微囊化可克服这些缺点。

4. 使液态药物固态化，便于制剂的生产、应用与贮存　如脂溶性维生素、油类、香料等。

5. 减少复方药物的配伍变化　如阿司匹林与氯苯那敏配伍后加速阿司匹林的水解，将二者分别包囊后，再制成统一制剂，可大大得以改善。

6. 使药物具有缓释或控释作用　如应用成膜材料、可生物降解材料、亲水凝胶材料等作为微囊囊材，从而使药物具有控释或缓释性。已有的微囊化制剂如吲哚美辛缓释微囊、左炔诺孕酮控释微囊及促肝细胞生长素速释微囊等。

7. 使药物浓集于靶区　如治疗指数低的药物或毒性较大药物微囊化后制成靶向制剂，可使药物浓集于靶区，提高疗效，降低毒副作用。

8. 将活细胞、生物活性物质包囊，从而使其具有很好的生物相容性和稳定性　如胰岛素、血红蛋白等包囊后，在体内生物活性高。

（三）囊心物与囊材

1. 囊心物　微囊的囊心物除主药外还可加入适宜的附加剂，如稳定剂、稀释剂、控制释放速率的阻滞剂、促进剂以及改善囊膜可塑性的增塑剂等。囊心物可以是固体，也可以是液体。通常将主药与附加剂混匀后微囊化；亦可先将主药单独微囊化，再加入附加剂。微囊化的技术应根据囊心物的性质而定。囊心物的性质不同，采用工艺条件也不同。

2. 囊材　用于包囊所需的材料称为囊材。常用的囊材可分为下述三大类。

（1）天然高分子囊材　天然高分子材料是最常用的囊材，因其稳定、无毒、成膜性好。

①明胶　明胶是氨基酸与肽交联形成的直链聚合物，聚合度不同的明胶具有不同的分子量，其平均分子量 M_{av} 在 15000～25000 之间。因制备时水解方法的不同，明胶分酸法明胶（A 型）和碱法明胶（B 型）。A 型明胶的等电点为 7～9，10g/L 溶液 25℃时的 pH 值为 3.8～6.0；B 型明胶稳定而不易长菌，等电点为 4.7～5.0，10g/L 溶液 25℃的 pH 值为 5.0～7.4。两者的成囊性无明显差别，溶液的黏度均在 0.2～0.75cPa·s 之间，可生物降解，几乎无抗原性。通常可根据药物对酸碱性的要求选用 A 型或 B 型。

②阿拉伯胶　一般常与明胶等量配合使用，亦可与白蛋白配合作复合材料。

③海藻酸盐　系多糖类化合物，常用稀碱从褐藻中提取而得。海藻酸钠可溶于不

同温度的水中，不溶于乙醇、乙醚及其他有机溶剂；海藻酸钙不溶于水，故海藻酸钠可用 $CaCl_2$ 固化成囊。

④壳聚糖 壳聚糖是一种天然聚阳离子多糖，可溶于酸或酸性水溶液，无毒、无抗原性，在体内能被溶菌酶等酶解，具有优良的生物降解性和成膜性，在体内可溶胀成水凝胶。

（2）半合成高分子囊材 作囊材的半合成高分子材料多系纤维素衍生物，其特点是毒性小、黏度大、成盐后溶解度增大。

①羧甲基纤维素盐 羧甲基纤维素盐属阴离子型的高分子电解质，如羧甲基纤维素钠（CMC-Na）常与明胶配合作复合囊材。

②醋酸纤维素酞酸酯（CAP） 在强酸中不溶解，可溶于 pH>6 的水溶液，分子中含游离羧基，其相对含量决定其水溶液的 pH 值及能溶解 CAP 的溶液最低 pH 值。用做囊材时可单独使用，也可与明胶配合使用。

③乙基纤维素 乙基纤维素（EC）化学稳定性高，适用于多种药物的微囊化，不溶于水、甘油和丙二醇，可溶于乙醇，遇强酸易水解，故对强酸性药物不适宜。

④甲基纤维素 甲基纤维素（MC）用做微囊囊材，可与明胶、CMC-Na、聚维酮（PVP）等配合作复合囊材。

⑤羟丙甲纤维素 羟丙甲纤维素（HPMC）能溶于冷水成为黏性溶液，不溶于热水，长期贮存稳定。

（3）合成高分子囊材 作囊材用的合成高分子材料有生物不降解的和生物可降解的两类。近年来，生物可降解的材料得到了广泛的应用，如聚碳酯、聚氨基酸、聚乳酸（PLA）、丙交酯乙交酯共聚物（PLGA）、聚乳酸-聚乙二醇嵌断共聚物（PLA-PEG）、ε-己内酯与丙交酯嵌段共聚物等，其特点是无毒、成膜性好、化学稳定性高，可用于注射。

二、微型包囊技术

根据囊心物和囊材的性质、微囊的粒径要求、释放性能以及靶向性特点，可选择不同的微型包囊技术即微囊化方法。目前微囊化方法可归纳为物理化学法、物理机械法和化学法三大类。

1. 物理化学法 此法成囊过程在液相中进行，通过改变条件使溶解状态的囊材从溶液中析出，并将囊心物包裹形成微囊，故又称相分离法。即在药物与材料的混合液中，加入另一种物质或不良溶剂，或采用其他适当手段使材料的溶解度降低，自溶液中产生一个新相（凝聚相）而制成微囊的方法。其微囊化步骤大体可分为囊心物的分散、囊材的加入、囊材的沉积和囊材的固化四步。图 13-3 为微囊化四步骤。

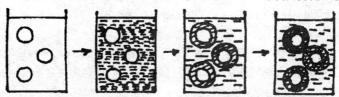

图 13-3 微囊化四步骤图示

　　根据形成新相方法的不同，相分离法又分为单凝聚法、复凝聚法、溶剂－非溶剂法、改变温度法和液中干燥法。相分离工艺现已成为药物微囊化的主要工艺之一，所用设备简单，高分子材料来源广泛，可将多种类别的药物微囊化。

知识拓展

单凝聚法和复凝聚法

　　1. 单凝聚法　单凝聚法是相分离法中较常用的一种，制备微囊时是以一种高分子材料为囊材，将囊心物分散到囊材的水溶液中，然后加入凝聚剂（如乙醇、丙酮、盐等强亲水性物质），以降低高分子材料的溶解度而凝聚成囊的方法。其原理是由于囊材水化膜的水分子与凝聚剂结合，使高分子化合物囊材的溶解度降低，分子间形成氢键，最后从溶液中析出而凝聚形成微囊。但这种凝聚是可逆的，一旦解除促进凝聚的条件（如加水稀释），就可发生解凝聚，使微囊很快消失。在制备过程中可以反复利用这种可逆性，经过几次凝聚与解凝聚过程，直至得到满意的凝聚微囊形状。最后再采取适当的方法将囊膜加以交联固化，使之成为不粘连、不可逆的球形微囊。单凝聚体系是很难控制的，囊心物必须不溶于水或凝聚剂中。

　　以明胶为囊材的单凝聚法工艺流程见图 13－4。

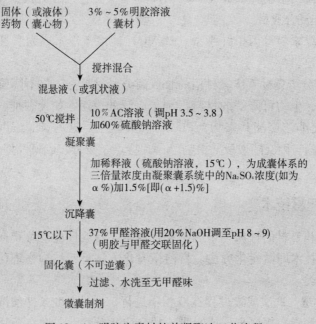

图 13－4　明胶为囊材的单凝聚法工艺流程

　　2. 复凝聚法　由两种或多种带有相反电荷的高分子材料作复合囊材，将囊心物分散在囊材水溶液中，在适当条件下，两种囊材在溶液中发生静电作用。相反电荷的高分子材料互相吸引后，溶解度降低，从而产生了相分离，胶体自溶液中凝聚出来包裹药物而成囊，这种凝聚方法称为复凝聚法。在本法中，由于微囊化是在水溶液中进行的，所以囊心物必须是水不溶性的固体粉末或液体。

　　常在一起作复合囊材的带相反电荷的高分子材料组合有：明胶与阿拉伯胶（或 CMC 或 CAP 等多糖）、海藻酸盐与聚赖氨酸、海藻酸盐与壳聚糖、海藻酸与白蛋白、白蛋白与阿拉伯胶等。其中明胶与阿拉伯胶组合最常用。

现以明胶与阿拉伯胶为例，说明复凝聚法的基本原理。众所周知，明胶为两性蛋白质，在水溶液中分子里含有 $-NH_2$、$-COOH$ 及其相应的解离基团 $-NH_3^+$、$-COO^-$。所含正负离子的多少，受介质酸碱度的影响。pH 值低时，$-NH_3^+$ 的数目多于 $-COO^-$，反之，则 $-COO^-$ 数目多于 $-NH_3^+$。两种电荷相等时的 pH 值为等电点。当 pH 值在等电点以上时明胶带负电荷，在等电点以下时带正电荷。阿拉伯胶在水溶液中分子链上也含有 $-COO^-$，带负电荷。因此，明胶与阿拉伯胶溶液混合后，调 pH 4.0 ~ 4.5，明胶正电荷达最高值，与带负电荷的阿拉伯胶互相吸引交联形成正、负离子的络合物，溶解度降低而凝聚成囊。

下面主要以明胶与阿拉伯胶组合为例，说明复凝聚法微囊化工艺。复凝聚法的工艺流程如下。

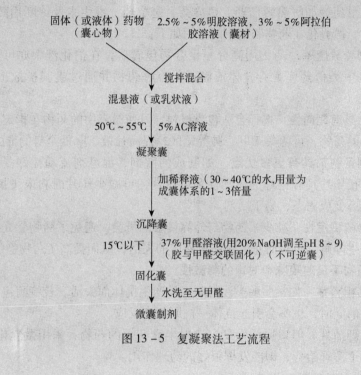

图 13 - 5 复凝聚法工艺流程

2. 物理机械法 本法是将固态或液态药物在气相中进行微囊化，需要一定设备条件。本法中常用的方法是喷雾干燥法和空气悬浮法。由于近年来制药技术及设备的不断发展，使得物理机械法制备微囊的应用越来越广。

（1）液滴喷雾干燥法 液滴喷雾干燥法是喷雾干燥法中的一种，该法的工艺是先将囊心物分散在囊材的溶液中，再用喷雾法将此混合物喷入热气流中，由于溶剂迅速挥发，液滴收缩成球形，进而干燥，固化，得微囊。可用于固态或液态药物的微囊化，得到的微囊近圆球形，粒径范围 5 ~ 600 μm。喷雾干燥法成囊、干燥一步完成，一般只需 5 ~ 30 s，比传统工艺要快得多。因此特别适用于工业化生产。

（2）喷雾冻凝法 又称为喷雾凝结法，是将囊心物分散于熔融的囊材中，然后将此混合物喷雾于冷气流中，则使囊膜凝固而成微囊。凡蜡类、脂肪酸和脂肪醇等，在室温为固体，但在较高温度能熔融的囊材，均可采用喷雾冻凝法。

（3）空气悬浮法　又称流化床包衣法，是利用垂直强气流使囊心物悬浮在包衣室中，囊材溶液通过喷嘴喷撒于囊心物表面，囊心物悬浮的热气流将溶剂挥干，囊心物表面便形成囊材薄膜而得到微囊。

3. 化学法　化学法是利用在溶液中单体或高分子通过聚合反应或缩合反应生成高分子囊膜，从而将囊心物包裹成微囊。本法的特点是不加凝聚剂，常先制成 W/O 或 O/W 型乳状液，再利用化学反应交联固化。主要分为界面缩聚法和辐射化学法两种。

三、微囊在药物制剂上的应用

药物微囊化以后，可根据临床需要制成散剂、胶囊剂、片剂及注射剂等剂型。目前国内外已有大量药物如解热镇痛药、镇静药、避孕药、维生素及诊断用药等均应用药物微囊化技术。微囊化在药物制剂中的应用如下：

1. 控制药物释放速率　药物用高分子聚合物包囊后，在消化液中亦可不被溶解，口服后在消化道中类似药库贮存，体液渗透、溶解药物并通过囊膜扩散出来，具缓释性。

2. 能使药物具有靶向性　选择合适包囊材料，可使微囊中的药物在指定部位释放，某些治疗指数低的药物，可浓集于肝、肺等靶区，提高疗效，降低全身的毒副作用。

3. 用微囊制备制剂具有更多优点　如制成的散剂、混悬剂流动性好，含量均匀，分剂量准确；直接压片具有良好的流动性和可压性，可减少压片时粉末飞扬；挥发油或浸提物可由液态变成固态，易于制剂。

4. 增加药物的稳定性　减少了药物与外界接触的机会，避免了药物受光线、水分、空气的影响而发生降解，也可防止药物在胃液中的失活，从而提高了药物稳定性。

5. 能掩盖药物不良的嗅味和对胃的刺激性

6. 提高生物相容性　如某些酶类注射剂容易产生抗体而失活。若将酶包于微囊中，在产生活性作用的同时，也不会引起抗体—抗原免疫反应。

将那些有药理活性、但口服活性低、注射半衰期短的药物，采用微囊化技术包囊后，通过非胃肠道缓释给药，即能发挥很好的药理作用。

目标检测

一、单选题

1. 在制备微囊的方法中哪个不是物理机械法（　　）
   A. 单凝聚法　　　B. 喷雾干燥法　　　C. 喷雾凝结法　　　D. 锅包衣法
2. 属于制备固体分散体的方法是（　　）
   A. 相分离凝聚法　B. 研磨法　　　　C. 熔融法　　　　D. 注入法
3. 单凝聚法制备微囊时，加入的硫酸钠水溶液或丙酮的作用是（　　）
   A. 凝聚剂　　　　B. 助悬剂　　　　C. 阻滞剂　　　　D. 稀释剂
4. 微囊剂与胶囊剂比较，特殊之处在于（　　）
   A. 可使液体药物粉末化　　　　　　B. 增加药物稳定性

　　　　C. 提高生物利用度　　　　　　　　　　D. 药物释放延缓

5. 下列关于β-糊精包合物的叙述错误的是（　　　）

　　A. 液体药物粉末化　　　　　　　　　B. 释药迅速

　　C. 无蓄积、无毒　　　　　　　　　　D. 能增加药物的溶解度

6. 通过喷雾干燥制备微囊的方法为（　　　）

　　A. 单凝聚法　　　B. 复凝聚法　　　C. 化学法　　　D. 物理机械法

7. 使用两种带相反电荷的高分子材料作为复合囊材制备的方法为（　　　）

　　A. 复凝聚法　　　B. 物理机械法　　　C. 化学法　　　D. 单凝聚法

8. 下列关于微囊特点的叙述错误的是（　　　）

　　A. 改变药物的物理特性　　　　　　B. 降低在胃肠道中的副作用

　　C. 掩盖不良气味　　　　　　　　　D. 加快药物的释放

9. 下列不宜作为环糊精的包合方法的是（　　　）

　　A. 饱和水溶液法　　B. 重结晶法　　　C. 沸腾干燥法　　　D. 喷雾干燥法

10. 下列哪种剂型是应用固体分散技术制成的（　　　）

　　　A. 片剂　　　　　B. 胶囊剂　　　　C. 滴丸剂　　　　D. 注射剂

二、多选题

1. 常用的包合技术有（　　　）

　　A. 共沉淀法　　　B. 研磨法　　　　C. 冷冻干燥法　　　D. 喷雾干燥法

2. 固体分散体的制备方法有哪几种（　　　）

　　A. 溶剂法　　　　B. 溶剂－熔融法　　C. 冷冻干燥法　　　D. 熔融法

3. 下列关于β-环糊精包合物的叙述正确的是（　　　）

　　A. 液体药物粉末化　　　　　　　　B. 可增加药物溶解度

　　C. 减少刺激性　　　　　　　　　　D. 是一种分子胶囊

4. 药物微囊化的特点包括（　　　）

　　A. 掩盖药物的不良气味及味道

　　B. 防止药物在胃内失活或减少对胃的刺激性

　　C. 提高药物的释放速率

　　D. 缓释或控释药物

5. 微型包囊的方法有（　　　）

　　A. 喷雾干燥法　　　B. 溶剂－非溶剂法　　C. 界面缩聚法　　　D. 辐射化学法

三、问答题（综合题）

1. 什么微囊化？药物微囊化有何特点？

2. 单凝聚法和复凝聚法制备微囊的原理、工艺流程怎样？

3. 什么是包合物？常用的包合材料是什么？有何应用特点？

4. 能使液体药物固体化的技术有哪些？

5. 能提高药物稳定性的技术和制剂手段有哪些？

项目一 制剂工作的基础知识

一、单选题

1. B 2. D 3. B 4. B 5. B 6. B 7. A 8. D 9. D 10. C 11. C 12. C 13. C 14. C 15. A

二、多选题

1. BCD 2. BCD 3. ABCD 4. ABC 5. ABCD 6. BD 7. ABCD 8. BCD 9. ACD 10. ABC 11. BC 12. BCD

项目二 药物制剂的稳定性

一、单选题

1. A 2. A 3. D 4. A 5. C 6. A 7. A 8. D 9. C

二、多选题

1. ABC 2. ABC 3. ABCD 4. ABD 5. AB 6. BCD 7. ABCD 8. AB 9. CD 10. BD

项目三 药物制剂的有效性

一、单选题

1. C 2. D 3. A 4. C 5. C 6. B 7. B 8. A 9. A 10. A 11. A 12. D 13. B 14. C 15. D 16. D 17. D 18. C 19. B 20. D

二、多选题

1. AC 2. ABC 3. AC 4. ABCD 5. BD 6. AC 7. BD 8. ACD 9. ABC 10. ACD 11. AB 12. ABCD 13. ABCD 14. CD 15. AB

项目四　液体类制剂的生产技术

一、单选题

1. B　2. C　3. B　4. C　5. A　6. C　7. D　8. C　9. D　10. D　11. D　12. C　13. D
14. A　15. D　16. C　17. C　18. D　19. D　20. C

二、多选题

1. BC　2. ABD　3. ABCD　4. BCD　5. ABCD

项目五　无菌制剂生产技术

一、单选题

1. C　2. A　3. C　4. A　5. C　6. C　7. C　8. A　9. A　10. D　11. C　12. B　13. B
14. A　15. C　16. A　17. B　18. D　19. B　20. D

一、多选题

1. ABCD　2. CD　3. ACD　4. ABCD　5. ABCD　6. ABC　7. ABC　8. ACD　9. ABCD
10. BCD　11. AB　12. CD　13. CD　14. ABCD　15. AD

项目六　散剂、颗粒剂生产技术

一、单选题

1. D　2. B　3. C　4. C　5. D　6. A　7. D　8. D　9. A　10. B　11. A　12. D

二、多选题

1. ABCE　2. AB　3. ABCD　4. ABCDE　5. ABE

项目七　胶囊剂生产技术

一、单选题

1. D　2. A　3. C　4. B　5. D　6. B　7. A　8. D　9. C　10. D　11. B

二、多选题

1. ABCD　2. BCD　3. ABCD　4. ABCD　5. BCD

项目八　片剂生产技术

一、单选题

1. D　2. A　3. D　4. C　5. A　6. D　7. D　8. C　9. C　10. A　11. B　12. D　13. C

14. B   15. A

二、多选题

1. ABC   2. AE   3. ACE   4ACE   5. ABE   6. AE   7. ABCE   8. ABCD   9. DE
10. ABC

项目九　滴丸与微丸生产技术

一、单选题

1. A   2. D   3. D   4. A   5. C   6. D   7. A   8. D

二、多选题

1. ABCD   2. ABCD   3. ABCD   4. ABCD   5. ABCD   6. CD   7. ABC

项目十　软膏剂生产技术

一、单选题

1. D   2. C   3. B   4. B   5. D   6. D   7. A   8. C   9. B   10. A   11. C   12. B   13. D
14. A   15. C   16. D   17. D   18. C

二、多选题

1. BCD   2. ABD   3. AC   4. BD   5. ACD   6. CD   7. AD   8. ABD   9. AD   10. AD

项目十一　其他制剂生产技术

一、单选题

1. C   2. C   3. A   4. B   5. D   6. C   7. B   8. B   9. D   10. A   11. C

二、多选题

1. BCD   2. ACD   3. ACD   4. ABD   5. ABC   6. AC   7. ACD   8. ACD   9. ABCD
10. ABD   11. ABC

项目十二　药物制剂新剂型

一、单选题

1. A   2. C   3. C   4. C   5. A

二、多选题

1. ABCD   2. ABC   3. ABCD   4. ABCD

项目十三　药物新技术

一、单选题

1. A　2. C　3. A　4. D　5. C　6. D　7. A　8. D　9. C　10. C

二、多选题

1. ABCD　2. ABCD　3. ABCD　4. ABD　5. ABCD

参 考 文 献

1. 国家药典委员会．《中华人民共和国药典》(2010 年版) 二部．北京：中国医药科技出版社，2010.
2. 常忆凌．药剂学．北京：中国医药科技出版社，2008.
3. 杨凤琼．实用药物制剂技术．北京：化学工业出版社，2009.
4. 张健泓．药物制剂技术．北京：人民卫生出版社，2009.
5. 崔福德．药剂学．第六版．北京：人民卫生出版社，2008.
6. 国家食品药品监督管理局药品认证管理中心．药品 GMP 指南，北京：中国医药科技出版社，2011.
7. 于广华，毛小明．药物制剂技术，北京：化学工业出版社，2012.
8. 周建平．药剂学实验与指导．北京：中国医药科技出版社，2007.
9. 杨瑞虹．药物制剂技术与设备．第二版．北京：化学工业出版社，2010.
10. 曹德英．药物剂型与制剂设计．北京：化学工业出版社生物·医药出版分社，2009.
11. 平其能．药剂学实验与指导．北京：中国医药科技出版社，1994.
12. 林宁．药剂学实验．北京：中国医药科技出版社，1998.
13. 张洪斌，药物制剂工程与设备，北京：化学工业出版社，2003.
14. 张琦岩，药剂学．第二版．人民卫生出版社，2009.
15. 李维凤．药学专业知识（二）．第四版．北京：中国医药科技出版社，2010.
16. 王东凯．药学专业知识（二）．北京：人民卫生出版社，2009.
17. 徐文强．工业药剂学．北京：科学出版社，2005.
18. 国家执业药师资格考试辅导用书．药学专业知识（二）．北京：中国医药科技出版社，2010.
19. 唐燕辉．药物制剂生产设备及车间工艺设计．第二版．北京：化学工业出版社，2006.
20. 朱盛山．药物制剂工程．北京：化学工业出版社，2002.
21. 张绪桥．药物制剂设备与车间工艺设计．北京：中国医药科技出版社，2005.
22. 胡英．药物制剂工艺与制备．北京：化学工业出版社，2012.
23. 张琦岩、孙耀华．药剂学．北京：人民卫生出版社，2009.
24. 侯飞燕．药物制剂技术．郑州：河南科学技术出版社，2007.
25. 周金彩．药剂学．西安：第四军医大学出版社，2007.
26. 朱照静．药剂学．北京：科学出版社，2010.
27. 周志昆，等．药学实验指导．北京：科学出版社，2010.